U0211665

国家出版基金资助项目
"十三五"国家重点出版物出版规划项目
现代土木工程精品系列图书·建筑工程安全与质量保障系列

黑龙江省建筑工程
抗震性态设计规范

Seismic Code for Performance–based Design of Buildings in Heilongjiang Province

谢礼立　著

哈爾滨工業大學出版社
HITP HARBIN INSTITUTE OF TECHNOLOGY PRESS

图书在版编目(CIP)数据

黑龙江省建筑工程抗震性态设计规范/谢礼立等
著—哈尔滨:哈尔滨工业大学出版社,2020.1
建筑工程安全与质量保障系列
ISBN 978 - 7 - 5603 - 6280 - 9

Ⅰ.①黑… Ⅱ.①谢… Ⅲ.①建筑工程-防震设计-
结构设计-设计规范-黑龙江省 Ⅳ.①TU973-65

中国版本图书馆 CIP 数据核字(2016)第 265123 号

策划编辑 王桂芝 张 荣
责任编辑 张 瑞 杨明蕾 王 玲
出版发行 哈尔滨工业大学出版社
社 址 哈尔滨市南岗区复华四道街 10 号 邮编 150006
传 真 0451 - 86414749
网 址 http://hitpress.hit.edu.cn
印 刷 黑龙江艺德印刷有限责任公司
开 本 787 mm×1092 mm 1/16 印张 13.5 字数 322 千字
版 次 2020 年 1 月第 1 版 2020 年 1 月第 1 次印刷
书 号 ISBN 978 - 7 - 5603 - 6280 - 9
定 价 78.00 元

(如因印装质量问题影响阅读,我社负责调换)

黑龙江省地方标准

建筑工程抗震性态设计规范

Seismic code for performance-based design of buildings

DB23/T 1502—2013

建设部备案号：J 12343—2013

主编部门：中国地震局工程力学研究所

批准部门：黑龙江省住房和城乡建设厅
　　　　　黑龙江省质量技术监督局

施行日期：2013 年 2 月 28 日

主　编　单　位:中国地震局工程力学研究所

参　编　单　位:哈尔滨工业大学、哈尔滨方舟建筑设计事务所

主要起草人员:谢礼立　张敏政　郑文忠　王焕定（以下按
　　　　　　　姓氏笔画排序）　孙景江　任丽波　李小东

　　　　　　　张令心　张克绪　胡进军　赵　直　翟长海

主要审查人员:王振清　杨庆山　朱卫中　王玉林　薛伟辰
　　　　　　　于　震　邵志民

黑龙江省住房和城乡建设厅
公 告

第 149 号

黑龙江省住房和城乡建设厅关于发布地方标准
《建筑工程抗震性态设计规范》的公告

现批准《建筑工程抗震性态设计规范》为地方标准,编号为 DB23/T 1502—2013,自 2013 年 2 月 28 日起实施。

黑龙江省住房和城乡建设厅
2013 年 2 月 25 日

国家出版基金资助项目

建筑工程安全与质量保障系列

编 审 委 员 会

序

党的十八大报告曾强调"加强防灾减灾体系建设,提高气象、地质、地震灾害防御能力",这表明党和政府高度重视基础设施和建筑工程的防灾减灾工作。而《国家新型城镇化规划(2014—2020 年)》的发布,标志着我国城镇化建设已进入新的历史阶段;习近平主席提出的"一带一路"倡议,更是为世界打开了广阔的"筑梦空间"。不论是国家"新型城镇化"建设,还是"一带一路"伟大构想的实施,都迫切需要实现基础设施的建设安全与质量保障。

哈尔滨工业大学出版社出版的《建筑工程安全与质量保障系列》图书是依托哈尔滨工业大学土木工程学科在与建筑安全紧密相关的几大关键领域——高性能结构、地震工程与工程抗震、火灾科学与工程抗火、环境作用与工程耐久性等取得的多项引领学科发展的标志性成果,以地震动特征与地震作用计算、场地评价和工程选址、火灾作用与损伤分析、环境作用与腐蚀分析为关键,以新材料/新体系研发、新理论/新方法创新为抓手,为实现建筑工程安全、保障建筑工程质量打造的一批具有国际一流水平的学术著作,具有原创性、先进性、实用性和前瞻性。该系列图书的出版将有利于推动科技成果的转化及推广应用,引领行业技术进步,服务经济建设,为"一带一路"和"新型城镇化"建设提供技术支持与质量保障,促进我国土木工程学科的科学发展。

该系列图书具有以下两个显著特点:

(1)面向国际学术前沿,基础创新成果突出。

哈尔滨工业大学土木工程学科面向学术前沿,解决了多概率抗震设防水平决策等重大科学问题,在基础理论研究方面取得多项重大突破,相关成果获国家科技进步一、二等奖共9 项。该系列图书中《黑龙江省建筑工程抗震性态设计规范》《岩土工程监测》《岩土地震工程》《土木工程地质与选址》《强地震动特征与抗震设计谱》《活性粉末混凝土结构》《混凝土早期性能与评价方法》等,均是基于相关的国家自然科学基金项目撰写而成,为推动和引领学科发展、建设安全可靠的建筑工程提供了设计依据和技术支撑。

(2)面向国家重大需求,工程应用特色鲜明。

哈尔滨工业大学土木工程学科传承和发展了大跨空间结构、组合结构、轻型钢结构、预应力及砌体结构等优势方向,坚持结构理论创新与重大工程实践紧密结合,有效地支撑了国家大科学工程 500 m 口径巨型射电望远镜(FAST)、2008 年北京奥运会主场馆国家体育场(鸟巢)、深圳大运会体育场馆等工程建设,相关成果获国家科技进步二等奖 5 项。该系列图书中《巨型射电望远镜结构设计》《钢筋混凝土电化学研究》《火灾后混凝土结构鉴定与加固修复》《高层建筑钢结构》《基于 OpenSees 的钢筋混凝土结构非线性分析》等,不仅为该领域工程建设提供了技术支持,也为工程质量监测与控制提供了保障。

　　该系列图书的作者在科研方面取得了卓越的成就,在学术著作撰写方面具有丰富的经验,他们治学严谨,学术水平高,有效地保证了图书的原创性、先进性和科学性。他们撰写的该系列图书,反映了哈尔滨工业大学土木工程学科近年来取得的具有自主知识产权、处于国际先进水平的多项原创性科研成果,对促进学科发展、科技成果转化意义重大。

中国工程院院士

2019 年 8 月

前　言

　　根据黑龙江省住房和城乡建设厅黑建函〔2006〕4号文"关于下达黑龙江省地方标准《黑龙江省建筑工程抗震性态设计规范》编制任务的通知"的要求,规范编制组经广泛调查研究,认真总结工程实践经验,参考有关国际标准和国外先进标准,在广泛征求意见的基础上,编制本规范。

　　本规范主要内容是:1.总则;2.术语和符号;3.抗震设计基本要求;4.场地类别评定和设计地震动参数;5.地基基础;6.地震作用和结构抗震验算;7.多层和高层钢结构;8.多层和高层钢筋混凝土结构;9.钢-钢筋混凝土组合结构;10.砌体结构;11.单层工业厂房;12.土、木结构房屋;13.建筑构件和建筑附属设备;14.烟囱和水塔。

　　本规范的主要特点是:1.根据黑龙江省地震影响的特点编制适用于黑龙江省的建筑工程抗震设计规范;2.体现了基于抗震性态的设计思想;3.规范对一般建筑采用建筑场地所在地的50年超越概率10%的抗震设防地震动进行设计;4.对抗震设计类别较高的建筑采用二级设计,第一级设计和一般建筑一样按建筑场地的50年超越概率10%的抗震设防地震动进行设计,第二级设计则是按罕遇地震进行弹塑性变形验算;5.采用了梯形场地分类法;6.给出了更为合理的基于双规准设计谱理论的设计谱曲线及可供设计使用的加速度时程曲线;7.给出了黑龙江省各地区的设防地震(相应于50年超越概率为10%)和罕遇地震(相应于50年超越概率为5%)的设计加速度值,不再区分地震动分区使设计更加符合黑龙江省地区的特点;8.给出了与抗震设防地震相对应的结构影响系数和位移放大系数;9.对使用功能分别为Ⅳ类、Ⅲ类、Ⅱ类建筑的结构抗震验算,提出了具体规定和要求;10.根据建筑抗震设计类别和结构类型,提出了各类结构的应用范围和抗震措施。

　　本规范由黑龙江省住房和城乡建设厅负责管理,中国地震局工程力学研究所负责具体技术内容的解释。执行过程中,如有意见和建议,请寄送中国地震局工程力学研究所(哈尔滨市南岗区学府路29号,邮编:150080)。

目　次

目　次

Contents

1 总　　则

1.0.1　为执行《中华人民共和国建筑法》和《中华人民共和国防震减灾法》,实行预防为主的方针,合理提高建筑的抗震能力和改善其抗震性能,防止地震时因建筑结构损坏威胁生命、影响建筑物的预定功能并减轻地震对社会经济产生的不良后果,特制定本规范。

1.0.2　本规范适用于黑龙江省抗震设防烈度不大于 7 度(设计基本地震加速度值不大于 $0.1g$)地区建筑工程的抗震设计。

抗震设防烈度必须按国家规定权限审批、颁发的文件(图件)确定。一般情况下,抗震设防烈度可采用中国地震动参数区划图的基本烈度(黑龙江省主要城市的抗震设防烈度和设计基本地震加速度按附录 A 确定),对已编制抗震设防区划的市县,可按经国家规定权限审批的抗震设防烈度或设计地震动参数进行抗震设防。

1.0.3　新建和改、扩建的建筑工程应按下列要求进行抗震设计:

1　新建建筑的设计应符合本规范要求。

2　现有建筑的改、扩建部分,如在结构上独立于现有建筑结构,应符合本条第 1 款的规定。

3　改、扩建部分的结构不独立于现有建筑结构时,应同时符合下列三个要求:

1)改、扩建部分符合本规范对新建建筑的要求;

2)改、扩建后现有建筑结构中的任一结构构件的地震作用不增加,或构件在承受增加的地震作用后仍符合本规范的有关规定;

3)改、扩建部分不应导致现有建筑结构任一结构构件抗震能力的降低,或构件的抗震能力不低于对新建建筑结构的抗震要求。

1.0.4　建筑的抗震设计除应符合本规范的要求外,尚应符合国家现行有关标准的规定。

2 术语和符号

2.1 术语

2.1.1 抗震设防烈度　seismic design intensity

按国家规定的权限批准作为某一地区抗震设防依据的地震烈度或地震动加速度。

2.1.2 地震作用　earthquake action

由地震引起的影响工程结构安全和使用功能的各类作用,通常指由地震地表破坏或地震动引起的对结构的动力作用,后者还包括水平和竖向地震动以及差动地震动的作用。

2.1.3 设计地震动参数　design ground motion parameters

表征设计地震动特征的各种参数,通常指地震动时程曲线、峰值和设计反应谱等。

2.1.4 抗震性态　seismic performance

地震动作用下的结构状态可以用结构的运动学状态、内力(应力)状态、损伤状态或要求的使用功能状态等来表述,例如层间位移、节点转角、顶层最大位移、最大基底剪力……"完好""轻微破坏""严重破坏""倒塌""运行"或"充分运行"等。结构的抗震性态既与结构自身性能有关,也与地震动强度和特性有关。

2.1.5 抗震性态设计　performance-based seismic design

旨在控制工程结构受地震动作用时的抗震性态不超过规定的抗震性态目标,确保预期使用功能的设计。

2.1.6 抗震性态目标　seismic performance objectives

对所设计的建筑物在给定的设计地震动作用下要求达到的抗震性态描述。

2.1.7 抗震设计类别　category of seismic design

为确保所设计的建筑物实现由设计基本地震加速度和建筑使用功能分类规定的性态目标,对建筑抗震设计所做的分组。

2.1.8 抗震建筑使用功能分类　classification of operational function for buildings under earthquake　建筑抗震设计中,根据建筑遭遇地震后可能产生的社会、政治、经济等的后果及其在抗震救灾中的作用对建筑所做的分类。

2.1.9 设计基本地震加速度　basic design seismic ground acceleration

50 年设计基准期内超越概率为 10% 的地震动加速度设计值。

2.1.10 场地　site

建筑工程所在局部地域,大体相当于一个厂区、居民点或自然村的范围,同一类场地的反应谱应具有相似的特征。

2.1.11 场地设计谱　site dependent design spectra

抗震设计中采用的设计地震动参数之一,根据不同场地类别的大量地震动绝对加速度反应谱经统计和平滑化、规一化得到的。

2.1.12 设计谱特征周期 characteristic period of design spectra

场地设计谱曲线下降段起始点对应的周期值,其数值与地震震级、震中距和场地类别有关。

2.1.13 抗震概念设计 seismic concept design

依据工程地震破坏和抗震设计实践等所形成的符合结构动力学原理的基本设计原则和设计思想,对建筑和结构进行的总体布置和确定细部构造的过程。

2.1.14 抗震构造措施 details of seismic design

根据抗震概念设计原则,对结构和非结构构件所采用的一般不需计算的、具有明显抗震效果的构造措施。

2.2 符 号

2.2.1 地震和地震动

I—— 地震烈度;

M—— 地震震级;

k—— 地震系数;

T_g—— 特征周期;

A—— 地震加速度峰值;

g—— 重力加速度;

v—— 土层剪切波速度;

β—— 场地设计谱。

2.2.2 作用和作用效应

F—— 结构地震作用;

G—— 结构重力荷载;

S_E—— 地震作用效应;

M—— 弯矩;

M_{ov}—— 倾覆力矩;

V—— 剪力;

N—— 轴向力;

S—— 地震作用效应与其他荷载效应的基本组合;

T—— 扭矩;

σ—— 正应力;

τ—— 剪应力;

ε—— 正应变;

γ—— 剪应变;

u—— 侧移。

2.2.3 材料性能和结构构件抗力

f—— 材料强度(包括地基承载力);

m—— 质量；

ρ—— 质量密度；

γ—— 重力密度；

E—— 弹性模量；

G—— 剪切模量；

K—— 结构（构件）的刚度；

R—— 结构构件承载力。

注：对作用和材料强度的标准值，尚应加下标"k"。

2.2.4 几何参数

A—— 构件截面面积；

A_n—— 构件净截面面积；

A_s—— 钢筋截面面积；

b—— 构件截面宽度；

d—— 土层深度或厚度，钢筋直径；

h—— 计算楼层层高，构件截面高度；

l—— 构件长度或跨度；

t—— 抗震墙厚度、楼板厚度；

B—— 结构总宽度；

H—— 结构总高度、柱高度；

I—— 截面惯性矩；

L—— 结构总长度；

W—— 截面模量；

W_p—— 塑性截面模量。

2.2.5 计算系数

α—— 水平地震影响系数；

α_{max}—— 水平地震影响系数最大值；

γ_0—— 结构重要性系数。

2.2.6 其他

i、j、m—— 序数；

n—— 总数，如楼层数、墙体数等；

$P(\cdot)$—— 事件（·）的概率；

N—— 贯入锤击数；

T—— 结构自振周期；

x_{ji}—— 位移振型坐标（j振型i质点的x方向相对位移）；

ω—— 结构自振圆频率。

3 抗震设计基本要求

3.1 抗震设防

3.1.1 建筑结构应按本节要求确定设计地震动参数和抗震设计类别,并满足相应的抗震性态目标。

3.1.2 建筑结构的设计地震动参数应按第4章提供的方法确定。

对做过抗震设防区划或地震安全性评价的城市、地区和厂矿等重大建筑,设计地震动参数应采用经批准的结果。

3.1.3 抗震建筑使用功能分类应符合下列要求:

1 所有建筑应根据其使用功能分为四个类别:

Ⅳ类:《建筑工程抗震设防分类标准》(GB 50223)规定的甲类建筑,或业主要求地震时和地震后使用功能不能中断的建筑。

Ⅲ类:《建筑工程抗震设防分类标准》(GB 50223)规定的乙类建筑,或业主要求地震后使用功能必须在短期内恢复的建筑。

Ⅱ类:Ⅳ类、Ⅲ类和Ⅰ类以外的建筑。

Ⅰ类:地震破坏不危及人的生命和不造成严重财产损失的建筑。

2 不同使用功能分类的建筑的最低抗震性态目标见表3.1.3。

表3.1.3　最低抗震性态目标

地震动水平	抗震建筑使用功能分类			
	Ⅰ	Ⅱ	Ⅲ	Ⅳ
多遇地震(小震)(50年超越概率为63%)	运行	充分运行	充分运行	充分运行
抗震设防地震(中震)(50年超越概率为10%)	基本运行	基本运行	运行	充分运行
罕遇地震(大震)(50年超越概率为5%)	接近倒塌	生命安全	基本运行	运行

注:1 充分运行是指建筑的使用功能在地震时或震后能继续保持,建筑结构完好,但非结构构件可能有轻微的破坏

　　2 运行是指建筑使用功能可基本保持,建筑结构基本完好,一些次要的结构构件可能轻微破坏

　　3 基本运行是指建筑的使用功能尚未丧失,结构可能损坏,但结构的关键和重要构件未遭破坏,经一般修理或不需修理结构仍可继续维持使用

　　4 生命安全是指建筑的使用功能难以保持,主体结构有较重破坏但不影响承重,非结构构件可能坠落但不致伤人

3 当建筑有多种用途时,应按照其最高的使用功能分类进行设计。

3.1.4 建筑的抗震设计类别,应根据设计基本地震加速度和建筑使用功能分类按表3.1.4确定。

表 3.1.4　抗震设计类别

设计基本地震加速度 A (50 年超越概率为 10%)	建筑使用功能分类			
	Ⅰ	Ⅱ	Ⅲ	Ⅳ
$A = 0.05g$	A	A	B	B
$0.05g < A \leqslant 0.10g$	A	B	B	C

注：1 抗震设计类别 C 为本规范最高的抗震设计类别,不同建筑的抗震设计类别由相应章节做具体规定

　　　2 不同使用功能分类的建筑属同一抗震设计类别时,使用功能分类高的建筑应采用更严格的抗震构造措施

3.2　场地影响和地基基础

3.2.1　场地应按对建筑抗震的影响,划分为有利、一般、不利和危险地段:

　　1　坚硬土或开阔、平坦、密实均匀的中硬土地段,应划为有利地段。

　　2　软弱土、液化土、条状突出的山嘴,高耸孤立的山丘,非岩质的陡坡、河岸和边坡边缘,平面上分布成因、岩性,状态明显不均匀的古河道、断层破碎带、暗埋的塘浜沟谷及半填半挖地基等地段,应划为不利地段。

　　3　地震时可能发生滑坡、崩塌、地陷、地裂、泥石流等,以及发震断裂带上可能发生地表位错的地段,应划为危险地段。

　　4　除上述三类地段外均为一般地段。

3.2.2　场地选择应符合下列规定:

　　1　选择有利地段。

　　2　避开不利地段和危险地段,当无法避开时,不利地段应采取适当的抗震治理措施,危险地段应对场地进行专门的评估,根据评估结果确定选择方案和抗震治理措施。

　　3　场地内存在发震断裂时,应对断裂的工程影响进行评价,根据评估结果确定选择方案和抗震治理措施。

3.2.3　地基和基础设计应符合下列规定:

　　1　地基有软弱黏性土、液化土、新近填土或严重不均匀土层时,应采取治理措施加强基础的整体性和刚性。

　　2　同一结构单元的基础不应设置在性质截然不同的地基土上,当不可避免时,应采取适当治理措施。

　　3　同一结构单元宜采用同一类型基础,同一结构单元的基础宜设置在同一标高上。

3.3　结　构　体　系

3.3.1　结构体系应根据建筑的抗震设计类别、设计地震动参数、结构高度、场地、地基基础、材料和施工等因素,经技术经济综合比较后确定。

3.3.2　建筑的平面、立面布置宜符合下列规定:

　　1　建筑的平面、立面布置宜规则、对称;平面和立面的质量分布和刚度变化宜均匀,相邻层的层间刚度不宜突变,平面内宜减小刚度中心与质量中心间的偏心距,避免产生扭转。

2 相邻层的抗侧力结构或构件的承载力不宜突变,平面内同类抗侧力构件的承载力宜均匀。

3 不宜采用自重大的悬臂结构。

3.3.3 结构体系应符合下列要求:

1 应具有明确的计算简图和简捷、合理的地震作用传递路线;传递路线中的构件及节点不应发生脆性破坏。

2 应具备必要的承载力、良好的变形能力和耗能能力。

3 应采用多道抗震防线,部分结构或构件的破坏不应导致整个体系丧失承载能力。

4 对可能出现的薄弱部位,应采取措施提高其抗震能力。

3.3.4 抗震结构的构件应符合下列规定:

1 砌体结构应按规定设置钢筋混凝土圈梁、构造柱和芯柱,或采用约束砌体、配筋砌体等。

2 混凝土结构构件应合理选择截面尺寸,合理配置纵向钢筋和箍筋,避免剪切破坏先于弯曲破坏、混凝土的压溃先于受拉钢筋的屈服、节点破坏先于构件破坏。

3 预应力混凝土的抗侧力构件,一般情况下应采用有黏结或缓黏结预应力,并应配有足够的非预应力钢筋,以保证结构具有必要的耗能能力。

4 钢结构构件应合理选择尺寸,防止构件局部或整体失稳。

5 多、高层的混凝土楼、屋盖宜优先采用现浇混凝土板。当采用预制装配式混凝土楼、屋盖时,应从楼盖体系和构造上采取措施确保各预制板之间连接的整体性。

3.3.5 抗震结构各构件之间的连接,应符合下列规定:

1 构件连接节点应有足够的延性。

2 构件节点的承载力,不应低于其连接构件的承载力。

3 预埋件的锚固承载力,不应低于其连接构件的承载力。

4 装配式结构的连接,应能保证结构的整体性。

5 预应力混凝土构件的预应力筋应在节点核心区外锚固。

3.3.6 抗震支撑系统应能保证地震时结构的稳定和可靠地传递水平地震作用。

3.3.7 对体型复杂的结构,应采取下列措施:

1 当设置防震缝时,宜将结构分成规则的结构单元。

2 当不设置防震缝时,宜对结构进行整体抗震计算;对薄弱部位,应采取提高抗震能力的措施。

3.4 非结构构件

3.4.1 围护墙、隔墙、装饰贴面等非结构构件,应与主体结构有可靠的连接,其细部构造应使非结构构件能够适应地震时主体结构可能发生的大变形而不破坏。在人员出入口、通道及重要设备附近的非结构构件,应采取加强措施。

3.4.2 围护墙和隔墙,不宜采用半高的填充墙;当必须采用时,墙体与主体结构间应考虑其对相连构件的约束作用以及由此产生的抗震不利影响。

3.4.3 建筑附属机电设备,自身应与主体结构有可靠的连接,以确保地震时满足使用功能的要求。

3.5　结构材料与施工

3.5.1　抗震结构对材料和施工质量的特别要求,应在设计文件上注明。

3.5.2　结构材料性能指标,应符合本规范相应章节的要求。

3.5.3　经主管部门审定,对规范要求的材料和施工方法进行变更是容许的,但应提供证据表明所建议的替代材料和方法能达到预期目的。

3.6　强震观测系统

3.6.1　在设防烈度等于7度或设计基本地震加速度值等于0.10g的地震区内的特别重要的建筑(如通信、电力枢纽或高度超过160 m的大型公共建筑等),应设置强震观测系统,建筑设计应留有观测仪器和线路的位置。

4 场地类别评定和设计地震动参数

4.1 场地分类

4.1.1 一般情况下应以等效剪切波速和场地土覆盖层厚度为定量指标,对建筑场地进行综合评定以确定场地类别。

4.1.2 场地的等效剪切波速应按下列公式计算:

$$v_{se} = \frac{d_0}{t} \tag{4.1.2 - 1}$$

$$t = \sum_{i=1}^{n} \frac{d_i}{v_{si}} \tag{4.1.2 - 2}$$

式中 v_{se} —— 场地土层的等效剪切波速,m/s;

          d_0 —— 场地评定用的计算深度,m,取覆盖层厚度和20 m两者的较小值;

          t —— 剪切波在地表与计算深度之间传播的时间,s;

          d_i —— 计算深度范围内第 i 土层的厚度,m;

          n —— 计算深度范围内土层的分层数;

          v_{si} —— 计算深度范围内第 i 土层的剪切波速,m/s,可根据工程的重要性和规模,按本规范附录C确定。

4.1.3 建筑场地的覆盖层厚度(d_{ov})应按下列要求确定:

   1 一般情况下,应按地面至剪切波速大于500 m/s的坚硬土层顶面的距离确定。

   2 剪切波速大于500 m/s的孤石、透镜体,应视同周围土层。

   3 当地面5 m以下存在剪切波速大于相邻上层土剪切波速2.5倍的土层,且其下卧岩土的剪切波速均不小于400 m/s时,可按地面至该土层顶面的距离确定。

   4 土层中的火山岩硬夹层,应视为刚体,其厚度应从覆盖土层中扣除。

4.1.4 建筑场地的类别,应根据场地等效剪切波速和覆盖层厚度划分为四类。划分方法可根据表4.1.4或图4.1.4确定。

   1 根据表4.1.4确定场地类别。

表4.1.4 场地类别划分表

覆盖层厚度 d_{ov}/m	等效剪切波速度 v_{se}/(m·s⁻¹)			
	$v_{se} \leq 140$	$v_{se} > 500$	$500 \geq v_{se} > 250$	$250 \geq v_{se} > 140$
$d_{ov} < 0.004v_{se} + 3$	I	I	I	I
$0.004v_{se} + 3 \leq d_{ov} \leq 0.14v_{se} + 15$	I	II	II	II
$0.14v_{se} + 15 < d_{ov} \leq 0.143v_{se} + 60$	I	II	III	III
$d_{ov} > 0.143v_{se} + 60$	I	II	III	IV

2 根据图 4.1.4 确定场地类别。

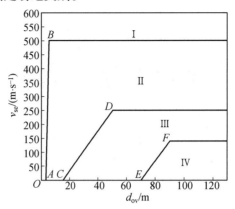

图 4.1.4 场地类别划分图
$A(3,0),B(5,500),C(15,0),$
$D(50,250),E(70,0),F(90,140)$

4.1.5 对于地震时可能发生滑坡、崩塌、泥石流、塌陷、地裂,并可能影响工程安全的场地,以及可能发生地震液化、震陷的场地,应进行专门评估并根据评估结果采取必要的工程治理措施。

4.2 建筑场地地震影响系数

4.2.1 建筑场地的地震影响系数曲线应采用下列表达式:

$$\alpha = k\beta \quad\quad (4.2.1-1)$$
$$k = A/g \quad\quad (4.2.2-2)$$

式中 α—— 地震影响系数;

  k—— 地震系数;

  A—— 设计地震加速度,g,按第 4.2.2 条的规定取值;

  β—— 场地设计谱,其意义、形状及参数按第 4.2.3 条的规定确定。

  在条状突出的山嘴、高耸孤立的山丘、非岩石和强风化岩石的陡坡、河岸和边坡边缘等不利地段对设计地震动参数可能产生放大作用,其地震影响系数最大值应乘以增大系数,其值可根据不利地段具体情况在 1.1 ~ 1.6 范围内采用。

4.2.2 本规范附录 A 列出了黑龙江省主要城市抗震设防地震和罕遇地震的加速度取值。

4.2.3 阻尼比为 0.05 的水平地震动场地设计谱应按图 4.2.3 确定,谱曲线及其数学表达式如下:

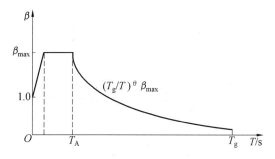

图 4.2.3　水平地震动场地设计谱

图中　上升段　$\beta = 1 + (T/T_A)(\beta_{max} - 1)$　（当 $T \leq T_A$ 时）

　　　　水平段　$\beta = \beta_{max}$　（当 $T_A < T \leq T_g$ 时）

　　　　下降段　$\beta = (T_g/T)^{\theta}\beta_{max}$　（当 $T > T_g$ 时）

（1）图中 T 为结构的基本周期。

（2）场地设计谱的最大值 β_{max} 可取 2.25。

（3）场地设计谱上升段界限值 T_A 宜采用 0.10 s，有特殊要求时可做调整。

（4）场地设计谱下降段的指数 θ 宜采用 0.9。

（5）场地设计谱的特征周期 T_g 按附录 B 取值。

4.2.4　各类工程结构可根据需要对场地设计谱的形状参数做下列调整：

　1　对于含有软弱夹层的场地，经专门研究后其设计谱的特征周期可适当增大。

　2　当工程结构的阻尼比不等于 0.05 时，设计谱值可采用本规范附录 D 所提供的阻尼修正系数进行调整。

4.3　地震加速度时程

4.3.1　建筑结构地震作用计算采用时程分析法时，地震加速度时程曲线应采用实际得到的强震加速度记录和人工模拟的加速度记录。

4.3.2　选用实际强震加速度记录时，宜根据建筑场地类别与建筑结构基本自振周期所处的频段，在本规范附录 E 推荐的设计地震动加速度时程中选取 2~3 组；并根据设计地震动参数对其进行适当调整。

4.3.3　选择人工模拟加速度时程时，应以该场地设计谱为目标谱，其 0.05 阻尼比的反应谱与目标谱各周期点之间的最大差异不宜大于 10%。

4.3.4　当结构采用多维模型、需要双向（两个水平向）或三向（两个水平和一个竖向）地震动输入时，其加速度最大值通常按 1（水平 1）：0.85（水平 2）：0.65（竖向）的比例调整。选用实际强震记录，可取在相同场地条件下同一地点的三分量记录，也可取同一场地条件下不同地点的相应分量记录。

5 地基基础

5.1 一般规定

5.1.1 本章关于地基基础的抗震设计规定主要包括:天然地基基础、含有液化土层和软弱土层的地基基础及桩基础的抗震设计规定。

5.1.2 在进行地基基础抗震设计时,尚应符合下列现行标准中与本章不相抵触的其他要求。

    1 《岩土工程勘察规范》(GB 50021);

    2 《建筑地基基础设计规范》(GB 50007);

    3 《建筑桩基技术规范》(JGJ 94);

    4 《建筑地基基础工程施工质量验收规范》(GB 50202);

    5 《建筑地基基础设计规范》(DB 231902)。

5.1.3 下列地基属于抗震不利的地基:

    1 含有松至中密的饱和砂土层(特别是粉砂和细砂)、低密度的饱和粉土层(特别是黏粒质量分数低于10%者)、砾粒质量分数低于70%～80%的砂砾石层、软弱黏性土层及低密度的填土层等的地基。

    2 在水平分布上含有类别、状态显著不同的土层的不均匀地基,如位于故河道、沟、坑边缘的地基和半挖半填地基。

    对第1款所述抗震不利的地基必须查清这些土层的分布及物理状态,并对地震时饱和砂土、粉土和砂砾石液化的可能性及危害,对软弱黏性土产生的附加沉降及危害做出评估。

    当建筑物坐落在不均匀地基上时,应对地震引起的不均匀附加沉降和可能的局部滑动及其危害做出评估。

    对抗震不利的地基需根据评估结果采取必要的工程治理措施。

5.1.4 采取的地基基础形式及抗震的工程治理措施,应统一考虑静力设计和抗震设计要求而确定。在综合比较的基础上,宜采用比较安全的方案。

5.1.5 土的承载力,以及桩、墩或沉箱与土界面的承载力应足以抵抗包括地震在内的荷载组合作用。土的地震承载力应根据第5.2节和第5.4节的规定确定。如果天然土体不能满足上述要求,应采取适当的工程治理措施提高土体的抗震能力。

5.1.6 在包括地震在内的荷载组合作用下,基础部件的承载力及细部构造应符合第7章至第11章的规定要求。

5.2 天然地基和基础

5.2.1 符合下列条件之一者可不进行地基抗震承载力验算:

1 抗震设计类别为 A 的建筑。

2 当在地基主要受力层范围内不存在软弱黏性土层时的下列建筑:

1)抗震设计类别为 B 的建筑;

2)抗震设计类别为 C 的下列建筑:

①砌体房屋;

②一般的单层厂房和单层空旷房屋;

③不超过 8 层且高度在 25 m 以下的一般民用框架结构房屋;

④基础荷载与上述民用框架结构房屋相当的多层框架结构厂房。

注:软弱黏土层指在设计基本地震加速度 $A \leqslant 0.10g$ 情况下,其承载力特征值小于 80 kPa 的饱和黏性土层。

5.2.2 当进行地基抗震承载力验算时,地基土的抗震承载力应取静力设计的承载力特征值乘以地基土抗震承载力调整系数,即按下式计算:

$$f_{aE} = \zeta_a f_a \tag{5.2.2}$$

式中　f_{aE}——地基土的抗震承载力;

　　　ζ_a——地基土的抗震承载力调整系数,根据地基土的类别按表 5.2.2 取值;

　　　f_a——深宽修正后地基土的静力设计承载力特征值,按《建筑地基基础设计规范》(GB 50007)的规定确定。

表 5.2.2　地基土抗震承载力调整系数

岩土类别及状态	ζ_a
岩土,密实的碎石土,密实的砾、粗、中砂,$f_{ak} \geqslant 300$ kPa 的黏性土及粉土	1.5
中密、稍密的碎石土,中密和稍密的砾、粗、中砂,密实和中密的细、粉砂,150 kPa $\leqslant f_{ak}$ < 300 kPa 的黏性土和粉土,坚硬黄土	1.3
稍密的细、粉砂,100 kPa $\leqslant f_{ak}$ < 150 kPa 的黏性土和粉土,可塑黄土	1.1
淤泥、淤泥质土、非饱和的松散砂土、杂填土、新近堆积黄土及流塑黄土	1.0

注:f_{ak} 为未经深宽修正的静力设计的地基土承载力特征值

5.2.3 地震作用下地基竖向承载力验算时,按地震作用效应标准组合的基础底面平均压力和边缘最大压力应符合下列要求:

1 $$p \leqslant f_{aE} \tag{5.2.3-1}$$

式中　p——地震作用效应标准组合的基础底面平均压应力。

2 $$p_{max} \leqslant 1.2 f_{aE} \tag{5.2.3-2}$$

式中　p_{max}——地震作用效应标准组合的基础边缘的最大压应力。

3 高宽比大于 4 的高层建筑基础底面不宜出现拉应力;其他建筑物基础底面的拉应力区面积不应超过基础底面面积的 15%。

5.2.4 对需进行地基抗震承载力验算的设计情况,基础的尺寸应按下列要求确定:

1 应满足第 5.2.3 条中关于地基抗震承载力验算的要求;

2 应满足基础承载力验算的要求。

5.3 液化和软弱土层地基

5.3.1 除设计基本地震加速度 $A \leqslant 0.05g$ 之外者,当地基中含有饱和的砂土层和粉土层时,应进行液化判别。如果饱和的砂土层和粉土层会发生液化时,则应按建筑物的抗震设计类别和液化等级采取适当的工程治理措施。

5.3.2 如下两种情况可认为不会发生液化:

1 地基中的饱和砂土层或粉土层的地质年代为第四纪晚更新世(Q_3)及其以前者;

2 在设计基本地震加速度 $A \leqslant 0.10g$ 情况下,黏粒(粒径小于 0.005 mm 颗粒)质量分数不小于 10% 的饱和粉土。

5.3.3 饱和砂土层或粉土层,如果上覆的非液化土层厚度和地下水位深度符合下列条件之一者,可不考虑其液化对天然地基浅基础所引起的危害:

$$d_u > d_0 + d_b - 2 \qquad (5.3.3-1)$$

$$d_w > d_0 + d_b - 3 \qquad (5.3.3-2)$$

$$d_u + d_w > 1.5d_0 + 2d_b - 4.5 \qquad (5.3.3-3)$$

式中 d_u —— 上覆非液化土层厚度,m,计算时应将淤泥和淤泥质土层扣除;

d_w —— 地下水位深度,m,宜按近期内年最高水位或设计基准期年平均最高水位采用;

d_b —— 基础埋置深度,m,不超过 2 m 时宜用 2 m;

d_0 —— 液化影响特征深度,m,按表 5.3.3 确定。

表 5.3.3　液化影响特征深度　　　　　　　　　　　　　　　　　　m

饱和土类别	$A \leqslant 0.10g$
粉土	6
砂土	7

5.3.4 如果饱和砂土层和粉土层的埋深小于等于 20 m,其液化判别宜采用标准贯入试验判别法。如符合下式,则判为会发生液化:

$$N \leqslant N_{cr} \qquad (5.3.4-1)$$

式中 N —— 由标准贯入试验测得的饱和砂土或粉土的贯入锤击数(未经杆长修正);

N_{cr} —— 临界液化贯入锤击数,按下式计算:

$$N_{cr} = N_0\beta\left[\ln(0.6d_s + 1.5) - 0.1d_w\right]\sqrt{3/p_c} \qquad (5.3.4-2)$$

式中 d_s —— 标准贯入试验贯入点的深度,m;

d_w —— 地下水位深度,m;

β —— 考虑地震特征周期分区的调整系数,取 1.05;

p_c —— 黏粒质量分数,当 p_c 小于 3 时取 3;

N_0 —— 临界液化贯入锤击数基准值,按表 5.3.4 采用。如果设计基本地震加速度值不等于表 5.3.4 列出的数值,可按线性插值法确定,并取大于插值的整数。

表5.3.4　临界液化贯入锤击数基准值

设计基本地震加速度 A	0.05g	0.10g
临界液化贯入锤击数基准值	4	7

5.3.5　当建筑的抗震设计类别为 C 时,饱和砂土层和粉土层的液化判别还宜采用 Seed 简化法,见附录 F。

当同时采取标准贯入试验判别法和 Seed 简化法两种方法进行液化判别时,如果其中一种方法的判别结果为液化,则认为饱和的砂土层或粉土层会发生液化。

5.3.6　当地基中存在会发生液化的饱和砂土层和粉土层时,应按下式确定地基土层的液化指数:

$$I_{LE} = \sum_{i=1}^{n} \left(1 - N_i / N_{cr,i}\right) d_i w_i \qquad (5.3.6)$$

式中　I_{LE} —— 地基土层的液化指数;

n —— 在判别深度范围内标准贯入试验点的总数;

$N_{cr,i}$ —— 第 i 个标准贯入试验点的临界液化贯入锤击数,当按第 5.3.4 条规定的方法判别液化时,按式(5.3.4 - 2)确定;当按 Seed 简化法判别液化时,按附录 F.0.3 确定;

N_i —— 第 i 个标准贯入试验点的实测贯入锤击数,当 $N_i > N_{cr,i}$ 时,取 $N_i = N_{cr,i}$;

d_i —— 第 i 个标准贯入试验点所代表的土层厚度,m,可采用第 i 个标准贯入试验点与相邻的上下两标准贯入试验点深度差之和的 1/2,但上界不高于地下水位深度,下界不深于液化深度;

w_i —— 第 i 点所代表的土层的层位影响权系数,m^{-1},位于地面下 0 ~ 5 m 范围时取 10,在判别总深度处取零,从地面下 5 m 至判别总深度范围内按线性内插取值。

5.3.7　未经处理的会发生液化的饱和砂土层和粉土层,一般不宜作为天然地基持力层,应根据地基土层的液化指数按表5.3.7 - 1确定其液化等级,并考虑建筑物的抗震设计类别采取适宜的避免液化或减轻液化危害的工程治理措施(见5.5节)。所采取的工程治理措施宜符合表5.3.7 - 2避免液化或减轻液化危害的原则和要求。

表5.3.7 - 1　地基土层液化等级

液化等级	轻微	中等	严重
判别总深度 15 m	0 < I_{LE} ≤ 5	5 < I_{LE} ≤ 15	I_{LE} > 15
判别总深度 20 m	0 < I_{LE} ≤ 6	6 < I_{LE} ≤ 18	I_{LE} > 18

表5.3.7 - 2　避免液化或减轻液化危害的原则和要求

建筑物的抗震设计类别	地基土层的液化等级		
	轻　微	中　等	严　重
C 类	加强基础和上部结构的整体性和刚度	部分消除液化引起的沉降,且加强基础和上部结构的整体性和刚度	全部消除液化引起的沉降

续表 5.3.7 - 2

建筑物的抗震设计类别	地基土层的液化等级		
	轻 微	中 等	严 重
B 类	适当加强基础和上部结构的整体性和刚度,或不采取措施	加强基础和上部结构的整体性和刚度	全部消除液化引起的沉降,或部分消除液化引起的沉降,且加强基础和上部结构的整体性和刚度
A 类	不采取措施	适当加强基础和上部结构的整体性和刚度	部分消除液化引起的沉降,且加强基础和上部结构的整体性和刚度

5.3.8 对于液化等级为中等和严重的斜坡或倾斜地面情况,应考虑可能会发生滑坡、流滑或液化侧向扩展。除抗震设计类别为 A 的建筑物外,不宜建在距常时水位线 100 m 以内的范围,否则应进行抗滑验算,采取防止土体滑动或侧向位移的治理措施。

注:常时水位线宜按设计基准期内年平均最高水位采用,也可按近期年最高水位采用。

5.3.9 当地基主要受力层范围内存在软弱黏土时,应采取消除、减少软弱土层附加沉降或增强基础和上部抵抗沉降的工程治理措施。抗震设计类别为 C 的建筑宜采取减少沉降或增强基础和上部结构抵抗沉降能力的措施;抗震设计类别为 B 的建筑宜采取增强基础和上部结构抵抗沉降能力的措施;抗震设计类别为 A 的建筑可不采取措施。

5.4 桩 基 础

5.4.1 符合下列条件之一者可不进行桩承台、桩基的抗震承载力验算:

1 抗震设计类别为 A 的建筑。

2 当地面下不含有会发生液化的砂土层,且桩承台周围无淤泥、淤泥质土和承载力特征值不小于 100 kPa 的填土时的下列建筑:

1) 抗震设计类别为 B 的建筑;

2) 抗震设计类别为 C 的下列建筑:

① 一般的单层厂房和单层空旷房屋;

② 不超过 8 层且高度在 25 m 以下的一般民用框架结构房屋;

③ 基础荷载与上述民用框架结构房屋相当的多层框架结构厂房。

5.4.2 抗震设计类别为 B、C 的建筑物的桩基抗震计算,其地震作用只考虑上部结构惯性作用所引起的桩的弯矩和剪力,不考虑地震时桩周围的土运动所引起的桩的附加弯矩和剪力。

5.4.3 低桩承台桩基所承受的包括地震在内的水平作用力,一般可由承台侧面土体和桩共同分担,但不应计入承台底面与地基土间的摩擦力。当承台周围为液化土或软弱黏土,或承台周围回填土的干密度小于《建筑地基基础设计规范》(GB 50007)的要求时,应不计入桩承台侧面土体的抵抗作用。

5.4.4 在进行桩基抗震验算时,竖向及水平向抗震承载力特征值按如下规定确定:

1 一般土层情况下,可比其静力承载力特征值提高25%;

2 符合第5.2.1条定义的软弱黏土层的情况下,可取其静力承载力特征值;

3 液化土层情况下,水平抗力折减系数按第5.4.5条的规定确定。

5.4.5 桩周围存在液化土层的情况,桩基承载力验算宜按下列两种情况验算,并按不利情况设计:

1 地震作用达到最大而液化尚未充分发展的情况,计入全部地震作用,液化土的地震侧阻力及水平抗力均取其静力值乘以表5.4.5的折减系数。

表5.4.5　液化土的侧阻力及水平抗力折减系数

实测标准贯入锤击数 / 临界液化标准贯入锤击数	深度 d_s/m	折减系数
≤ 0.6	$d_s ≤ 10$	0
	$10 < d_s ≤ 20$	1/3
> 0.6 ~ 0.8	$d_s ≤ 10$	1/3
	$10 < d_s ≤ 20$	2/3
> 0.8 ~ 1.0	$d_s ≤ 10$	2/3
	$10 < d_s ≤ 20$	1

2 地震作用接近结束液化已充分发展的情况,只计入10%的地震作用,液化土的侧阻力及水平抗力取零,承台底面下2m范围内非液化土的侧阻力及水平抗力也取为零。

5.4.6 液化等级为中等和严重的斜坡或倾斜地面,在距常时水位线100m范围内的桩基础,在其抗震计算中尚应考虑土体顺坡位移引起的侧向推力作用,且承受的侧向推力的面积应按两侧边桩外缘间的宽度计算。

5.4.7 液化土中桩的配筋范围应自桩顶至桩端,其纵向钢筋与桩顶部位相同,箍筋应加密。

5.4.8 桩承台周围宜用稳定的土类回填,填筑的密度应符合《建筑地基基础设计规范》(GB 50007)的要求。如回填土为砂土或粉土且处于地下水位之下时,其标准贯入锤击数应不小于第5.3.4条的规定。

5.5　抗震治理措施

5.5.1 提高地基抗震能力的措施包括:换土、增加土的密度、胶结固化、增加覆盖压力、设置排水通道等。

1 换土适用于埋深较浅的会发生液化的砂土或会发生附加沉降的软黏土。回填的土应属于稳定土类,填筑的密度应达到《建筑地基基础规范》(GB 50007)的要求。

2 增加土的密度的方法应根据土类和所要求的加密深度而确定。加密深层的砂土宜采用振冲法、挤密碎石桩法;加密深层的黏性土宜采用强夯法及石灰桩挤密法。

3 胶结固化土的方法应根据土类而确定。钻孔灌浆固化法适用于渗透性较好的土类,例如砂土、砂砾石等;钻孔旋喷法和搅拌法既适用于砂土也适用于黏性土。

4 增加覆盖压力的方法可采用增填上覆土层的方法。所填筑的土应属于稳定性土类,填筑密度应达到《建筑地基基础规范》(GB 50007)的要求。在增填的上覆土层底面宜设置垫层。

5 增设排水通道的方法应根据土类而确定。如采用振冲法和挤密碎石桩加密砂土,同时就形成了向上的排水通道。如在黏性土中增设排水通道宜采用砂井。设置排水通道宜与增填上覆土层相结合采用。

5.5.2 地基土体处理在平面上的范围应满足如下要求:在基础边缘以外的处理宽度应超过基础底面以下处理深度的1/2,且不小于基础宽度的1/5。

5.5.3 提高会发生液化的砂土及粉土的抗震能力的措施应符合表5.3.7 – 2的原则和要求。此外,还应满足下列要求:

1 处理后砂土的标准贯入锤击数不应小于第5.3.4条的规定。

2 处理深度应符合如下规定:

1)当要求全部消除地基液化沉降时,处理深度应至液化深度下界。

2)当要求部分消除地基液化沉降时,在判别深度为15 m和20 m情况下,应使处理后的地基土层液化指数分别不大于4和5;对于独立基础和条形基础,尚不应小于基础底面下液化影响特征深度和基础宽度的较大值。

5.5.4 为减轻液化影响,可综合采用下列基础和上部结构的处理措施:

1 选择合适的基础埋置深度。如果在液化土层之上有非液化的土层时,宜尽量保持非液化土层的厚度。

2 调整基础底面积、减小偏心。

3 采用整体性好和刚度大的基础,例如箱基、筏基、钢筋混凝土交叉条形基础,设置基础圈梁。

4 在抗震设计类别为B类、C类的建筑物地基土层的液化等级为中等和严重的情况下,应采用连系梁将独立式基础、桩承台、箱基础等相互连接起来。

5.5.5 对于不均匀地基,应查清不均匀地基两部分的界线及软弱部分土层的组成及其物理力学的性能。同一结构单元不宜坐落在不均地基上,相邻结构单元应由沉降缝分开;如果不可避免,则应加固软弱部分土层,或采用抗滑桩,并加强结构的整体性。

6 地震作用和结构抗震验算

6.1 一 般 规 定

6.1.1 各类建筑结构的抗震分析和设计,应符合下列规定:

1 结构应具有足够的承载力、刚度和耗能能力。

一般情况下,应按建筑结构的两个主轴方向分别计算水平地震作用并进行抗震验算。特殊情况下(例如有斜交抗侧力构件的结构,当相交角度大于15°时),应分别计算各抗侧力构件方向的水平地震作用。

2 一般情况下,抗震设计类别为 A 时可不进行结构的抗震验算;其他抗震设计类别结构的地震作用,在抗震设防地震(50年超越概率为10%)下按6.2节或6.3节的方法确定;建筑结构的抗震验算按6.4节进行,对于第6.4.4条所规定的结构,尚应进行罕遇地震作用下的变形验算;对于使用功能为 IV 类的建筑,结构的地震作用也可采用弹性和非弹性时程分析或静力弹塑性分析方法计算。

3 质量和刚度分布明显不对称的结构,应计入双向水平地震作用下的扭转影响;其他情况,允许采用调整地震作用效应的方法计入扭转影响。

4 平面投影尺度很大的空间结构,应根据结构形式和支承条件,分别按单点一致、多点、多向或多向多点输入计算地震作用。

6.1.2 结构的设计应符合下列规定:

1 除第14章外,结构影响系数 C 和位移放大系数 ζ_d 按表6.1.2取值。

表 6.1.2 结构影响系数和位移放大系数

结构材料	结构体系	结构影响系数 C	位移放大系数 ζ_d
钢	框架	0.25	2.8
	框架中心支撑	0.27	3.0
	框架偏心支撑	0.25	2.3
	筒体和巨型框架	0.30	2.7
钢筋混凝土	框架	0.35	2.3
	框架抗震墙	0.38	2.2
	抗震墙	0.40	2.5
	部分框支抗震墙	0.40	2.5
	板柱抗震墙	0.38	2.2
	框架核心筒	0.38	2.2
	筒中筒	0.38	2.2

续表 6.1.2

结构材料	结构体系	结构影响系数 C	位移放大系数 ζ_d
钢－混凝土组合	框架	0.35	2.3
	框架抗震墙	0.38	2.2
	框架核心筒	0.38	2.2
	筒中筒	0.40	2.2
砖、砌块砌体	黏土砖、多孔砖砌体墙结构	0.45	1.5
	小砌块砌体墙结构	0.45	1.5
	配筋混凝土小型空心砌块抗震墙结构	0.40	2.2
	底部框架抗震墙结构	0.45	2.3
	多排柱内框架结构	0.45	2.2

2 抗震设计类别为 A 类、B 类和 C 类的建筑,应符合第 7 章至第 12 章的最大适用高度要求。

6.1.3 建筑设计应根据抗震概念设计的要求明确建筑形体的规则性;不规则的建筑应按规定采取加强措施;特别不规则的建筑和高度超过规定的建筑应进行专门研究和论证,采取特别的加强措施;不应采用严重不规则的建筑形体。

注:形体指建筑平面形状和立面、竖向剖面的变化。

6.1.4 建筑设计应重视其平面、立面和竖向剖面的规则性对抗震性能及经济合理性的影响,宜择优选用规则的形体,其抗侧力构件的平面布置宜规则对称、侧向刚度沿竖向宜均匀变化、竖向抗侧力构件的截面尺寸和材料强度宜自下而上逐渐减小,避免侧向刚度和承载力突变。

6.1.5 建筑形体及其构件布置的平面、竖向不规则性,应按下列要求划分:

1 混凝土结构房屋、钢结构房屋和钢－混凝土混合结构房屋存在表 6.1.5－1 所列举的某项平面不规则类型或表 6.1.5－2 所列举的某项竖向不规则类型以及类似的不规则类型,应属于不规则的建筑。

表 6.1.5－1 平面不规则类型

不规则类型	定义和参考指标	适用抗震设计类别	应符合的条款
扭转不规则	楼层的最大弹性水平位移(层间位移),大于该楼层两端弹性水平位移(层间位移)平均值的 1.2 倍	B 类、C 类	6.1.6
楼板局部不连续	楼板的尺寸和平面刚度急剧变化,例如,有效楼板宽度小于该层楼板典型宽度的 50%,或开洞面积大于该层楼面面积的 30%,或较大的楼层错层	B 类、C 类	6.1.6
凹凸不规则	平面凹进的尺寸,大于相应投影方向总尺寸的 30%	B 类、C 类	6.1.6

表 6.1.5 – 2 立面(或竖向)不规则类型

不规则类型	定义和参考指标	适用抗震设计类别	应符合的条款
侧向刚度不规则	该层的侧向刚度小于相邻上一层的70%,或小于其上相邻三个楼层侧向刚度平均值的80%;除顶层或出屋面小建筑外,局部收进的水平向尺寸大于相邻下一层的25%	B类、C类	6.1.6
竖向抗侧力构件不连续	竖向抗侧力构件(柱、抗震墙、抗震支撑)的内力由水平转换构件(梁、桁架等)向下传递	B类、C类	6.1.6
楼层承载力突变	抗侧力结构的层间受剪承载力小于相邻上一楼层的80%	B类、C类	6.1.6

2 当存在表6.1.5 – 1中一项不规则时,应属于平面不规则的建筑,采取的加强措施应符合表6.1.5 – 1所列条款的要求;当存在表6.1.5 – 2中一项不规则时,应属于竖向不规则的建筑,采取的加强措施应符合表6.1.5 – 2所列条款的要求;当存在表6.1.5 – 1和表6.1.5 – 2中多项不规则或某项不规则超过规定的参考指标较多时,应确定为特别不规则的建筑。

3 砌体房屋、单层工业厂房的平面和竖向不规则性的划分,应符合本规范有关章节的规定。

6.1.6 建筑形体及其构件布置不规则时,应按下列要求进行地震作用计算和内力调整,并应对薄弱部位采取有效的抗震构造措施:

1 平面不规则而竖向规则的建筑,应采用空间结构计算模型,并应符合下列要求:

1)扭转不规则时,应计入扭转影响,且楼层竖向构件最大的弹性水平位移和层间位移分别不宜大于楼层两端弹性水平位移和层间位移平均值的1.5倍,当最大层间位移远小于规范限值时,可适当放宽。

2)凹凸不规则或楼板局部不连续时,应采用符合楼板平面内实际刚度变化的计算模型;不规则程度较大时,宜计入楼板局部变形的影响。

3)平面不对称且凹凸不规则或局部不连续,可根据实际情况分块计算扭转位移比,对扭转较大的部位应采用局部的内力增大系数。

2 平面规则而竖向不规则的建筑,应采用空间结构计算模型,刚度小的楼层的地震剪力应乘以不小于1.15的增大系数,其薄弱层应按本规范有关规定进行弹塑性变形分析验算,并应符合下列要求:

1)竖向抗侧力构件不连续时,该构件传递给水平转换构件的地震内力应根据抗震设计类别和水平转换构件的类型、受力情况、几何尺寸等,乘以增大系数。抗震设计类别为B时,增大系数可取为1.5,抗震设计类别为C时,增大系数可取为1.8。

2)侧向刚度不规则时,相邻层的侧向刚度比应依据其结构类型符合本规范相关章节的规定。

3)楼层承载力突变时,薄弱层抗侧力结构的受剪承载力不应小于相邻上一楼层的 65%。

3 平面不规则且竖向不规则的建筑,应根据不规则类型的数量和程度,有针对性地采取不低于本条 1、2 款要求的各项抗震措施。特别不规则的建筑,应经专门研究,采取更有效的加强措施。

6.1.7 体型复杂、平立面不规则的建筑,应根据不规则程度、地基基础条件和技术经济等因素的比较分析,确定是否设置防震缝,并分别符合下列要求:

1 当不设置防震缝时,应采用符合实际的计算模型,分析判明其应力集中、变形集中或地震扭转效应等导致的易损部位,采取相应的加强措施。

2 当在适当部位设置防震缝时,宜形成多个较规则的抗侧力结构单元。防震缝应根据抗震设计类别、结构材料种类、结构类型、结构单元的高度和高差以及可能的地震扭转效应的情况,留有足够的宽度,其两侧的上部结构应完全分开。

3 当设置伸缩缝和沉降缝时,其宽度应符合防震缝的要求。

6.1.8 为使各类使用功能的建筑达到其最低抗震性态目标,结构地震作用分析时结构影响系数取值和位移验算应按如下规定进行:

1 Ⅳ类使用功能的建筑,结构影响系数按 $C = 1.0$ 进行抗震设防地震下的承载力验算,并进行对应地震作用下的弹性位移验算,一般不再做罕遇地震下的弹塑性变形验算。

2 Ⅲ类使用功能的建筑,结构影响系数按 $(C+1)/2$ 进行抗震设防地震下的承载力验算(C 为表 6.1.2 所规定的结构影响系数),并进行对应地震作用下的弹性位移验算;对第 6.4.4 条所规定的结构,尚需进行罕遇地震下的弹塑性位移验算。

3 Ⅱ类使用功能的建筑,取表 6.1.2 的结构影响系数 C 进行抗震设防地震下的承载力验算,并进行对应地震作用下的弹性位移验算;对第 6.4.4 条所规定的结构,需进行罕遇地震下的弹塑性位移验算。

4 Ⅰ类使用功能结构无须进行抗震验算。

6.1.9 地震作用计算方法的选择,应符合如下规定:

1 抗震设计类别为 B 或 C 类、高度不超过 40 m、以剪切变形为主且质量和刚度沿高度分布比较均匀的结构,以及近似于单质点体系的结构,地震作用计算可采用底部剪力法。

2 抗震设计类别为 B 或 C 类高度超过 40 m 的不规则结构,抗震设计类别为 B 或 C 类高度不超过 40 m 的特不规则结构,地震作用计算应采用第 6.3 节振型分解反应谱法或时程分析方法。

3 特不规则的高层结构,地震作用计算应采用时程分析法。

4 平面投影尺度很大的空间结构按多点输入计算地震作用时,应考虑地震行波效应和局部场地效应。6 度和 7 度 Ⅰ、Ⅱ类场地上抗震设计类别 B 类和 C 类的支承结构、上部结构和基础的抗震验算可采用简化方法,根据结构跨度、长度不同,其短边构件可乘以附加地震作用系数 1.15 ~ 1.30;7 度 Ⅲ、Ⅳ类场地抗震设计为 C 类时,应采用时程分析方法进行抗震验算。

6.1.10 计算地震作用时,建筑结构的重力荷载代表值应取结构和构配件自重标准值和各可变荷载组合值之和。各可变荷载的组合值系数,应按表 6.1.10 采用。

表 6.1.10 组合值系数

可变荷载种类		组合值系数
雪荷载		0.5
屋面积灰荷载		0.5
屋面活荷载		不计入
按实际情况计算的楼面活荷载		1.0
按等效均布荷载计算的楼面活荷载	藏书库、档案库	0.8
	其他民用建筑	0.5
吊车悬吊物重力	硬钩吊车	0.3
	软钩吊车	不计入

注:当硬钩吊车的吊重较大时,组合值系数应按实际情况采用

6.2 水平地震作用计算的底部剪力法

6.2.1 本节规定底部剪力法分析的最低要求,计算简图如图 6.2.1 所示,本方法使用的限制见第 6.1.9 条第 1 款。

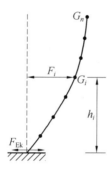

图 6.2.1 结构水平地震作用计算简图

6.2.2 采用底部剪力法时,各楼层可仅取一个自由度,在给定方向结构的总水平地震作用标准值,应按下列公式确定:

$$F_{Ek} = C\eta_h \alpha_1 G_{efl} \qquad (6.2.2-1)$$

$$G_{efl} = \frac{\left(\sum_{i=1}^{n} G_i X_{1i} \right)^2}{\sum_{i=1}^{n} G_i X_{1i}^2} \qquad (6.2.2-2)$$

$$X_{1i} = (h_i/h)^\delta \qquad (i=1,2,\cdots,n) \qquad (6.2.2-3)$$

式中　F_{Ek} —— 结构总水平地震作用标准值;

　　　C —— 结构影响系数,应按表 6.1.2 采用并应遵循第 6.1.8 条的规定;

　　　α_1 —— 相应于结构基本自振周期的水平地震影响系数,应按第 4.2 节采用;

　　　η_h —— 水平地震影响系数的增大系数,应按下列公式确定:

　　　　　当 $T_1 > T_g$ 时:　　$\eta_h = (T_g/T_1)^{-\zeta}$ 　　　(6.2.2-4)

　　　　　当 $T_1 \leqslant T_g$ 时:　　$\eta_h = 1.0$ 　　　(6.2.2-5)

　　　T_1、T_g —— 结构的基本自振周期、场地的特征周期;

ζ—— 增大系数的结构类型指数,应根据结构类型按表6.2.2 – 1采用;

G_{efl}—— 相应于结构基本振型的有效重力荷载;

G_i—— 集中于质点 i 的重力荷载代表值,应按表6.1.10采用;

X_{1i}—— 结构基本振型质点 i 的水平相对位移(当用式(6.2.2 – 3)计算时,为假设基本振型);

h_i—— 质点 i 的计算高度;

h—— 结构的总计算高度;

δ—— 结构假设基本振型指数,应按表6.2.2 – 2采用;

n—— 质点数。

表 6.2.2 – 1 结构类型指数

结构类型	单质点结构	剪切型结构	弯剪型结构	弯曲型结构
ζ	0	0.05	0.20	0.35

表 6.2.2 – 2 结构基本振型指数

结构类型	剪切型结构	弯剪型结构	弯曲型结构
δ	1.0	1.5	1.75

6.2.3 建筑结构在计算方向的基本周期,应根据抗震结构的变形特性等确定,一般可采用下式计算:

$$T_1 = 2\pi \sqrt{\sum_{i=1}^{n} G_i u_i^2 \Big/ g \sum_{i=1}^{n} F_i u_i} \qquad (6.2.3)$$

式中 G_i—— 集中于质点 i 的重力荷载;

F_i—— 质点 i 的水平地震作用;

u_i—— 按线弹性计算的、由地震作用 F_i 在质点 i 产生的静水平位移;

g—— 重力加速度。

也可用其他经验公式确定,但应注意符合相应的适用条件。

6.2.4 结构各质点的水平地震作用标准值,应按下列公式确定:

$$F_{1i} = F_{Ek1} \frac{G_i X_{1i}}{\sum_{j=1}^{n} G_j X_{1j}} \quad (i = 1, 2, \cdots, n) \qquad (6.2.4 – 1)$$

$$F_{2i} = F_{Ek2} \frac{G_i X_{2i}}{\sum_{j=1}^{n} G_j X_{2j}} \quad (i = 1, 2, \cdots, n) \qquad (6.2.4 – 2)$$

$$F_{Ek1} = C\alpha_1 G_{efl} \qquad (6.2.4 – 3)$$

$$F_{Ek2} = \sqrt{F_{Ek}^2 - F_{Ek1}^2} \qquad (6.2.4 – 4)$$

$$X_{2i} = (1 - h_i/h_0) h_i/h_0 \quad (i = 1, 2, \cdots, n) \qquad (6.2.4 – 5)$$

式中 F_{1i}、F_{2i}—— 结构基本振型和第二振型质点 i 的水平地震作用标准值;

F_{Ek1}、F_{Ek2}—— 结构基本振型和第二振型的水平地震作用标准值;

G_i、G_j—— 集中于质点 i、j 的重力荷载代表值;

X_{2i}—— 假设的结构第二振型质点 i 的水平相对位移;

h_0—— 结构第二振型曲线的节点计算高度,可取结构总计算高度的80%;

n —— 结构总质点数。

任何楼层的水平地震作用效应标准值,包括层间剪力、倾覆力矩和层间位移以及质点的位移等,按结构基本振型和第二振型的水平地震作用效应标准值的平方和开平方确定。

6.2.5 任何楼层的层间地震剪力,应按竖向抗侧力体系各构件和楼、屋盖的相对侧向刚度,分配到计算楼层中结构体系的各竖向抗侧力构件上,层间地震剪力分配原则为:

　　1 采用现浇和装配整体式混凝土楼屋盖的建筑,宜按抗侧力构件等效刚度的比例分配。

　　2 采用柔性楼屋盖的建筑,宜按抗侧力构件从属面积上重力荷载代表值的比例分配。

　　3 采用普通预制装配式混凝土楼屋盖的建筑,可取上述两种分配结果的平均值。

　　4 不规则结构不进行扭转耦联计算时,平行于地震作用方向的两个边榀各构件,其地震作用效应应该乘以增大系数。一般情况下,短边构件的增大系数可取1.15,长边构件的增大系数可取1.05;当扭转刚度较小时,周边各构件的增大系数不宜小于1.3;角部构件宜同时乘以两个方向各自的增大系数。不规则结构宜用有限元分析考虑扭转影响。

6.3　水平地震作用计算的振型分解反应谱法

6.3.1 本节规定结构水平地震作用计算的振型分解反应谱法的要求。

6.3.2 结构的力学模型应能代表整个结构的质量和刚度的空间分布。对于具有独立正交抗震体系的规则结构,独立的二维模型可用来代表每个体系。对于不规则结构或不具有独立正交体系的结构,应采用在结构每个楼面包含两正交平面方向平移和绕竖轴扭转转动的三个自由度的三维模型。

6.3.3 应按基底固定的条件,由结构体系的质量和弹性刚度用确认的结构分析方法计算结构振动的固有特性,包括各振型的周期、振型向量、振型参与系数和振型质量。分析应包括足够数目的振型,使两个正交方向各振型有效质量之和均不少于90%的结构实际总质量,也即

$$\sum_i M_i^E = \sum_i \left[\left(\sum_{j=1}^n m_j x_{ji} \right)^2 \bigg/ \sum_{j=1}^n m_j x_{ji}^2 \right] \geq 0.9 \sum_{j=1}^n m_j \qquad (6.3.3)$$

式中　　M_i^E —— 第i振型对应的有效质量;

　　　　m_j —— 第j质点的质量;

　　　　x_{ji} —— 第i振型第j质点对应的位移;

　　　　n —— 结构的总质点数。

6.3.4 结构j振型的总水平地震作用标准值,应按下列公式确定:

$$F_{Ekj} = C\alpha_j G_{efj} \qquad (6.3.4-1)$$

$$G_{efj} = \frac{\left(\sum_{i=1}^n G_i X_{ji} \right)^2}{\sum_{i=1}^n G_i X_{ji}^2} \qquad (6.3.4-2)$$

式中　　F_{Ekj} —— j振型的总水平地震作用标准值;

α_j—— 相应于 j 振型自振周期的水平地震影响系数,应按第 4.2 节确定;

G_{efj}—— j 振型的有效重力荷载;

G_i—— 集中于质点 i 的重力荷载代表值,应按表 6.1.10 采用;

X_{ji}—— j 振型质点 i 的水平相对位移;

C—— 结构影响系数,应按表 6.1.2 采用并应遵循第 6.1.8 条的规定;

n—— 结构总质点数。

6.3.5 各质点 i 的振型水平地震作用标准值应按下列公式确定:

$$F_{ji} = C_{vji} F_{Ekj} \quad (i = 1,2,\cdots,n) \tag{6.3.5 - 1}$$

$$C_{vji} = \frac{G_i X_{ji}}{\sum_{k=1}^{n} G_k X_{jk}} \quad (i = 1,2,\cdots,n) \tag{6.3.5 - 2}$$

式中 F_{ji}—— j 振型质点 i 的水平地震作用标准值;

C_{vji}—— j 振型质点 i 的竖向分布系数;

G_i、G_k—— 质点 i、k 的重力荷载代表值;

X_{ji}、X_{jk}—— j 振型质点 i、k 处的相对水平位移。

6.3.6 结构的总水平地震作用标准值,各楼层层间剪力、倾覆力矩和层间位移,以及各质点的位移,应由振型值的组合来确定。一般情形(当相邻振型的周期比小于 0.85 时),规则结构的振型组合可取各振型值的平方和开平方值,也即按下式组合:

$$S_{Ek} = \sqrt{\sum_{j=1}^{n} S_{Ekj}^2} \tag{6.3.6 - 1}$$

式中 S_{Ek}—— 水平地震作用标准值效应;

S_{Ekj}—— 结构第 j 振型的水平地震作用标准值效应。

但当振型有非常接近相等的固有周期时,例如非对称偏心结构(即不规则结构)即属于频率密集型情况,此时应采用如下完全二次型组合法(CQC 法)确定:

$$S_{Ek} = \sqrt{\sum_{j=1}^{m} \sum_{k=1}^{m} \rho_{jk} S_j S_k} \tag{6.3.6 - 2}$$

$$\rho_{jk} = \frac{8\sqrt{\zeta_j \zeta_k} (\zeta_j + \lambda_T \zeta_k) \lambda_T^{1.5}}{(1 - \lambda_T^2)^2 + 4\zeta_j \zeta_k (1 + \lambda_T^2) \lambda_T + 4(\zeta_j^2 + \zeta_k^2) \lambda_T^2} \tag{6.3.6 - 3}$$

式中 S_{Ek}—— 单向水平地震作用标准值的扭转效应;

S_j、S_k—— j、k 振型地震作用标准值的效应,可取前(由第 6.3.3 条规定确定)m 个振型;

ζ_j、ζ_k—— j、k 振型的阻尼比;

ρ_{jk}—— j 振型与 k 振型的耦联系数;

λ_T—— k 振型与 j 振型的自振周期比。

如果需要考虑双向水平地震作用的扭转效应时,可按如下两式中的较大值确定:

$$S_{Ek} = \sqrt{S_x^2 + (0.85 S_y)^2} \tag{6.3.6 - 4}$$

$$S_{Ek} = \sqrt{S_y^2 + (0.85 S_x)^2} \tag{6.3.6 - 5}$$

式中 S_x、S_y—— x、y 方向单向水平地震作用按式(6.3.6 - 2)计算的扭转效应。

6.3.7 水平剪力的分布,应符合第6.2.5条的要求。

6.4 建筑结构抗震验算

6.4.1 本节规定结构构件截面抗震验算和结构抗震变形验算的要求。

抗震验算时,结构任一楼层的水平地震剪力应符合下式要求:

$$V_{Eki} > \lambda \sum_{j=i}^{n} G_j \qquad (6.4.1)$$

式中 V_{Eki}—— 第 i 层对应于水平地震作用标准值的楼层剪力;

G_j—— 第 j 层的重力荷载代表值;

λ—— 楼层最小地震剪力系数值,按表6.4.1取值。

表 6.4.1 楼层最小地震剪力系数值

类别	6 度	7 度
扭转效应明显或基本周期小于3.5 s 的结构	0.008	0.016
基本周期大于5.0 s 的结构	0.006	0.012

注:基本周期介于3.5～5.0 s 的结构,可插入取值

6.4.2 结构构件的截面抗震验算应符合下列要求:

1 结构构件的地震作用效应和其他荷载效应的基本组合,应按下式计算:

$$S = \gamma_G S_{GE} + \gamma_{Eh} S_{Ek} + \gamma_w \psi_w S_{wk} \qquad (6.4.2-1)$$

式中 S—— 结构构件内力组合的设计值;

γ_G—— 重力荷载分项系数,一般情况应采用1.2;当重力荷载代表值效应对构件承载力有利时,应不大于1.0;

γ_{Eh}—— 水平地震作用分项系数,应采用1.3;

γ_w—— 风荷载分项系数,应采用1.4;

S_{GE}—— 重力荷载代表值效应,重力荷载代表值按第6.1.10条采用,当有吊车时尚应包括悬吊物重力标准值效应;

S_{Ek}—— 水平地震作用标准值效应,应按6.2节、6.3节的规定采用;

S_{wk}—— 风荷载标准值效应;

ψ_w—— 风荷载组合值系数,一般结构取0.0,高耸结构和高层建筑采用0.2。

2 结构构件的截面抗震验算,应采用下列设计表达式:

$$S \leq R/\gamma_{RE} \qquad (6.4.2-2)$$

式中 R—— 结构构件承载力设计值,应按各有关结构设计规范的规定计算;

γ_{RE}—— 承载力抗震调整系数,除另有规定外,应按表6.4.2采用。

表 6.4.2　承载力抗震调整系数

材料	结构构件	受力状态	γ_{RE}
钢	柱、梁、支撑、节点板件、螺栓、焊缝	强度	0.75
	柱、支撑	稳定	0.80
砌体	两端均有构造柱、芯柱的抗震墙	受剪	0.9
	其他抗震墙	受剪	1.0
混凝土	梁	受弯	0.75
	轴压比小于 0.15 的柱	偏压	0.75
	轴压比不小于 0.15 的柱	偏压	0.80
	抗震墙	偏压	0.85
	各类构件	受剪、偏拉	0.85

6.4.3　在抗震设防地震作用下,对任何楼层结构的弹性层间位移角应不超过表 6.4.3 规定的限值。

表 6.4.3　弹性层间位移角限值

结构类型	弹性层间位移角限值 $[\theta_e]$
钢筋混凝土框架	1/550
钢筋混凝土框架抗震墙、板柱抗震墙、框架核心筒	1/800
钢筋混凝土抗震墙、筒中筒	1/1 000
钢筋混凝土框支层	1/1 000
多、高层钢结构	1/300
配筋混凝土小型空心砌块抗震墙房屋	1/1 000

注:对于具有显著扭转位移的结构,层间位移角应包括扭转效应

6.4.4　对在罕遇地震作用下需进行弹塑性变形验算的结构规定如下:

1　下列结构应进行罕遇地震作用下的变形验算:

1)楼层屈服强度系数小于 0.5 的建筑抗震设计类别为 C 的钢筋混凝土框架结构;

2)使用功能 Ⅳ 类或抗震设计类别为 C 的建筑中的钢筋混凝土结构和钢结构;

3)高度大于 150 m 的结构。

2　下列结构宜进行弹塑性变形验算:

1)抗震设计类别为 B 和 C 的建筑高度大于 100 m 且符合表 6.1.3 - 2 所列竖向不规则类型的高层建筑结构;

2)板柱 - 抗震墙结构和底部框架砌体房屋;

3)高度不大于 150 m 的其他高层钢结构;

4)不规则的地下建筑结构和地下空间综合体。

注:楼层屈服强度系数,指按构件实际配筋和材料强度标准值计算的楼层抗剪承载力与按罕遇地震作用标准值计算的楼层弹性地震剪力的比值;对于排架柱,楼层屈服强度系数指按实际配筋面积、材料强度标准值和轴向力计算的正截面抗弯承载力与按罕遇地震作用标准值计算的弹性地震弯矩之比值。

6.4.5　弹塑性变形可采用下列方法计算:

    1 不超过12层且刚度无突变的钢筋混凝土框架结构,单层钢筋混凝土柱厂房,可采用第6.4.6条规定的薄弱层(部位)变形的简化计算方法。

    2 不满足第1款要求的结构,可采用非线性时程分析法或静力弹塑性分析方法。

    3 规则结构可采用弯剪层模型或平面杆系模型,不规则结构应采用空间结构模型。

6.4.6 钢筋混凝土结构薄弱层(部位)层间弹塑性位移简化计算,宜符合下列要求:

    1 楼层薄弱层(部位)的位置,按下列规定采取:

    1)楼层屈服强度系数沿高度分布均匀的结构,可取底层;

    2)楼层屈服强度系数沿高度分布不均匀的结构,可取系数最小的楼层(部位)和相对较小的楼层,一般可不超过2~3层处;

    3)单层厂房,可取上柱。

    2 层间弹塑性位移可按下列公式计算:

$$\Delta u_p = \eta_p \Delta u_e \qquad (6.4.6-1)$$

或

$$\Delta u_p = \mu \Delta u_y = \eta_p \Delta u_y / \xi_y \qquad (6.4.6-2)$$

式中 Δu_p—— 弹塑性层间位移;

       Δu_y—— 层间屈服位移;

       μ—— 楼层延性系数;

       Δu_e—— 罕遇地震作用下按弹性分析求得的层间位移;

       η_p—— 弹塑性位移增大系数,当薄弱层(部位)的屈服强度系数不小于相邻层(部位)该系数平均值的0.8时,可按表6.4.6采用;当不大于该平均值的0.5时,可按表内相应数值的1.5倍采用;其他情况可采用内插法取值;

       ξ_y—— 楼层屈服强度系数。

表6.4.6 弹塑性位移增大系数 η_p

结构类别	总层数 n 或部位	楼层屈服强度系数 ξ_y		
		0.5	0.4	0.3
多层均匀框架结构	2~4	1.30	1.40	1.60
	5~7	1.50	1.65	1.80
	8~12	1.80	2.00	2.20
单层厂房	上柱	1.30	1.60	2.00

6.4.7 时程分析应符合下列规定:

    1 时程分析应采用可靠的方法进行,结构和材料的性质应小心评价和确定。

    2 采用时程分析法的结构分析,按4.3节要求,应至少选用两组实测强震记录和一组拟合场地设计谱的人工模拟加速度时程。

    3 实测强震加速度记录和人工模拟加速度时程的反应谱,应符合4.2节和4.3节的要求。

    4 输入地震记录的有效持续时间应不少于5倍结构基本周期,且不宜少于15s。

    5 弹性时程分析时,每条加速度时程曲线计算所得结构底部剪力不应小于振型分解反应谱法计算所得结果的65%,多条加速度时程曲线计算所得结构底部剪力的平均值不应小于振型分解反应谱法计算结果的80%。

6 罕遇地震时程分析时,加速度时程曲线的最大值按附录 A 确定。

6.4.8 结构任何楼层的弹塑性层间位移角,对于 Ⅱ、Ⅲ 和 Ⅳ 类使用功能、抗震设计类别为
B 及 C 的建筑,应不超过表 6.4.8 规定的弹塑性层间位移角限值。

表 6.4.8　弹塑性层间位移角限值

结构类型	建筑使用功能类别		
	Ⅱ	Ⅲ	Ⅳ
单层钢筋混凝土柱排架	1/26	1/30	1/36
钢筋混凝土框架	1/44	1/50	1/59
底部框架砖房中的框架抗震墙 钢筋混凝土框架抗震墙 板柱－抗震墙、框架－核心筒 配筋混凝土小型空心砌块抗震墙房屋 钢筋混凝土抗震墙、筒中筒	1/70	1/85	1/100
钢框架	1/35	1/40	1/50
钢支撑框架	1/50	1/55	1/66

注:钢筋混凝土框架的弹塑性层间位移限值(弹塑性层间位移角限值 $\times h$,其中 h 为层高),当轴压比小于
0.4 时,可提高 10%

7 多层和高层钢结构

7.1 一 般 规 定

7.1.1 本章适用于多层和高层钢结构的抗震设计。

7.1.2 钢结构及其构件和连接,当按本章的规定进行设计时,尚应符合下列现行标准中与本规范不相抵触的其他要求:

    1 《钢结构设计规范》(GB 50017);

    2 《高层民用建筑钢结构技术规程》(JGJ 99);

    3 《钢结构工程施工质量验收规范》(GB 50205)。

7.1.3 钢结构房屋应按本规范表 3.1.4 确定其抗震设计类别,并符合相应的抗震设计要求。

7.1.4 钢结构的材料应符合下列规定:

    1 抗侧力结构的钢材应采用等级为 B 级或优于 B 级的 Q235 碳素结构钢和 Q345 低合金高强度结构钢,其质量应分别符合国家标准《碳素结构钢》(GB/T 700)和《低合金高强度结构钢》(GB/T 1591)的规定。当有可靠根据时,可采用其他钢种和钢号的钢材,其性能应符合下列要求:

        1)钢材的抗拉强度与屈服强度的实测值之比不应小于 1.2;

        2)钢材的伸长率应大于 20%,且应有明显的屈服台阶;

        3)钢材应具有良好的可焊性和合格的冲击韧性;

        4)偏心支撑框架中的耗能连梁不得采用屈服强度高于345 N/mm^2 的钢材。

    2 采用焊接连接的节点,当板厚不小于40 mm,且沿板厚方向承受拉力作用时,应对该部分钢材提出关于沿板厚方向受拉试件破坏后断面收缩率的附加要求,该值不得小于现行国家标准《厚度方向性能钢板》(GB/T 5313)规定的 Z15 级的限值。

    3 用于抗震设计类别为 C 的抗侧力体系钢结构中的所有坡口全熔透焊缝的填充金属,其零下 30 ℃ 的夏比冲击功应不小于27 J。

7.1.5 抗震钢结构的体系及其限制如下:

    1 各种结构体系的最大适用高度应符合表 7.1.5 - 1 的规定。超过规定高度的建筑,应根据专门的研究采取相应的抗震构造措施。

表 7.1.5 - 1　钢结构体系的最大适用高度　　　　　　　　　m

结构体系	抗震设计类别		
	A	B	C
框架结构	110	110	90
框架中心支撑结构	220	220	200
框架 - 偏心支撑(延性墙板)结构	240	240	220
框筒和巨型结构	300	300	280

注:适用高度指规则结构室外地面至檐口的高度(不包括局部突出屋顶部分)

2　钢结构的总高度与其宽度的比值不宜大于表 7.1.5 - 2 的规定。

表 7.1.5 - 2　钢结构高宽比限值

结构体系	抗震设计类别		
	A 类	B 类	C 类
框架	5.5	5	5
框架支撑结构	6.5	6	5.5
框筒和巨型结构	7	6.5	6

注:具有大底盘的塔楼,塔楼高度自大底盘顶部算起

7.2　计　算　要　点

7.2.1　钢构件和连接抗震验算时,凡本章未做规定者,应符合现行有关设计规范的要求,但截面抗震验算应按第 6.4.2 条的有关规定进行。

7.2.2　当根据不同的抗震设计类别,按第 6.1.4 条的规定对钢结构进行结构分析时,钢结构的阻尼比应按第 4.2.4 条和附录 D 的方法,对场地设计谱值进行调整。

钢结构在多遇地震下的阻尼比,对不超过 12 层的钢结构可采用 0.035,对超过 12 层的钢结构可采用 0.02;在罕遇地震下的分析,阻尼比可采用 0.05。

7.2.3　在进行框架 - 支撑结构的内力分析时,框架部分按计算得到的地震剪力应乘以调整系数,达到不小于结构底部总地震剪力的 25% 和框架部分计算最大层剪力 1.8 倍二者的较小值。

7.2.4　钢框架结构的节点处,节点左右梁端和上下柱端的全塑性承载力应符合式(7.2.4)要求。当柱所在楼层的受剪承载力比上一层的受剪承载力高出 25%,或柱轴向力设计值与柱全截面面积和钢材抗拉强度设计值乘积的比值不超过 0.4,或作为轴心受压构件在 2 倍地震力下稳定性得到保证时,可不按该式验算:

等截面梁:

$$\sum W_{pc}(f_{yc} - N/A_c) \geq \eta \sum W_{pb}f_{yb} \qquad (7.2.4 - 1)$$

端部翼缘变截面的梁:

$$\sum W_{pc}(f_{yc} - N/A_c) \geq \sum (\eta W_{pb1}f_{yb} + V_{pb}s) \qquad (7.2.4 - 2)$$

式中　　W_{pc}、W_{pb} —— 交汇于节点的柱和梁的塑性截面模量;

W_{pb1} —— 梁塑性铰所在截面的梁塑性截面模量;

N —— 地震组合的柱轴力;

A_c——柱截面面积；

f_{yc}、f_{yb}——柱和梁的钢材屈服强度；

η——强柱系数，超过 6 层的钢框架，抗震设计类别为 A 类Ⅳ类场地和抗震设计类
别为 B 类时可取 1.0，抗震设计类别为 C 类时可取 1.05；

V_{pb}——梁塑性铰剪力；

s——塑性铰至柱面的距离，塑性铰可取梁端部变截面翼缘的最小处。

7.2.5　中心支撑框架（包括框架 – 中心支撑结构）的抗震设计应符合下列规定：

1　中心支撑斜杆的轴线应交汇于框架梁柱轴线的交点。支撑斜杆可按端部铰接杆件
进行内力分析。当采用只能受拉的单斜杆体系时，应同时设置不同倾斜方向的两组单斜杆，
且每层中不同方向单斜杆的截面面积在水平方向的投影面积之差不得大于 10%。用于抗
震的中心支撑框架的支撑布置形式如图 7.2.5 所示。

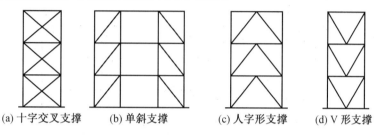

(a) 十字交叉支撑　　(b) 单斜支撑　　　(c) 人字形支撑　　(d) V 形支撑

图 7.2.5　中心支撑布置形式

2　在地震效应组合下，中心支撑斜杆的受压承载力应按下式验算：

$$N/(\varphi A_{br}) \leqslant \psi f/\gamma_{RE} \tag{7.2.5 – 1}$$

$$\psi = 1/(1 + 0.35\lambda_n) \tag{7.2.5 – 2}$$

$$\lambda_n = (\lambda/\pi)\sqrt{f_y/E} \tag{7.2.5 – 3}$$

式中　N——支撑杆件的轴向力设计值；

A_{br}——支撑斜杆的截面面积；

φ——轴心受压构件的稳定系数；

ψ——受循环荷载时的强度降低系数；

λ、λ_n——支撑斜杆的长细比和正则化长细比；

E——支撑斜杆钢材的弹性模量；

f、f_y——钢材强度设计值和屈服值；

γ_{RE}——支撑稳定破坏承载力抗震调整系数。

3　V 形和人字形支撑的框架应符合下列规定：

1）与支撑相交的横梁，在柱间应保持连续；

2）在确定支撑跨的横梁截面时，不考虑支撑在跨中的支承作用。此外，还应考虑跨中
节点处两根支撑斜杆分别受拉、受压所引起的不平衡竖向分力的作用。

3）在支撑与横梁相交处，梁的上下翼缘应设计成能承受在数值上等于 2% 的相应翼缘
承载力 $f_y b_f t_f$ 的侧向力的作用（f_y、b_f、t_f 分别为钢材的屈服强度、翼缘板的宽度和厚度）。

4　当中心支撑构件为垫板连接的组合截面时，垫板的间距应均匀，每一构件中的垫板
数不得少于 2 块，且应符合下列规定：

1）如支撑屈曲后会在垫板的连接处产生剪力,两垫板之间单肢杆件的长细比不应大于组合支撑杆件控制长细比的 0.4 倍。垫板连接处的总受剪承载力设计值至少应等于单肢杆件的受拉承载力设计值。

2）当支撑屈曲后不在垫板的连接处产生剪力时,两垫板之间单肢杆件的长细比不应大于组合支撑杆件控制长细比的 0.75 倍。

3）应保证支撑两端的节点板不发生出平面失稳。

7.2.6 偏心支撑框架(包括框架 – 偏心支撑结构)的抗震设计应符合下列规定:

1 用于抗震的偏心支撑框架的支撑布置形式如图 7.2.6 所示。偏心支撑框架的每根支撑应至少一端与梁连接,支撑轴线与梁轴线的交点应偏离梁柱轴线的交点,或偏离相对方向支撑轴线与梁轴线的交点,在支撑与柱之间或支撑与支撑间形成消能梁段;或采用具有竖向耗能连梁的 Y 形支撑与梁相连。

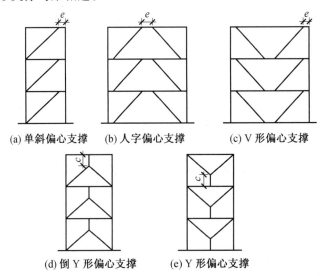

(a) 单斜偏心支撑　　　(b) 人字偏心支撑　　　(c) V 形偏心支撑

(d) 倒 Y 形偏心支撑　　　(e) Y 形偏心支撑

图 7.2.6　偏心支撑布置形式

2 偏心支撑框架消能梁段的受剪承载力应符合下列条件:

当 $\dfrac{N}{Af} \leq 0.15$ 时:　　　　　　　　$V \leq \phi V_1 / \gamma_{RE}$　　　　　　　　(7.2.6 – 1)

$$V_1 = 0.58 A_w f_y \quad 或 \quad V_1 = 2 M_{lp}/a \quad （取较小值）$$

$$A_w = (h - 2t_f) t_w$$

$$M_{lp} = f W_p$$

当 $\dfrac{N}{Af} > 0.15$ 时:　　　　　　　　$V \leq \phi V_{lc} / \gamma_{RE}$　　　　　　　　(7.2.6 – 2)

$$V_{lc} = 0.58 A_w f_y \sqrt{1 - [N/(Af)]^2}$$

或

$$V_{lc} = 2.4 M_{lp} [1 - N/(Af)]/a \quad （取较小值）$$

式中　　ϕ——系数,可取 0.9;

　　　　N、V——消能梁段的轴力设计值和剪力设计值;

　　　　V_1、V_{lc}——消能梁段受剪承载力和计入轴力影响的受剪承载力;

M_{lp}—— 消能梁段的全塑性受弯承载力;

A、A_w—— 消能梁段的截面面积和腹板截面面积;

W_p—— 消能梁段的塑性截面模量;

a、h—— 消能梁段的净长和截面高度;

t_w、t_f—— 消能梁段的腹板厚度和翼缘厚度;

f、f_y—— 消能梁段钢材的抗压强度设计值和屈服强度;

γ_{RE}—— 消能梁段承载力抗震调整系数,取 0.75。

3 偏心支撑斜杆及其连接中的轴力和弯矩等内力设计值,应不小于与其相连接的消能梁段达到本条第 2 款所确定的受剪承载力设计值时其内力的 1.25η 倍,η 按第 7.2.4 条取用(下同)。

4 与消能梁段位于同一跨内的框架梁和框架柱的内力设计值应由最不利内力组合确定,且不应小于 1.1η 倍的下列数值:

1)当消能梁段达到按本条第 2 款确定的受剪承载力设计值时在框架梁内产生的内力;

2)当消能梁段达到按公式(7.2.6 – 1)和公式(7.2.6 – 2)确定的受剪承载力设计值时在框架柱中产生的内力。

7.2.7 支撑与框架连接处和支撑拼接处的极限承载力应符合下式要求:

$$N_{ubr} \geqslant 1.2A_n f_y \tag{7.2.7}$$

式中 N_{ubr}—— 连接沿支撑轴线方向的极限承载力设计值;

A_n—— 支撑的截面净面积;

f_y—— 支撑杆件钢材的屈服强度。

7.2.8 梁柱刚性节点设计应符合下列规定:

1 梁柱间连接的极限受弯、受剪承载力应符合下列要求:

$$M_u \geqslant 1.2M_p \tag{7.2.8 – 1}$$

$$V_u \geqslant 1.3(2M_p/l_n) \quad \text{且} \quad V_u \geqslant 0.58h_w t_w f_y \tag{7.2.8 – 2}$$

式中 M_u—— 连接的极限受弯承载力;

V_u—— 连接的极限受剪承载力;

M_p—— 梁构件的全塑性受弯承载力;

l_n—— 梁的净跨;

h_w、t_w—— 梁腹板的高度和厚度;

f_y—— 钢材的屈服强度。

当梁翼缘采用带引弧板的坡口全熔透焊缝与柱连接时,可不验算连接的抗弯承载力。

2 由柱翼缘与横向加劲肋包围的梁柱节点板域处的抗剪强度除应符合现行国家标准《钢结构设计规范》(GB 50017)的要求外,尚应按下式验算:

$$\frac{\alpha(M_{p1} + M_{p2})}{V_z} \leqslant \frac{5}{3}f_v \tag{7.2.8 – 3}$$

式中 α—— 系数,取为 0.6;

M_{p1}、M_{p2}—— 节点域两侧梁的全塑性受弯承载力;

f_v—— 柱腹板抗剪强度设计值;

V_z—— 节点板域的体积,H 形截面 $V_z = h_b h_c t_w$,箱形截面 $V_z = 1.8h_b h_c t_w$;

h_b、h_c、t_w——梁腹板高度、柱腹板的高度和厚度。

3 梁柱节点板域处的腹板厚度应符合下式要求：

$$t_w \geqslant \frac{h_b + h_c}{\beta} \qquad (7.2.8-4)$$

式中 β—— 系数,取为 90。

7.3 抗震构造措施

7.3.1 梁和柱的抗震构造应符合下列规定：

1 在罕遇地震时可能出现塑性铰的框架梁处,不得突然改变翼缘的截面。当经过试验证明,在翼缘钻孔或适当调整其宽度能符合发展稳定的塑性铰的延性要求,又能符合强度承载力的要求时,也可采用这种构造形式。

2 在罕遇地震时可能出现塑性铰的框架梁处,其上下翼缘均应设侧向支承。该支承点与其相邻支承点间梁的侧向长细比应符合现行国家标准《钢结构设计规范》(GB 50017)中有关塑性设计的要求。在耗能连梁端部的上、下翼缘处设置的侧向支撑应能承受 6% 的相应翼缘承载力 $\eta f_y b_f t_f$ 的侧向力的作用。

3 不超过 12 层的框架柱的长细比控制如下:当抗震设计类别为 A、B、C 时,不应大于 $120\sqrt{235/f_y}$;超过 12 层的框架柱的长细比,应符合表 7.3.1-1 的规定。

表 7.3.1-1 超过 12 层框架柱的长细比限值

抗震设计类别	A	B	C
长细比($\times \sqrt{235/f_y}$)	120	80	60

注:表列值适用于 Q235 钢,当钢材为其他牌号时,应乘以 $\sqrt{235/f_y}$,f_y 为钢材的屈服强度

4 不超过 12 层抗侧力体系的梁、柱板件宽厚比应符合表 7.3.1-2 的要求;超过 12 层抗侧力体系的梁、柱板件宽厚比应符合表 7.3.1-3 的要求。

表 7.3.1-2 不超过 12 层抗侧力体系的梁、柱板件宽厚比限值

构件	板件	抗震设计类别	
		A、B	C
梁	工字形截面和箱形截面翼缘外伸部分 b/t	11	10
	箱形截面翼缘在两腹板间的部分 b_0/t	36	32
	工字形截面和箱形截面腹板 h_0/t_w ($N_b/(Af) < 0.37$) ($N_b/(Af) \geqslant 0.37$)	$85-120N_b/(Af)$ 40	$80-110N_b/(Af)$ 39
柱	工字形截面翼缘外伸部分 b/t	13	12
	箱形截面壁板	40	36
	工字形截面腹板 h_0/t_w	52	48

注:1 表中 N_b 为梁的轴向力,A 为梁的截面面积,f 为梁的钢材强度设计值

2 表列值适用于 Q235 钢,当钢材为其他牌号时,应乘以 $\sqrt{235/f_y}$,f_y 为钢材的屈服强度

表7.3.1-3 超过12层抗侧力体系的梁、柱板件宽厚比限值

构件	板件	抗震设计类别		
		A	B	C
梁	工字形截面和箱形截面翼缘外伸部分 b/t	11	10	9
	箱形截面翼缘在两腹板间的部分 b_0/t	36	32	30
	工字形截面和箱形截面腹板 h_0/t_w	$80-120N_b/(Af)$	$80-110N_b/(Af)$	$72-100N_b/(Af)$
柱	工字形截面翼缘外伸部分 b/t	13	11	10
	箱形截面壁板	39	37	35
	工字形截面腹板 h_0/t_w	43	43	43

注：1 表中 N_b 为梁的轴向力，A 为梁的截面面积，f 为梁的钢材强度设计值

2 表列值适用于 Q235 钢，当钢材为其他牌号时，应乘以 $\sqrt{235/f_y}$，f_y 为钢材的屈服强度

7.3.2 支撑构件和耗能连梁的构造应符合下列规定：

1 中心支撑杆件的长细比不应超过 $160\sqrt{235/f_y}$；偏心支撑框架的支撑杆件的长细比不应超过 $120\sqrt{235/f_y}$。

2 抗震设计类别为 A 类、B 类的抗侧力体系中，支撑构件的板件宽厚比按现行国家标准《钢结构设计规范》（GB 50017）中有关塑性设计的规定采用；抗震设计类别为 C 类的板件宽厚比，当板件为翼缘板悬伸部分时，不应大于 $8\sqrt{235/f_y}$；H 形截面的腹板不应大于 $25\sqrt{235/f_y}$；箱形截面的腹板及两腹板间的翼缘板件不应大于 $18\sqrt{235/f_y}$；圆管截面的外径与壁厚之比不应大于 $36\sqrt{235/f_y}$。

3 耗能梁段腹板上不得加焊贴板提高承载力，也不得在腹板上开洞，并应符合下列规定：

1）翼缘板悬伸部分的宽厚比不应大于 $8\sqrt{235/f_y}$；

2）腹板的高厚比应符合下式要求：

$$\frac{h_0}{t_w} \leqslant \left(72-100\frac{N}{Af}\right)\sqrt{\frac{235}{f_y}} \tag{7.3.2}$$

式中 N、A—— 耗能连梁的轴向力设计值和截面面积；

3）耗能连梁腹板加劲肋的设置，应符合现行行业标准《高层民用建筑钢结构技术规程》（JGJ 99）有关节点设计的规定。

7.3.3 连接和节点的构造应符合下列规定：

1 抗侧力结构中的螺栓连接应全部采用高强度螺栓摩擦型连接。在同一个连接面内不允许混合采用螺栓和焊缝共同承受剪力。

2 螺栓孔的制作应符合现行国家标准《钢结构工程施工质量验收规范》（GB 50205）有关 C 级螺栓孔的要求，也可采用孔槽垂直于受力方向的长圆孔。

3 抗侧力结构中的构件和连接在制作和安装过程中所造成的缺陷，如定位焊缝、引弧板、吊装辅件、电弧气刨和火燃切割等，均应严格按照现行国家标准《钢结构工程施工质量

验收规范》(GB 50205)的要求进行清理和修复。

    4 梁与柱的节点构造应符合下列规定：

1）梁与柱的连接宜采用柱贯通型,必要时也可采用梁贯通型。

2）当工字形柱翼缘与梁刚接时,梁翼缘与柱翼缘间应采用带引弧板的坡口全熔透焊缝,并在柱中与梁翼缘的对应位置设置横向加劲肋,且加劲肋厚度不应小于梁翼缘厚度。梁腹板宜采用高强螺栓与柱连接板形成摩擦型连接。

3）在梁翼缘与柱之间采用坡口全熔透焊缝时,应在梁腹板的上下端做弧形切口。切口形式可参照现行国家标准《建筑抗震设计规范》(GB 50011)的有关规定采用。

4）框架节点腹板的厚度应根据强度验算和稳定性要求合理确定,不宜偏厚过多。

5）宜采取抗震构造措施把梁端塑性铰截面从柱面外移。

6）梁端下翼缘焊接衬板底面与柱翼缘相接处的缝隙,应沿衬板全长用角焊缝补焊封闭。

7）用于刚性节点的柱中横向加劲肋或隔板,宜与梁翼缘等厚,工字形柱的加劲肋与柱翼缘焊接时,宜采用坡口全熔透焊缝,与腹板的连接可采用角焊缝。当梁端垂直于工字形柱腹板平面焊接时,加劲肋与柱腹板的焊缝也宜采用坡口全熔透焊缝。箱形柱隔板与柱的焊接,宜采用坡口全熔透焊缝;对无法进行手工焊接的焊缝,应采用电渣焊。

7.3.4 抗震剪力墙板的构造应符合下列规定：

    1 钢板抗震剪力墙宜采用屈服强度较低的钢板制成,钢板不宜过厚,应通过纵、横加劲肋保证稳定性。钢板宜通过拼接板用高强螺栓与周边框架连接,并避免承受竖向荷载的作用。

    2 内藏钢板支撑剪力墙板四周应与框架梁柱留有一定空隙,仅通过钢板支撑与框架梁相连。

    3 带竖缝混凝土剪力墙板应与框架柱之间留有一定空隙,仅通过墙板上端的连接件用高强螺栓与框架梁相连,下端通过墙板的齿槽与框架梁上的焊接栓钉实现可靠的连接,墙板应避免承受竖向荷载的作用。

8 多层和高层钢筋混凝土结构

8.1 一般规定

8.1.1 本章适用于现浇钢筋混凝土结构和装配式钢筋混凝土框架结构的抗震设计。

8.1.2 当按本章的规定对钢筋混凝土结构进行设计时,尚应符合下列现行标准中与本规范不相抵触的其他要求:

  1 《混凝土结构设计规范》(GB 50010);

  2 《高层建筑混凝土结构技术规程》(JGJ 3);

  3 《混凝土结构工程施工质量验收规范》(GB 50204);

  4 《预应力混凝土结构抗震设计规程》(JGJ 140)。

8.1.3 钢筋混凝土结构房屋应按本规范表 3.1.4 确定其抗震设计类别。裙房与主楼相连的建筑,裙房的抗震设计类别不应低于主楼;主楼与裙房顶层同高度的楼层及相邻的上下层,应适当加强抗震构造措施,裙房与主楼分离的建筑应按各自情况确定其抗震类别。

8.1.4 钢筋混凝土结构的材料选择应符合下列规定:

  1 普通钢筋宜优先选用延性、韧性和可焊性较好的钢筋;普通纵向受力钢筋宜选用符合抗震性能指标的 HRB400、HRB500 级的热轧钢筋,也可选用符合抗震性能指标的 HRB335 级热轧钢筋。

  2 预应力钢筋宜采用预应力钢丝、钢绞线和精轧螺纹钢筋。

  3 箍筋宜选用 HRB335 级、HRB400 级和 HPB300 级钢筋。

  4 混凝土的强度等级,框支梁和框支柱不应低于 C30,其他各类构件不应低于 C20。预应力混凝土结构的混凝土强度等级不宜低于 C40,且不应低于 C30。抗震墙不宜超过 C60,其他抗震构件不宜超过 C80。

8.1.5 不同抗震设计类别的现浇钢筋混凝土结构的最大适用高度应符合表 8.1.5 的规定;相同抗震设计类别的装配式钢筋混凝土结构应适当降低高度。超过表 8.1.5 规定高度的建筑,应根据专门研究采取必要的构造措施。

表 8.1.5　现浇钢筋混凝土结构的最大适用高度　　　　　　　m

结构体系	抗震设计类别		
	A 类	B 类	C 类
框架	60	55	50
框架抗震墙	130	120	110
抗震墙	140	130	120
部分框支抗震墙	120	105	90
板柱抗震墙	80	70	60
框架核心筒体	150	140	130
筒中筒	180	160	140

8.1.6　钢筋混凝土结构的平面和立面宜采用规则方案。当根据第 6.1.5 条判别结构为不规则时,应符合不规则结构的分析和构造要求。

8.1.7　当选用第 6.1.5 条规定的规则和合理的结构方案时,可不设防震缝。当需要设置防震缝时,其最小宽度应符合下列规定:

　　1　高度不超过 15 m 的框架结构,设计地震加速度小于 0.10g 的地区可取 90 mm,设计地震加速度为 0.10g 的地区可采用 100 mm;高度超过 15 m 的框架结构,两类地区的结构每增加高度 5 m,相应的防震缝宽度应分别增加 20 mm、25 mm。

　　2　框架 – 抗震墙结构的防震缝宽度可取框架结构规定数值的 70%,抗震墙结构可取框架结构规定数值的 60%;但设计地震加速度小于 0.10g 的地区不得小于 90 mm,设计地震加速度为 0.10g 的地区不得小于 100 mm。

　　3　防震缝两侧结构类型不同时,宜按需要较宽防震缝的结构类型和较低房屋高度确定缝宽。

8.1.8　在多层和高层钢筋混凝土建筑中,相邻楼层的楼层屈服强度系数 ξ_y 相差不应大于 20%。

8.1.9　框架结构和框架 – 抗震墙结构中,框架和抗震墙均应双向设置。

8.1.10　应合理布置框架柱和抗震墙,使之形成足够的抗扭刚度。

8.1.11　框架 – 抗震墙结构和板柱 – 抗震墙结构中的抗震墙宜贯通房屋的全高,且抗震墙不宜设置在墙面需要开大洞口的位置处,需要开洞时洞口宜上下对齐。

8.1.12　抗震墙结构中,底层为框支层时,其剪切刚度不应小于相邻上层剪切刚度的 50%。

8.1.13　部分框支抗震墙结构的抗震墙,其底部加强部位的高度,可取框支层加框支层以上两层的高度及落地抗震墙总高度的 1/10 二者的较大值;其他结构的抗震墙,房屋高度大于 24 m 时,底部加强部位的高度可取底部两层和墙体总高度的 1/10 二者的较大值;房屋高度不大于 24 m 时,底部加强部位可取底部一层。

8.1.14　抗震设计类别为 A 类的结构,除本规范有具体规定外,可不进行地震作用验算,但应符合第 8.1.5 条高度限值和 8.3 节抗震构造措施要求。除此之外,还应进行地震作用验算。

8.1.15　地基主要受力层范围内存在软黏土层、液化土层、严重不均匀土层和各柱基承受的重力荷载相差较大的单独柱基的框架结构应在两主轴方向设置基础系梁。

8.1.16 抗震设计的多层及高层框架结构不宜采用单跨框架。

8.2 钢筋混凝土结构的承载力

8.2.1 凡本节未做规定者,应符合现行有关钢筋混凝土结构设计标准的规定。

8.2.2 钢筋混凝土结构应按本节规定调整构件的组合内力设计值。

8.2.3 钢筋混凝土结构设计应符合下列规定:

1 设计梁柱构件时,应使其在弯曲破坏之前不发生剪切破坏和钢筋与混凝土黏结破坏;与抗弯承载力相比梁柱构件应具有更充分的抗剪承载力,而且柱轴压比不应超过第8.3.6 条的规定。

2 不宜采用易产生剪切破坏的剪跨比较小的构件,特别是剪跨比小于1 的构件。

3 构成楼盖的构件及其连接部位,应具有足够的刚度与承载力。当为装配整体式楼盖时,应采取可靠措施保证其整体性。采用配筋现浇面层加强时,其厚度不应小于50 mm。

8.2.4 抗震设计类别为C 类和B 类的结构应符合下列规定:

1 框架结构的梁柱节点处,除顶层外,柱端组合弯矩设计值应按下式调整:

$$\sum M_c \geq \eta_c \sum M_b \qquad (8.2.4-1)$$

式中　$\sum M_c$ —— 节点上下柱端顺时针或逆时针方向组合的弯矩设计值之和;

　　　$\sum M_b$ —— 节点左右梁端顺时针或逆时针方向组合的弯矩设计值之和;

　　　η_c —— 柱端弯矩增大系数,抗震设计类别为C 类的框架结构取1.5,抗震设计类别为B 类和大于50% 高度限值的A 类的框架结构取1.35,抗震设计类别为小于等于50% 高度限值的A 类的框架结构取1.15。

2 底层柱下端弯矩设计值应分别乘以增大系数,该增大系数抗震设计类别为C 类时取1.5、抗震设计类别为B 类和大于50% 高度限值的A 类时取1.30。

3 框架梁和抗震墙中跨高比大于2.5 的连梁,其梁端截面组合的剪力设计值,应按下列公式计算:

$$V = \eta_{vb}(M_b^l + M_b^r)/L_n + V_{Gb} \qquad (8.2.4-2)$$

式中　η_{vb} —— 梁端剪力增大系数,框架和抗震墙的抗震设计类别为C 类和B 类,相应的框架梁和连梁的梁端剪力增大系数 η_{vb} 分别取1.20 和1.15;

　　　L_n —— 梁的净跨;

　　　V_{Gb} —— 按简支梁分析梁在重力荷载作用下,端部截面剪力设计值;

　　　$M_b^l、M_b^r$ —— 梁左、右端顺时针或逆时针方向截面组合弯矩的设计值。

4 框架柱和框支柱端部截面组合的剪力设计值,应按下式调整:

$$V = \eta_{vc}(M_c^u + M_c^l)/H_n \qquad (8.2.4-3)$$

式中　η_{vc} —— 柱的剪力增大系数,抗震设计类别为C 类的框架柱和框支柱取1.30,抗震设计类别为B 类和大于50% 高度限值的A 类的框架柱和框支柱取1.20,其他结构类型的框架,抗震设计类别为C 类时取1.20,抗震设计类别为B 类和A 类时均取1.10;

　　　H_n —— 柱的净高;

M_c^u、M_c^l——柱上、下端顺时针或逆时针方向截面组合弯矩设计值。

5 抗震设计类别为 C 类和 B 类的角柱调整后的弯矩和剪力设计值应再分别乘以增大系数 1.30 和 1.20,且正截面承载力按双向偏心受压设计。

6 抗震墙底部加强部位截面组合剪力设计值,应按下式调整:

$$V = \eta_{vw} V_w \qquad (8.2.4-4)$$

式中 V—— 调整后抗震墙底部加强部位截面组合剪力设计值;

V_w—— 抗震墙底部加强部位截面组合剪力计算值;

η_{vw}—— 抗震墙剪力增大系数,按抗震设计类别为 C 类和 B 类的抗震墙,η_{vw} 分别取 1.40 和 1.30。

8.2.5 框架梁、柱、抗震墙和连梁,其截面组合最大剪力设计值应符合下列要求:

1 跨高比大于 2.5 的框架梁和连梁及剪跨比大于 2 的框架柱、框支柱和抗震墙:

$$V \leqslant 1.25(0.20\beta_c f_c b h_{0,1}) \qquad (8.2.5-1)$$

2 跨高比不大于 2.5 的梁和连梁,剪跨比不大于 2 的框架柱、框支柱和抗震墙:

$$V \leqslant 1.25(0.15\beta_c f_c b h_{0,1}) \qquad (8.2.5-2)$$

式中 V—— 调整后的剪力设计值;

f_c—— 混凝土轴心抗压强度设计值;

b—— 梁、柱截面宽度或抗震墙墙板截面厚度;

$h_{0,1}$—— 第一排受拉钢筋到截面受压边缘的距离,抗震墙可取为墙肢长度;

β_c—— 混凝土强度影响系数:当混凝土强度等级不超过 C50 时,取 $\beta_c = 1.0$;当混凝土强度等级为 C80 时,取 $\beta_c = 0.8$;其间按线性内插法确定。

3 剪跨比应按下式计算:

$$\lambda = M_c/(V_c \cdot h_{0,1}) \qquad (8.2.5-3)$$

式中 M_c—— 柱端或墙端截面组合弯矩计算值;

V_c—— 截面组合剪力计算值;

$h_{0,1}$—— 第一排受拉钢筋到截面受压边缘的距离。

8.2.6 梁伸入角柱的纵筋应有可靠锚固,不同方向梁的纵筋在角柱中的布置应有合理的细部设计。当梁或柱的主筋穿过节点时,应注意到节点内主筋的轴向应变和滑动对节点的承载能力、延性,特别是对恢复力特性的影响。

8.2.7 框架－抗震墙结构,框架的任一层承担的地震剪力不应小于该层总剪力的20%。板柱－剪力墙结构中各层横向及纵向剪力墙,应能承担相应方向该层的全部地震剪力;各层板柱部分除应满足计算要求外,并应能承担不小于该层相应方向地震剪力的20%。

8.2.8 部分框支抗震墙结构,当框支柱多于10根时,柱承担的地震剪力之和不应小于该楼层地震剪力的20%。

8.2.9 当相连的梁端和柱端达到正截面承载能力极限状态时,梁与柱所交框架节点应保持足够的抗剪承载力。对抗震设计类别为 A 类和 B 类的框架,可不进行梁柱节点核心区抗震受剪承载力验算,抗震设计类别为 C 类的框架,应进行梁柱节点核心区抗震受剪承载力验算。

8.2.10 抗震设计类别为 C 类结构的框架梁柱节点核心区的剪力设计值 V_j,应按下列规定计算:

顶层中间节点和端节点:

$$V_{\mathrm{j}} = \eta_{\mathrm{jb}} \frac{M_{\mathrm{b}}^{\mathrm{l}} + M_{\mathrm{b}}^{\mathrm{r}}}{h_{\mathrm{b0}} - a_{\mathrm{s}}'} \qquad (8.2.10-1)$$

其他层中间节点和端节点:

$$V_{\mathrm{j}} = \eta_{\mathrm{jb}} \frac{M_{\mathrm{b}}^{\mathrm{l}} + M_{\mathrm{b}}^{\mathrm{r}}}{h_{\mathrm{b0}} - a_{\mathrm{s}}'}\left(1 - \frac{h_{\mathrm{b0}} - a_{\mathrm{s}}'}{H_{\mathrm{c}} - h_{\mathrm{b}}}\right) \qquad (8.2.10-2)$$

式中　$M_{\mathrm{b}}^{\mathrm{l}}$、$M_{\mathrm{b}}^{\mathrm{r}}$——考虑地震作用组合的框架节点左、右两侧的梁端弯矩设计值;

h_{b0}、h_{b}——梁的截面有效高度、截面高度,当节点两侧梁高不相同时,取其平均值;

H_{c}——节点上柱和下柱反弯点之间的距离;

a_{s}'——梁纵向受压钢筋合力点至截面近边的距离;

η_{jb}——节点剪力增大系数,对于框架结构,当抗震设计类别为 C 类时取 1.35,当抗震设计类别为 B 类和大于 50% 高度限值的 A 类时取 1.20。对于其他结构中的框架,当抗震设计类别为 C 类时取 1.20,当抗震设计类别为 B 类和大于 50% 高度限值的 A 类时取 1.10。

8.2.11　框架梁柱节点核心区受剪的水平截面应符合下列条件:

$$V_{\mathrm{j}} \leqslant 1.25(0.3\eta_{\mathrm{j}}\beta_{\mathrm{c}}f_{\mathrm{c}}b_{\mathrm{j}}h_{\mathrm{j}}) \qquad (8.2.11)$$

式中　h_{j}——框架节点核心区的截面高度,可取验算方向的柱截面高度,即 $h_{\mathrm{j}} = h_{\mathrm{c}}$;

b_{j}——框架节点核心区的截面有效验算宽度,当 $b_{\mathrm{b}} \geqslant b_{\mathrm{c}}/2$ 时,可取 $b_{\mathrm{j}} = b_{\mathrm{c}}$;当 $b_{\mathrm{b}} < b_{\mathrm{c}}/2$ 时,可取 $(b_{\mathrm{b}} + 0.5h_{\mathrm{c}})$ 和 b_{c} 中的较小值。当梁与柱的中线不重合,且偏心距 $e_{0} \leqslant b_{\mathrm{c}}/4$ 时,可取 $(0.5b_{\mathrm{b}} + 0.5b_{\mathrm{c}} + 0.25h_{\mathrm{c}} - e_{0})$、$(b_{\mathrm{b}} + 0.5h_{\mathrm{c}})$ 和 b_{c} 三者中的最小值。此处,b_{b} 为验算方向梁截面宽度,b_{c} 为该侧柱截面宽度;

β_{c}——混凝土强度影响系数,当混凝土强度等级不超过 C50 时,取 $\beta_{\mathrm{c}} = 1.0$;当混凝土强度等级为 C80 时,取 $\beta_{\mathrm{c}} = 0.8$;其间按线性内插法确定;

η_{j}——正交梁对节点的约束影响系数:当楼板为现浇、梁柱中线重合、四侧各梁截面宽度不小于该侧柱截面宽度的 1/2,且正交方向梁高度不小于较高框架梁高度的 3/4 时,可取 $\eta_{\mathrm{j}} = 1.5$;当不满足上述约束条件时,应取 $\eta_{\mathrm{j}} = 1.0$。

8.2.12　抗震设计类别为 C 类结构的框架的梁柱节点的抗震承载力,应符合下列规定:

$$V_{\mathrm{j}} \leqslant 1.25\left(1.1\eta_{\mathrm{j}}f_{\mathrm{t}}b_{\mathrm{j}}h_{\mathrm{j}} + 0.05\eta_{\mathrm{j}}N\frac{b_{\mathrm{j}}}{b_{\mathrm{c}}} + f_{\mathrm{yv}}A_{\mathrm{svj}}\frac{h_{\mathrm{b0}} - a_{\mathrm{s}}'}{s} + 0.4N_{\mathrm{pe}}\right) \qquad (8.2.12)$$

式中　N——对应于考虑地震作用组合剪力设计值的节点上柱底部的轴向力设计值:当 N 为压力时,取轴向压力设计值的较小值,且当 $N > 0.5f_{\mathrm{c}}b_{\mathrm{c}}h_{\mathrm{c}}$ 时,取 $N = 0.5f_{\mathrm{c}}b_{\mathrm{c}}h_{\mathrm{c}}$;当 N 为拉力时,取 $N = 0$;

A_{svj}——核心区有效验算宽度范围内同一截面验算方向箍筋各肢的全部截面面积;

h_{b0}——梁截面有效高度,节点两侧梁截面高度不等时取平均值;

N_{pe}——作用在节点核心区预应力筋的总有效预加力。

8.2.13　圆柱框架的梁柱节点,当梁中线与柱中线重合时,受剪的水平截面应符合下列条件:

$$V_{\mathrm{j}} \leqslant 1.25(0.3\eta_{\mathrm{j}}\beta_{\mathrm{c}}f_{\mathrm{c}}A_{\mathrm{j}}) \qquad (8.2.13)$$

式中　A_{j}——节点核心区有效截面面积:当梁宽 $b_{\mathrm{b}} \geqslant 0.5D$ 时,取 $A_{\mathrm{j}} = 0.8D^2$;当 $0.4D \leqslant$

$b_b < 0.5D$ 时,取 $A_j = 0.8D(b_b + 0.5D)$;

D——圆柱截面直径;

b_b——梁的截面宽度;

β_c——混凝土强度影响系数:当混凝土强度等级不超过 C50 时,取 $\beta_c = 1.0$;当混凝土强度等级为 C80 时,取 $\beta_c = 0.8$;其间按线性内插法确定;

η_j——正交梁对节点的约束影响系数,按第 8.3.11 条取用。

8.2.14 抗震设计类别为 C 类结构的圆柱框架的梁柱节点,当梁中线与柱中线重合时,其抗震受剪承载力应符合下列规定:

$$V_j \leqslant 1.25\left(1.5\eta_j f_t A_j + 0.05\eta_j \frac{N}{D^2}A_j + 1.57 f_{yv}A_{sh}\frac{h_{b0} - a'_s}{s} + f_{yv}A_{svj}\frac{h_{b0} - a'_s}{s}\right) \quad (8.2.14)$$

式中 h_{b0}——梁截面有效高度;

A_{sh}——单根圆形箍筋的截面面积;

A_{svj}——同一截面验算方向的拉筋和非圆形箍筋各肢的全部截面面积。

8.3 钢筋混凝土结构的抗震构造措施

8.3.1 框架梁的截面尺寸应符合下列规定:

1 梁截面宽度不宜小于 200 mm;

2 梁截面的高宽比不宜大于 4;

3 梁净跨与截面高度之比不宜小于 4。

8.3.2 普通钢筋混凝土框架梁的纵向钢筋配置应符合下列规定:

1 框架梁纵向受拉钢筋的配筋率不应小于表 8.3.2 规定的数值。

表 8.3.2 框架梁纵向受拉钢筋的最小配筋率　　　　　　　　　　　　%

抗震设计类别	梁中位置	
	梁端	跨中
C	0.30 和 $65f_t/f_y$ 中的较大值	0.25 和 $55f_t/f_y$ 中的较大值
B、A	0.25 和 $55f_t/f_y$ 中的较大值	0.20 和 $45f_t/f_y$ 中的较大值

2 混凝土受压区高度和有效高度之比,对抗震设计类别为 C 类、B 类和建筑高度大于 50% 高度限值的 A 类结构不应大于 0.35。

3 梁端截面的底面和顶面配筋量的比值,除按计算确定外,对 C 类、B 类和建筑高度大于 50% 高度限值的 A 类结构不应小于 0.3。

8.3.3 预应力混凝土框架梁的纵向钢筋配置应符合下列规定:

1 预应力混凝土框架梁宜采用后张有黏结预应力钢筋和非预应力钢筋的混合配置方式。

2 预应力混凝土框架梁的梁端纵向受拉钢筋按非预应力纵向受拉钢筋抗拉强度设计值折算的配筋率应满足第 8.3.2 条第 1 款的规定。

3 在后张有黏结预应力混凝土框架梁中应采用预应力筋和普通钢筋混合配筋方式,梁端截面配筋宜符合下列要求:

$$\frac{f_{py}A_{ps}}{f_{py}A_{ps}+f_yA_s} \leqslant 0.75 \tag{8.3.3}$$

式中 A_s—— 受拉区纵向非预应力钢筋的截面面积；

A_{ps}—— 受拉区纵向预应力钢筋的截面面积；

f_y—— 非预应力钢筋的抗拉强度设计值；

f_{py}—— 预应力钢筋的抗拉强度设计值。

4 在后张有黏结预应力混凝土框架梁的端截面中,底面和顶面纵向非预应力钢筋截面面积的比值,除按计算确定外,对抗震设计类别为 C 类、B 类和建筑高度大于 50% 高度限值的 A 类结构均不应小于 1.0,且纵向受压非预应力钢筋的配筋率不应小于 0.2%。

8.3.4 普通钢筋混凝土框架梁和预应力混凝土框架梁的纵向钢筋配置除分别满足第 8.3.2 条和第 8.3.3 条要求外,尚应符合下列规定:

1 梁端纵向受拉钢筋的配筋率不应大于 2.5%。沿梁全长顶面和底面的配筋,对抗震设计类别为 C 类的结构不应少于 $2\phi14$,且不应小于梁端顶面和底面纵向配筋中较大截面面积的 1/4;对 B、A 类的结构不应少于 $2\phi12$。

2 梁内贯通中柱的每根纵向钢筋的直径,对抗震设计类别为 C 类的结构不宜大于柱在该方向截面尺寸或截面直径的 1/20。

8.3.5 梁端加密区的箍筋配置应符合下列规定:

1 梁端加密区的长度、箍筋最大间距和最小直径可按表 8.3.5 采用。当梁端纵向受拉钢筋配筋率大于 2% 时,表中箍筋最小直径应增大 2 mm。

表 8.3.5 梁端加密区的长度、箍筋最大间距和最小直径 mm

抗震设计类别	加密区长度（采用较大值）	箍筋最大间距（采用最小值）	箍筋最小直径
C	$1.5h_b$,500	$h_b/4,8d,100$	$\phi8$
B、A(高度大于50%高度限值)	$1.5h_b$,500	$h_b/4,8d,150$	$\phi8$
A(高度不大于50%高度限值)	$1.5h_b$,500	$h_b/4,8d,150$	$\phi6$

注:d 为纵向钢筋直径,h_b 为梁高

2 对抗震设计类别为 C 类的框架梁,当净跨长度与截面高度(圆柱直径)之比小于 4 时,宜全跨加密。

3 加密区箍筋肢距,对抗震设计类别为 C 类的结构不宜大于 200 mm,对 B 类和建筑高度大于 50% 高度限值的 A 类结构不宜大于 250 mm。

8.3.6 各类结构的框架柱、框支柱,其轴压比不宜大于表 8.3.6 规定的限值。

表 8.3.6　柱轴压比限值

构件类别	抗震设计类别		
	C 类	B 类、A 类(高度大于50% 高度限值)	A 类(高度不大于50% 高度限值)
框架结构	0.75	0.85	0.90
框架剪力墙结构、筒体结构	0.85	0.90	0.95
部分框支剪力墙结构	0.7	—	—

注:1　轴压比指柱地震作用组合的轴向压力设计值与柱的全截面面积和混凝土轴心抗压强度设计值乘积的比值

　　2　当混凝土强度等级为C65、C70时,轴压比限值宜按表中数值减小0.05;混凝土强度等级为C75、C80时,轴压比限值宜按表中数值减小0.10

　　3　表内限制适用于剪跨比大于2、混凝土强度等级不高于C60的柱;剪跨比不大于2的柱轴压比限值应降低0.05;剪跨比小于1.5的柱,轴压比限值应专门研究并采取特殊构造措施

　　4　沿柱全高采用井字复合箍,且箍筋间距不大于100 mm、箍肢间距不大于200 mm、直径不小于12 mm,或沿柱全高采用复合螺旋箍,且箍距不大于100 mm、肢距不大于200 mm、直径不小于12 mm,或沿柱全高采用连续复合矩形螺旋箍,且螺旋净距不大于80 mm、肢距不大于200 mm、直径不小于10 mm时,轴压比限值均可按表中数值增加0.10

　　5　当柱截面中部设置有附加钢筋形成的芯柱,且附加纵向钢筋的总截面面积不小于柱截面面积的0.8% 时,轴压比限值可按表中数值增加0.05;此项措施与注4的措施同时采用时,轴压比限值可按表中数值增加0.15,但箍筋的配箍特征值 λ_v 仍应按轴压比增加0.10的要求确定

　　6　调整后的轴压比限值不应大于1.05

8.3.7　柱纵向钢筋最小配筋率见表8.3.7的规定,单侧纵向钢筋相对于柱全截面的配筋率不应小于0.2%,对Ⅳ类场地上高于18层的高层建筑,表中的数值应增加0.1。

表 8.3.7　柱纵向钢筋最小配筋率　　　　　　　　　　　　%

构件类别	抗震设计类别		
	A 类(高度不大于50% 高度限值)	A 类(高度大于50% 高度限值)、B 类	C 类
中柱和边柱	0.6	0.70	0.80
角柱、框支柱	0.8	0.90	1.0

注:1　钢筋强度标准值小于400 MPa时,表中数值应增加0.1,钢筋强度标准值为400 MPa时,表中数值应增加0.05

　　2　混凝土强度等级高于C60时,上述数值应相应增加0.1

8.3.8　柱的截面尺寸及纵向钢筋配置,尚应符合下列规定:

1　柱的截面宽度与高度均不宜小于300 mm。

2　柱净高与截面高度之比不宜小于4。

3　柱的纵向钢筋宜对称配置。

4　截面尺寸大于400 mm的柱,其纵向钢筋的间距不宜大于200 mm。

5　柱总配筋率不应大于5%。

8.3.9　柱的箍筋加密范围,应符合下列规定:

1 柱端部,应取截面高度(圆柱直径)、柱净高的 1/6 和 500 mm 三者的最大者。

2 柱净高与截面高度之比不大于 4 的柱,应取全高。

3 框支柱和剪跨比不大于 2 的柱应取全高。

4 要求变形能力较高的柱,应取全高。

5 抗震设计类别为 C 类的柱,在可能产生剪切破坏的部位和侧向变形受约束的部位,加密上下柱截面高度范围;柱中间区可能发生弯曲破坏的截面,加密柱截面高度范围。

6 底层柱的柱端,不应小于柱净高的 1/3。

8.3.10 在柱的箍筋加密区,箍筋最小直径和最大间距应符合下列要求:

1 框支柱和按净高计算剪跨比不大于 2 的柱,箍筋间距不应大于 100 mm。

2 在一般情况下,箍筋加密区的最大间距和最小直径应按表 8.3.10 采用。

表 8.3.10　柱箍筋加密区的箍筋最大间距和最小直径　　　　　　mm

抗震设计类别	箍筋最大间距(取小者)	箍筋最小直径
C 类	$8d$,100	$\phi 8$
B 类、A 类(高度大于 50% 高度限值)	$8d$,150(柱根 100)	$\phi 8$
A 类(高度不大于 50% 高度限值)	$8d$,150(柱根 100)	$\phi 6$

注:d 为柱纵筋最小直径

8.3.11 柱箍筋加密区的箍筋肢距,对抗震设计类别为 C 类的结构不宜大于 250 mm,对 B 类和 A 类结构不宜大于 300 mm。

8.3.12 柱非加密区箍筋间距,对抗震设计类别为 C 类的结构不应大于 10 倍纵向钢筋直径,对 B 类和 A 类结构不应大于 15 倍纵向钢筋直径。

8.3.13 框架节点核心区内箍筋的最大间距和最小直径除满足第 8.2.11 条至第 8.2.14 条的计算要求外,尚应满足柱加密区的相关规定。

8.3.14 抗震墙竖向、横向分布钢筋的配筋,应符合下列要求:

1 抗震墙的竖向和横向分布钢筋配筋率,对抗震设计类别为 C 类、B 类和建筑高度大于 50% 高度限值的 A 类结构,均不应小于 0.25%;建筑高度不大于 50% 高度限值的 A 类结构不应小于 0.20%。钢筋直径不应小于 $\phi 8$,间距不应大于 300 mm。

2 部分框支抗震墙结构的抗震墙底部加强部位,竖向和横向分布钢筋配筋率均不应小于 0.30%,钢筋间距不应大于 200 mm。

8.3.15 抗震墙结构和框架－抗震墙结构中的抗震墙,尚应符合下列规定:

1 抗震墙的厚度,对抗震设计类别为 C 类的结构不应小于 160 mm 和层高的 1/20;对 B 类和 A 类的结构不应小于 140 mm 和层高的 1/25;对抗震设计类别为 C 类的抗震墙底部加强区,墙厚不宜小于层高的 1/16 和 200 mm。

2 抗震墙的竖向和横向分布钢筋,对抗震设计类别为 C 类和墙厚不小于 200 mm 的 B 类和 A 类结构应采用双排或双排以上布置。对墙厚小于 200 mm 的 B 类和 A 类结构可采用单排配筋,但加强部位宜采用双排布置。

3 抗震设计类别为 C 类结构的抗震墙,底部加强部位在重力荷载代表值作用下墙肢轴压比不大于 0.6;抗震设计类别为 B 类和建筑高度大于 50% 高度限值的 A 类结构的抗震墙,底部加强部位在重力荷载代表值作用下墙肢轴压比不大于 0.7。

8.3.16 抗震墙除应满足第8.3.14条和第8.3.15条的要求外,抗震墙两端和洞口两侧尚应设置边缘构件,并应符合下列要求:

1 抗震设计类别为 C 类的抗震墙结构,抗震墙底部加强部位及相邻的上一层应按第8.3.17条设置约束边缘构件,但墙肢底截面在重力荷载代表值作用下的轴压比小于0.3时,可按第8.3.18条设置构造边缘构件。

2 抗震设计类别为 C 类的部分框支抗震墙结构,落地抗震墙底部加强部位及相邻的上一层的两端应设置符合约束边缘构件要求的翼墙或端柱,不落地抗震墙应在底部加强部位及相邻的上一层的墙肢两端设置约束边缘构件;洞口两侧应设置约束边缘构件。

3 抗震设计类别为 C 类结构的抗震墙的其他部位及抗震设计类别为 B 类和 A 类结构的抗震墙,均按第8.3.18条设置构造边缘构件。

8.3.17 抗震墙的约束边缘构件包括暗柱、端柱和翼墙(图8.3.17)。约束边缘构件沿墙肢的长度 l_c 和配箍特征值 λ_v 应符合表8.3.17的要求,抗震设计类别为 C 类结构的抗震墙约束边缘构件在设置箍筋范围内(即图8.3.17中阴影部分)的纵向钢筋配筋率,不应小于1.0%。

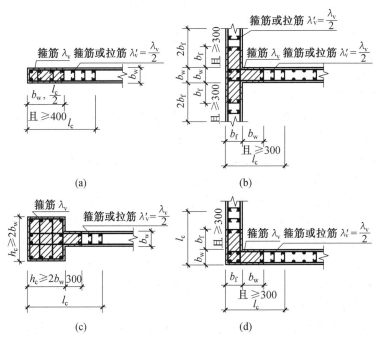

图 8.3.17 抗震墙的约束边缘构件

表 8.3.17 约束边缘构件沿墙肢的长度 l_c 和配箍特征值 λ_v

项目	λ_v	l_c(暗柱)	l_c(有翼墙或端柱)
数值	0.2	$0.20h_w$	$0.15h_w$

注:1 抗震墙的翼墙长度小于其3倍厚度或端柱截面边长小于2倍墙厚时,视为无翼墙、无端柱

2 l_c 为约束边缘构件沿墙肢长度,不应小于表内数值、$1.5b_w$ 和450 mm 三者的最大值;有翼墙或端柱时尚不应小于翼墙厚度或端柱沿墙肢方向截面高度加300 mm

3 λ_v 为约束边缘构件的配箍特征值,$\lambda_v = \rho_v f_{yv}/f_c$,这里 ρ_v 为体积配箍率,f_{yv} 为箍筋抗拉强度设计值,f_c 为混凝土轴心抗压强度设计值。箍筋或拉筋沿竖向间距,不宜大于150 mm

4 h_w 为抗震墙墙肢长度

8.3.18 抗震墙的构造边缘构件的范围,宜按图 8.3.18 采用;构造边缘构件的配筋应满足受弯承载力要求,并宜符合表 8.3.18 的要求。

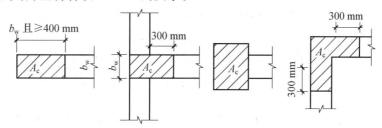

图 8.3.18　抗震墙的构造边缘构件范围

表 8.3.18　抗震墙构造边缘构件的配筋要求

抗震设计类别	底部加强部位			其他部位		
	纵向钢筋最小量（取较大值）	箍筋		纵向钢筋最小量	拉筋	
		最小直径/mm	沿竖向最大间距/mm		最小直径/mm	沿竖向最大间距/mm
C 类	$0.008A_c$，$6\phi14$	8	150	$6\phi12$	8	200
B 类	$0.005A_c$，$4\phi12$	6	150	$4\phi12$	6	200
A 类	$0.005A_c$，$4\phi12$	6	200	$4\phi12$	6	250

注:1　A_c 为计算边缘构件纵向构造钢筋的暗柱或端柱面积,即图 8.3.18 抗震墙截面的阴影部分

　　2　对其他部位,拉筋的水平间距不应大于纵筋间距的 2 倍,转角处宜用箍筋

　　3　当端柱承受集中荷载时,其纵向钢筋、箍筋直径和间距应满足柱的相应要求

8.3.19　抗震设计类别为 C 类结构的抗震墙中跨高比不大于 2 且墙厚不小于 200 mm 的连梁,除普通箍筋外宜另设斜向交叉构造筋。

8.3.20　抗震设计类别为 C 类的板柱－剪力墙结构,宜采用有托板或柱帽的板柱节点,托板或柱帽根部的厚度(包括板厚)不宜小于柱纵筋直径的 16 倍。托板或柱帽的边长不宜小于 4 倍板厚与柱截面相应边长之和。

8.3.21　框架－核心筒结构的核心筒、筒中筒结构的内筒,其抗震墙应符合本章关于抗震墙的有关规定;筒体底部加强部位及相邻上一层不应改变墙体厚度。抗震设计类别为 C 类结构的筒体角部的边缘构件应按下列要求加强:底部加强部位,约束边缘构件沿墙肢的长度应取墙肢截面高度的 1/4,且约束边缘构件范围内应全部采用箍筋;底部加强部位以上的全高范围内宜按图 8.3.18 的转角墙设置约束边缘构件,约束边缘构件沿墙肢的长度仍取墙肢截面高度的 1/4。

8.3.22　抗震设计类别为 C 类结构的核心筒和内筒中跨高比不大于 2 的连梁,当梁截面宽度不小于 400 mm 时,宜采用交叉暗柱配筋,全部剪力应由暗柱的配筋承担,并按框架梁构造要求设置普通箍筋;当梁截面宽度小于 400 mm 且不小于 200 mm 时,除普通箍筋外,宜另加设交叉的构造钢筋。

8.3.23　钢筋接头和锚固除应符合国家现行有关标准的规定外,还应符合下列要求:

　　1　箍筋末端应做 135° 弯钩,弯钩的平直段长度不应小于箍筋直径的 10 倍。

　　2　框架梁、柱和抗震墙边缘构件中的纵向钢筋接头,对 C 类结构的各部位及 B 类结构的底层柱和抗震墙底部加强部位宜采用焊接,其他情况可采用绑扎接头。钢筋搭接长度范围内的箍筋间距不应大于 100 mm。

3 框架梁、柱和抗震墙连梁中的纵向钢筋的锚固长度,对抗震设计类别为 C 类的结构应比非抗震设计的最小锚固长度相应增加 5 倍纵向钢筋直径。

4 抗震墙的分布钢筋接头,对抗震设计类别为 C 类结构的底部加强部位的竖筋,当直径大于 22 mm 时宜采用机械连接或可靠焊接,其他情况可采用绑扎接头,但在加强部位应每隔一根错开搭接位置。

5 钢筋接头均不宜位于构件最大弯矩处,且宜避开梁端、柱端的箍筋加密区;绑扎接头的最小搭接长度,对抗震设计类别为 C 类的结构应比非抗震结构的最小搭接长度相应增加 5 倍搭接钢筋直径。

6 当柱纵向钢筋的总配筋率超过 3% 时,箍筋末端应做成 135° 弯钩且弯钩末端平直段长度不应小于箍筋直径的 10 倍,也可焊成封闭环式。

8.4 装配式钢筋混凝土结构

8.4.1 装配式框架结构的抗震设计类别和建筑物最大适用高度,应符合表 3.1.4 和第 8.1.5 条的规定。

8.4.2 装配式框架结构所有构件承受的地震作用,应有传向基础的连续的传递路径。

8.4.3 当装配式框架结构的变形为弹性变形的位移放大系数 ζ_d 倍时,整个结构应保持完整的荷载作用传递路径。

8.4.4 装配式钢筋混凝土框架结构的接头应符合下列规定:

1 装配式钢筋混凝土框架结构应采用强接头,以使塑性反应区远离接头位置。

2 当不能符合本条第 1 款规定时,应使接头形成的节点区能为结构提供等同于或超过与之可比较的现浇钢筋混凝土结构的性能。

3 在采用强接头的预制钢筋混凝土框架中,抗地震作用的构件应符合下列条件:

1) 选择的非线性反应区位置应在地震作用下能形成强柱弱梁的变形机制。对于梁 - 连续柱接头,与柱子的距离应不小于 3/4 倍的梁高;对梁 - 梁接头,可以在框架受弯构件的任意部位,但离接头的距离应不小于 3/4 倍梁高;对柱 - 连续梁和柱 - 柱接头,可以在节点外侧梁长度内的任意部位;对柱 - 基础接头,非线性区的位置离基础的距离应不小于 3/4 的柱子宽度。

2) 接头截面的设计承载力应符合下式要求:

$$R_c \geq 1.35 S_F \tag{8.4.4}$$

式中 R_c——接头截面上的承载力设计值(弯矩或剪力);

S_F——考虑非线性作用后的内力设计值(弯矩或剪力)。

8.4.5 采用第 8.4.4 条第 2 款设计装配式混凝土框架和墙体应符合下列要求:

1 结构在规定的侧向荷载作用下的变形形状,应相似于相应的现浇钢筋混凝土结构的变形形状。

2 框架构件的主要纵向钢筋和墙边缘构件的纵向钢筋应连续通过接头或有可靠锚固。

8.4.6　装配式钢筋混凝土框架结构除符合上述各条规定外,还应符合现浇混凝土结构的其他规定。

9 钢－钢筋混凝土组合结构

9.1 一般规定

9.1.1 本章适用于型钢混凝土结构和钢管(圆形、矩形)混凝土结构以及它们与其他结构组成的混合结构的抗震设计。

注:当试验和分析能提供充分的依据,说明结构对预定的用途有足够的承载力和抗震能力,可不受本章规定的限制。

9.1.2 当组合结构按本章的规定进行设计时,尚应符合下列现行标准中与本规范不相抵触的其他要求:

1 《钢结构设计规范》(GB 50017);

2 《混凝土结构设计规范》(GB 50010);

3 《型钢混凝土组合结构技术规程》(JGJ 138);

4 《钢管混凝土结构设计与施工规程》(CECS 28);

5 《矩形钢管混凝土结构技术规程》(CECS 159);

6 《高层民用建筑钢结构技术规程》(JCJ 99);

7 《高层建筑混凝土结构技术规程》(JGJ 3);

8 《钢结构工程施工质量验收规范》(GB 50205);

9 《混凝土结构工程施工质量验收规范》(GB 50204)。

9.1.3 型钢混凝土和钢管混凝土结构应按表3.1.4确定其抗震设计类别,并符合相应的抗震设计要求。

9.1.4 钢－钢筋混凝土组合结构的材料性能应符合下列要求:

1 钢材的材料性能应符合第7.1.4条的要求。

2 型钢混凝土和钢管混凝土的混凝土强度等级、钢筋强度等级和性能指标,应符合第9.1.2条所列有关标准的要求。

9.1.5 当根据不同的抗震设计类别,按第6章的规定对型钢混凝土和钢管混凝土结构进行结构分析时,应按第4.2.4条和附录D的方法,对场地设计谱值进行调整。

钢结构在多遇地震下的阻尼比,对不超过12层的钢结构可采用0.035,对超过12层的钢结构可采用0.02;在罕遇地震下的分析,阻尼比可采用0.05。

9.1.6 不同抗震设计类别的型钢混凝土结构的最大适用高度应符合表9.1.6的规定,不同抗震设计类别的钢管混凝土结构及其与其他结构组成的混合结构的最大适用高度应符合表8.1.4的规定。超过表9.1.6和表8.1.4规定高度的建筑,应通过专门研究采取必要的抗震构造措施。

表 9.1.6　型钢混凝土结构最大适用高度　　　　　　　m

结构体系	抗震设计类别		
	A 类	B 类	C 类
框　　架	80	70	65
框架抗震墙	180	150	130
框架核心筒	200	180	140
筒中筒	250	220	180

9.1.7　钢 – 钢筋混凝土组合结构的平面和立面宜设计成规则结构。规则结构应根据第 6.1.5 条判别。

9.1.8　当型钢混凝土和钢管混凝土结构选用第 6.1.5 条规定的规则和合理的结构方案时，可不设防震缝；当必须设置防震缝时，其最小宽度应符合第 8.1.7 条的规定。

9.1.9　结构构件的竖向布置和相邻楼层承载力的相对关系以及结构体系的选择应符合第 8.1.8 ~ 8.1.10 条的规定。

9.2　型钢混凝土结构构件

9.2.1　型钢混凝土结构构件的设计应符合第 8 章的有关规定。

9.2.2　型钢混凝土结构中的型钢设计除应符合本章的有关规定外，还应符合第 7 章的有关规定，但嵌入混凝土的型钢板件宽厚比，可不受表 7.3.1 的限制。

9.2.3　型钢混凝土组合梁应符合下列规定：

1　梁的混凝土截面最大受压纤维至塑性中性轴的距离应符合下式要求：

$$h \leqslant \frac{a + d}{1 + \dfrac{1\,700 f_y}{E_s}} \tag{9.2.3}$$

式中　h——梁混凝土截面最大受压纤维至塑性中性轴的距离；

　　　a——从钢梁顶部至混凝土顶部的距离；

　　　d——钢梁高度；

　　　f_y——钢梁的屈服强度；

　　　E_s——钢梁的弹性模量。

2　在地震作用下预计出现塑性铰的区域中，有 150 mm 以上的完全浇筑钢筋混凝土覆盖层的型钢混凝土构件，其混凝土区内箍筋配置应符合第 8 章的有关规定。

9.2.4　型钢混凝土柱设计，应符合下列要求：

1　当型钢截面面积不小于组合柱截面面积的 4% 时，应符合第 7 章关于钢结构和本节的有关规定；对不符合上述规定的型钢混凝土柱，应符合第 8 章对钢筋混凝土柱的规定。

2　柱子的设计受剪承载力应按型钢的全截面受剪承载力加上外包钢筋混凝土的受剪承载力确定。

3　考虑型钢和混凝土共同承受外荷载的组合柱，应在型钢外翼设置抗剪切栓钉，其最大间距不应大于 800 mm。

4　箍筋宜采用封闭箍，其最大间距应取下列三个数值中的最小者：构件最小边长的

1/2;纵向钢筋直径的16倍;箍筋直径的48倍。在每一楼层柱的上下端和底脚的顶部,箍筋的间距应加密。

5 所有纵向受力钢筋均应符合第8章有关配置和连接的规定。矩形截面柱的每个角部必须设置受力钢筋,其他纵向受力钢筋和约束钢筋的间距不应大于组合构件最小边长的1/2。

6 抗震设计类别为C类的型钢混凝土柱除符合上述规定外,尚应符合下列各项要求:

1)柱的上下端设置箍筋加密区,范围不应小于下列三个数值中的最大者:柱子竖向净高的1/6;横截面最大尺寸;450 mm。

2)柱加密区箍筋的最大间距不宜大于下列四个数值中的最小者:构件最小边长的1/2;纵向钢筋直径的8倍;箍筋直径的24倍;300 mm。柱其他部位箍筋间距不应超过上述间距的2倍。

9.3 钢管混凝土结构构件

9.3.1 钢管混凝土结构构件的设计应符合第8章的有关规定。

9.3.2 钢管混凝土柱的钢管应符合现行行业标准《钢管混凝土结构设计与施工规程》(CECS 28)和《矩形钢管混凝土结构技术规程》(CECS 159)的要求;混凝土强度等级不宜低于C35。

9.3.3 钢管壁的横截面面积不应小于组合柱横截面面积的4%,且符合现行国家标准《钢结构设计规范》(GB 50017)和《钢管混凝土结构设计与施工规程》(CECS 28)以及第7章的有关规定。同时钢管的壁厚不应小于下列规定:

对矩形截面,宽度为 b 的各边应为 $b\sqrt{(f_y/2E_s)}$;对外径为 D 的圆形截面应为 $D\sqrt{(f_y/5E_s)}$ 。式中,f_y 为钢的屈服强度;E_s 为钢的弹性模量。

9.4 组 合 接 头

9.4.1 本节对型钢混凝土结构和钢管混凝土结构的接头设计做了规定。

9.4.2 型钢混凝土结构和钢管混凝土结构的所有接头都应有足够的变形能力,以满足第6章规定的地震作用下设计层间位移角限值。

9.4.3 计算接头的承载力应以合理的模型为依据,使其能满足内力平衡条件,设计时应符合相应计算和构造要求。

9.4.4 钢管混凝土柱的分段接头,宜设在反弯点处;在接头处的下段柱端宜设置一块环形封顶板。

9.5 组 合 结 构

9.5.1 混合框架结构中的钢柱和钢梁的设计应符合第7章的有关规定,钢筋混凝土柱应符合第8章的有关规定,型钢混凝土构件和钢管混凝土柱应按9.2节和9.3节的规定进行设计。

9.5.2　中心支撑框架的柱可采用钢筋混凝土柱或组合柱,梁和支撑可采用钢或型钢混凝土构件,但必须是由中心连接构件组成的支撑体系。该体系应符合下列规定:

　　1　钢筋混凝土柱应符合第 8 章相应抗震设计类别的要求。

　　2　钢梁的钢支撑应符合第 7 章中心支撑钢框架的全部要求。

　　3　组合梁应符合 9.2 节的规定。

　　4　当组合支撑的钢截面面积占组合支撑截面面积的 4% 以上时,应符合第 7 章钢结构支撑的有关规定;当钢截面面积小于 4% 时,应符合钢筋混凝土支撑的有关规定。

　　5　支撑接头应符合第 7 章中对钢中心支撑框架的要求和 9.4 节的要求。

9.5.3　组合偏心支撑框架中,每根支撑应至少有一端与梁的交点同柱与梁的中心线交点之间有一规定的偏心距,以便形成耗能梁段,钢－钢筋混凝土组合偏心支撑框架应设计成在地震作用下产生剪切屈服型。柱可采用钢筋混凝土柱或组合柱;支撑应采用钢结构;连梁应符合本条第 2 款的要求。该体系除符合第 7 章对偏心支撑框架的要求外,尚应符合下列规定:

　　1　当框架采用钢筋混凝土柱时,应符合第 8 章的有关规定;当采用组合柱时,应符合 9.2 节或 9.3 节中有关柱的规定;当采用钢柱时,应符合第 7 章的有关规定。

　　2　框架的连梁区段不应浇筑混凝土,应符合第 7 章有关耗能连梁的规定。连梁区段以外的部分如采用钢结构,应符合第 7 章的规定;如采用型钢混凝土构件,则应符合本章的规定。

　　3　钢支撑应符合第 7 章有关支撑的规定。

　　4　体系中的接头除符合第 7 章对偏心支撑框架的接头要求外,尚应符合 9.4 节的规定。

9.5.4　钢管混凝土结构或构件之间的连接,以及施工安装阶段(混凝土浇筑前和混凝土硬结前)的承载力、变形和稳定性,应符合钢结构的规定。

10 砌 体 结 构

10.1 一 般 规 定

10.1.1 本章适用于烧结普通黏土砖、烧结多孔砖和混凝土小型空心砌块等砌体承重的多层房屋,底层或底部两层框架 – 抗震墙砌体房屋的抗震设计。配筋混凝土小型空心砌块抗震墙房屋的抗震设计,应符合附录 L 的规定。

注:本章中"普通砖、多孔砖、小砌块"即"烧结普通黏土砖、烧结多孔黏土砖、混凝土小型空心砌块"的简称。采用其他烧结砖、蒸压砖的砌体房屋,块体的材料性能应有可靠的实验数据;当砌体抗剪强度不低于黏土砖砌体时,可按本章黏土砖房屋的相应规定执行。

10.1.2 砌体结构和构件,当按本章规定进行设计和质量控制时,尚应符合下列现行标准中与本规范规定不相抵触的其他要求:

1 《砌体结构设计规范》(GB 50003);

2 《混凝土小型空心砌块建筑技术规程》(JGJ/T 14);

3 《砖砌圆筒仓技术规范》(CECS 08);

4 《砌体工程施工质量验收规范》(GB 50203)。

10.1.3 砌体结构的材料性能应符合下列现行国家标准的要求:

1 《烧结普通砖》(GB/T 5101);

2 《烧结多孔砖》(GB 13544);

3 《普通混凝土小型空心砌块》(GB 8239);

4 《轻集料混凝土小型空心砌块》(GB 15229);

5 《硅酸盐水泥、普通硅酸盐水泥》(GB 175);

6 《建筑用砂》(GB/T 14684)。

10.1.4 砌体结构房屋应按表 3.1.4 确定其抗震设计类别,并符合相应的抗震设计要求。

10.1.5 不同抗震设计类别的砌体结构房屋的总高度和层数应符合下列要求:

1 一般情况下,房屋的层数和总高度不应超过表 10.1.5 的规定。

表 10.1.5 房屋的层数和总高度限值

房屋类别		最小抗震墙厚度/mm	抗震设计类别					
			A		B		C	
			总高度/m	层数	总高度/m	层数	总高度/m	层数
多层砌体房屋	普通砖	240	21	7	21	7	18	6
	多孔砖	240	21	7	21	7	18	6
	多孔砖	190	21	7	18	6	15	5
	小砌块	190	21	7	21	7	18	6
底部框架抗震墙砌体房屋	普通砖	240	22	7	22	7	—	—
	多孔砖							
	多孔砖	190	22	7	19	6	—	—
	小砌块	190	22	7	22	7	—	—

注:1 房屋的总高度指室外地面到主要屋面板板顶或檐口的高度,半地下室从地下室室内地面算起,全地下室和嵌固条件好的半地下室应允许从室外地面算起,对带阁楼的坡屋面应算到山尖墙的1/2高度处

2 室内外高差大于0.6 m 时,房屋总高度应允许比表中的数据适当增加,但增加量应少于1.0 m

3 建筑使用功能类别为 Ⅲ 类时,多层砌体房屋层数应减少一层且总高度应降低3 m,不应采用底部框架 - 抗震墙砌体房屋

4 本表中小砌块砌体房屋不包括配筋混凝土小型空心砌块砌体房屋

2 横墙较少的多层砌体房屋,总高度应比表10.1.5的规定降低3 m,层数相应减少一层;各层横墙很少的多层砌体房屋,还应再减少一层。

注:横墙较少是指同一楼层内开间大于4.2 m 的房间占该层总面积的40% 以上;其中,开间不大于4.2 m 的房间占该层总面积不到20% 且开间大于4.8 m 的房间占该层总面积的50% 以上为横墙很少。

3 采用蒸压灰砂砖和蒸压粉煤灰砖的砌体房屋,当砌体的抗剪强度仅达到普通黏土砖砌体的70% 时,房屋的层数应比普通砖房减少一层,总高度应减少3 m;当砌体的抗剪强度达到普通黏土砖砌体的取值时,房屋层数和总高度的要求同普通砖房屋。

10.1.6 多层砌体承重房屋的层高,不应超过3.6 m。底部框架 - 抗震墙砌体房屋的底部,层高不应超过4.5 m;当底层采用约束砌体抗震墙时,底层的层高不应超过4.2 m。

注:当使用功能确有需要时,采用约束砌体等加强措施的普通砖房屋,层高不应超过3.9 m。

10.1.7 多层砌体房屋最大高宽比,宜符合表10.1.7的要求。

表 10.1.7 多层砌体房屋最大高宽比

抗震设计类别	A 类	B 类	C 类
结构高宽比	2.5	2.5	2.0

注:1 单面走廊房屋的总宽度不包括走廊宽度

2 建筑平面接近正方形时,其高宽比宜适当减小

10.1.8 砌体结构房屋抗震横墙间距,不应超过表10.1.8的要求。

表 10.1.8 砌体结构房屋抗震横墙间距 m

房屋类别		抗震设计类别		
		A 类	B 类	C 类
多层砌体房屋	现浇和装配整体式钢筋混凝土楼、屋盖	15	15	11
	装配式钢筋混凝土楼、屋盖	11	11	9
底部框架－抗震墙砌体房屋	上部各层	同多层砌体房屋		
	底层或底部两层	18	15	11

注:1 多层砌体房屋的顶层,采用表中所列屋盖时最大横墙间距应允许适当放宽,但应采取相应的加强措施

  2 多孔砖抗震横墙厚度为 190 mm 时,最大横墙间距应比表中数值减少 3 m

10.1.9 多层砌体房屋中砌体墙段的局部尺寸限值,宜符合表 10.1.9 的要求。

表 10.1.9 砌体结构房屋局部尺寸限值 m

部位	抗震设计类别	
	A 类和 B 类	C 类
承重窗间墙最小宽度	1.0	1.2
承重外墙尽端至门窗洞边的最小距离	1.0	1.2
非承重外墙尽端至门窗洞边的最小距离	1.0	1.0
内墙阳角至门窗洞边的最小距离	1.0	1.5
无锚固女儿墙(非出入口处)的最大高度	0.5	0.5

注:1 局部尺寸不足时,应采取局部加强措施弥补,且最小宽度不宜小于 1/4 层高和表列数据的 80%

  2 出入口处的女儿墙应有锚固

10.1.10 多层砌体房屋的结构体系,应符合下列要求:

  1 应优先采用横墙承重或纵横墙共同承重的结构体系。不应采用砌体墙和混凝土墙混合承重的结构体系。

  2 纵横向砌体抗震墙的布置应符合下列要求:

  1)宜均匀对称,沿平面内宜对齐,沿竖向应上下连续;且纵横向墙体的数量不宜相差过大。

  2)平面轮廓凹凸尺寸,不应超过典型尺寸的 50%;当超过典型尺寸的 25% 时,房屋转角处应采取加强措施。

  3)楼板局部大洞口的尺寸不宜超过楼板宽度的 30%,且不应在墙体两侧同时开洞。

  4)房屋错层的楼板高差超过 500 mm 时,应按两层计算;错层部位的墙体应采取加强措施。

  5)同一轴线上的窗间墙宽度宜均匀;墙面洞口的面积,抗震设计类别为 A 类、B 类时不宜大于墙面总面积的 55%,抗震设计类别为 C 类时不宜大于 50%。

  6)在房屋宽度方向的中部应设置内纵墙,其累计长度不宜少于房屋总长度的 60%(高宽比大于 4 的墙段不计入)。

  3 房屋有下列情况之一时宜设置防震缝,缝两侧均应设置墙体,缝宽可采用 70 ~ 100 mm,防震缝下的基础可不断开:

  1)房屋立面高差在 6 m 以上;

  2)房屋有错层,且楼板高差大于层高的 1/4;

　　3）各部分结构刚度、质量截然不同。

4 楼梯间不宜设置在房屋的尽端或转角处。

5 烟道、风道、垃圾道等不应削弱墙体;当墙体被削弱时,应对墙体采取加强措施;不宜采用无竖向配筋的附墙烟囱及出屋面的烟囱。

6 横墙较少、跨度较大的房屋,宜采用现浇钢筋混凝土楼、屋盖,否则应有保证其整体性的抗震构造措施。

7 不应采用无可靠锚固的钢筋混凝土预制挑檐。

8 不应在房屋转角处设置转角窗。

10. 1. 11 底部框架－抗震墙砌体房屋的结构布置,应符合下列要求:

1 上部的砌体墙体与底部的框架梁或抗震墙,除楼梯间附近的个别墙段外均应对齐。

2 房屋的底部,应沿纵横两方向设置一定数量的抗震墙,并应均匀对称布置。抗震设计类别为 A 类且总层数不超过四层的底层框架－抗震墙砌体房屋,应允许采用嵌砌于框架之间的约束普通砖砌体或小砌块砌体抗震墙,但应计入砌体墙对框架的附加轴力和附加剪力并进行底层的抗震验算,且同一方向不应同时采用钢筋混凝土抗震墙和约束砌体抗震墙;其余情况,抗震设计类别为 C 类时应采用钢筋混凝土抗震墙,抗震设计类别为 A 类和 B 类时应采用钢筋混凝土抗震墙或配筋小砌块砌体抗震墙。

3 底层框架－抗震墙砌体房屋的纵横两个方向,第二层与底层侧向刚度的比值,抗震设计类别为 A 类和 B 类时不应大于 2.5,抗震设计类别为 C 类时不应大于 2.0,且均不应小于 1.0。

4 底部两层框架－抗震墙砌体房屋的纵横两个方向,底层与底部第二层侧向刚度应接近,第三层计入构造柱影响的侧向刚度与底部第二层侧向刚度的比值,抗震设计类别为 A 类和 B 类时不应大于 2.0,抗震设计类别为 C 类时不应大于 1.5,且均不应小于 1.0。

5 底部框架－抗震墙砌体房屋的抗震墙应设置条形基础、筏式基础等整体性好的基础。

10. 1. 12 底部框架－抗震墙砌体房屋的钢筋混凝土结构部分,除应符合本章规定外,尚应符合第 8 章的有关要求。

10. 1. 13 砌体结构的材料强度等级应符合下列要求:

1 黏土砖的强度等级不应低于 MU10。砖墙配置水平钢筋时,砂浆强度等级不应低于 M7.5;未配置水平钢筋时,砂浆强度等级不应低于 M5。

2 小砌块的强度等级不应低于 MU7.5。小砌块砌体的砂浆强度等级不应低于 M7.5。

3 现浇钢筋混凝土构造柱、芯柱和圈梁(简称为构造柱、芯柱和圈梁)的混凝土强度等级不应低于 C20。构造柱、芯柱和圈梁中的钢筋应采用 HRB335、HRBF335 和 HPB300 级钢筋。

10.2　计 算 要 点

10. 2. 1 多层砌体房屋、底部框架－抗震墙砌体房屋的抗震计算,可采用底部剪力法,并应按本节规定调整地震作用效应。

10.2.2 对砌体房屋,可只选择从属面积较大或竖向应力较小的墙段进行截面抗震承载力验算。

10.2.3 进行地震剪力分配和截面验算时,砌体墙段的层间等效侧向刚度应按下列原则确定:

1 刚度的计算应计及高宽比的影响。当高宽比小于1时,可只计算剪切变形;当高宽比不大于4且不小于1时,应同时计算弯曲和剪切变形;当高宽比大于4时,等效侧向刚度可取为0。

注:墙段的高宽比指层高与墙长之比,对于门窗洞边的小墙段指洞净高与洞侧墙宽之比。

2 墙段宜按门窗洞口划分;对设置构造柱的小开口墙段按毛墙面计算的刚度,可根据开洞率乘以表10.2.3的墙段洞口影响系数。

表 10.2.3　墙段洞口影响系数

开洞率	0.10	0.20	0.30
影响系数	0.98	0.94	0.88

注:1 开洞率为洞口水平截面面积与墙段水平毛截面面积之比,相邻洞口之间净宽小于500 mm 的墙段视为洞口

2 洞口中线偏离墙段中线大于墙段长度的1/4,表中影响系数值折减0.9;门洞的洞顶高度大于层高80% 时,表中数据不适用;窗洞高度大于50% 层高时,按门洞对待

10.2.4 底部框架－抗震墙砌体房屋的地震作用效应,应按下列规定调整:

1 对底层框架－抗震墙砌体房屋,底层的纵向和横向地震剪力设计值均应乘以增大系数;其值应允许在 1.2 ~ 1.5 范围内选用,第二层与底层侧向刚度比大者应取大值。

2 对底部两层框架－抗震墙砌体房屋,底层和第二层的纵向和横向地震剪力设计值亦均应乘以增大系数,其值应允许在 1.2 ~ 1.5 范围内选用,第三层与第二层侧向刚度比大者应取大值。

3 底层或底部两层的纵向和横向地震剪力设计值应全部由该方向的抗震墙承担,并按各抗震墙侧向刚度比例分配。

10.2.5 底部框架－抗震墙砌体房屋中,底部框架的地震作用效应宜采用下列方法确定:

1 底部框架柱的地震剪力和轴向力,宜按下列规定调整:

1)框架柱承担的地震剪力设计值,可按各抗侧力构件有效侧向刚度比例分配确定;有效侧向刚度的取值,框架不折减;混凝土墙或配筋混凝土小砌块砌体墙可乘以折减系数0.30;约束普通砖砌体或小砌块砌体抗震墙可乘以折减系数0.20;

2)框架柱的轴力应计入地震倾覆力矩引起的附加轴力,上部砖房可视为刚体,底部各轴线承受的地震倾覆力矩,可近似按底部抗震墙和框架的有效侧向刚度的比例分配确定;

3)当抗震墙之间楼盖长宽比大于2.5时,框架柱各轴线承担的地震剪力和轴向力,尚应计入楼盖平面内变形的影响。

2 底部框架－抗震墙砌体房屋的钢筋混凝土托墙梁计算地震组合内力时,应采用合适的计算简图。若考虑上部墙体与托墙梁的组合作用,应计入地震时墙体开裂对组合作用的不利影响,可调整有关的弯矩系数、轴力系数等计算参数。

10.2.6　各类砌体沿阶梯形截面破坏的抗震抗剪强度设计值,应按下式确定:

$$f_{vE} = \zeta_N f_v \tag{10.2.6}$$

式中　f_{vE}——砌体沿阶梯形截面破坏的抗震抗剪强度设计值;

　　　　f_v——非抗震设计的砌体抗剪强度设计值;

　　　　ζ_N——砌体抗震抗剪强度的正应力影响系数,应按表10.2.6采用。

表10.2.6　砌体抗震抗剪强度的正应力影响系数

砌　体 类　别	σ_0/f_v							
	0.0	1.0	3.0	5.0	7.0	10.0	12.0	≥16.0
普通砖、多孔砖	0.8	0.99	1.25	1.47	1.65	1.90	2.05	—
小 砌 块	—	1.23	1.69	2.15	2.57	3.02	3.32	3.92

注:σ_0为对应于重力荷载代表值的砌体截面平均压应力

10.2.7　普通砖、多孔砖墙体的截面抗震受剪承载力,应按下列规定验算:

1　一般情况下,应按下式验算:

$$V \leqslant f_{vE}A/\gamma_{RE} \tag{10.2.7-1}$$

式中　V——墙体剪力设计值;

　　　　f_{vE}——砖砌体沿阶梯形截面破坏的抗震抗剪强度设计值;

　　　　A——墙体横截面面积,多孔砖取毛截面面积;

　　　　γ_{RE}——承载力抗震调整系数,承重墙按第6.4.2条采用,非承重墙按0.75采用。

2　采用水平配筋的墙体,应按下式验算:

$$V \leqslant (f_{vE}A + \zeta_s f_{yh}A_{sh})/\gamma_{RE} \tag{10.2.7-2}$$

式中　f_{yh}——水平钢筋抗拉强度设计值;

　　　　A_{sh}——层间墙体竖向截面的水平钢筋总截面面积,其配筋率应不小于0.07%且不大于0.17%;

　　　　ζ_s——钢筋参与工作系数,可按表10.2.7采用。

表10.2.7　钢筋参与工作系数

墙体高宽比	0.4	0.6	0.8	1.0	1.2
ζ_s	0.10	0.12	0.14	0.15	0.12

3　当按式(10.2.7-1)、式(10.2.7-2)验算不满足要求时,可计入基本均匀设置于墙段中部、截面不小于240 mm×240 mm(墙厚190 mm时为240 mm×190 mm)且间距不大于4 m的构造柱对受剪承载力的提高作用,按下列简化方法验算:

$$V \leqslant [\eta_c f_{vE}(A - A_c) + \zeta_c f_t A_c + 0.08 f_{yc}A_{sc} + \zeta_s f_{yh}A_{sh}]/\gamma_{RE} \tag{10.2.7-3}$$

式中　A_c——中部构造柱的横截面总面积(对于横墙和内纵墙,$A_c > 0.15A$时,取0.15A;对于外纵墙,$A_c > 0.25A$时,取0.25A);

　　　　f_t——中部构造柱的混凝土轴心抗拉强度设计值;

　　　　A_{sc}——中部构造柱的纵向钢筋截面总面积(配筋率不小于0.6%,大于1.4%时取1.4%);

　　　　f_{yh}、f_{yc}——墙体水平钢筋、构造柱钢筋抗拉强度设计值;

　　　　ζ_c——中部构造柱参与工作系数,居中设一根时取0.5,多于一根时取0.4;

　　　　η_c——墙体约束修正系数,一般情况取1.0,构造柱间距不大于3.0 m时取1.1;

A_{sh}——层间墙体竖向截面的总水平钢筋面积,无水平钢筋时取 0.0。

10.2.8 小砌块墙体的截面抗震受剪承载力,应按下式验算:

$$V \leqslant [f_{vE}A + (0.3f_tA_c + 0.05f_yA_s)\zeta_c]/\gamma_{RE} \qquad (10.2.8)$$

式中 f_t——芯柱混凝土轴心抗拉强度设计值;

A_c——芯柱截面总面积;

A_s——芯柱钢筋截面总面积;

f_y——芯柱钢筋抗拉强度设计值;

ζ_c——芯柱参与工作系数,可按表 10.2.8 采用。

注:当同时设置芯柱和构造柱时,构造柱截面可作为芯柱截面,构造柱钢筋可作为芯柱钢筋。

表 10.2.8　芯柱参与工作系数

填孔率 ρ	$\rho < 0.15$	$0.15 \leqslant \rho < 0.25$	$0.25 \leqslant \rho < 0.5$	$\rho \geqslant 0.5$
ζ_c	0.0	1.0	1.10	1.15

注:填孔率指芯柱根数(含构造柱和填实孔洞数量)与孔洞总数之比

10.2.9 底层框架 – 抗震墙砌体房屋中嵌砌于框架之间的普通砖或小砌块的砌体墙,当符合第 10.5.4 条、第 10.5.5 条的构造要求时,其抗震验算应符合下列规定:

1 底层框架柱的轴向力和剪力,应计入砖墙或小砌块墙引起的附加轴向力和附加剪力,其值可按下列公式确定:

$$N_f = V_wH_f/l \qquad (10.2.9 - 1)$$
$$V_f = V_w \qquad (10.2.9 - 2)$$

式中 V_w——墙体承担的剪力设计值,柱两侧有墙时可取二者的较大值;

N_f——框架柱的附加轴压力设计值;

V_f——框架柱的附加剪力设计值;

H_f、l——框架的层高和跨度。

2 嵌砌于框架之间的普通砖墙或小砌块墙及两端框架柱,其抗震受剪承载力应按下式验算:

$$V \leqslant \left[\sum (M_{yc}^u + M_{yc}^l)/H_0 \right]/\gamma_{REc} + \sum (f_{vE}A_{w0})/\gamma_{REw} \qquad (10.2.9 - 3)$$

式中 V——嵌砌普通砖墙或小砌块墙及两端框架柱剪力设计值;

A_{w0}——砖墙或小砌块墙水平平面的计算面积,无洞口时取实际截面面积的 1.25 倍,有洞口时取截面净面积,但不计入宽度小于洞口高度 1/4 的墙肢截面面积;

M_{yc}^u、M_{yc}^l——底层框架柱上、下端的正截面受弯承载力设计值,可按现行国家标准《混凝土结构设计规范》(GB 50010)非抗震设计的有关公式取等号计算;

H_0——底层框架柱的计算高度,两侧均有砖墙时取柱净高的 2/3,其余情况取柱净高;

γ_{REc}——底层框架柱承载力抗震调整系数,可采用 0.8;

γ_{REw}——嵌砌普通砖墙或小砌块墙承载力抗震调整系数,可采用 0.9。

10.3 多层砖砌体房屋抗震构造措施

10.3.1 各类多层砖砌体房屋,应按下列要求设置现浇钢筋混凝土构造柱(以下简称构造柱):

1 构造柱设置部位,一般情况下应符合表10.3.1的要求。

2 外廊式和单面走廊式的多层房屋,应根据房屋增加一层的层数,按表10.3.1的要求设置构造柱,且单面走廊两侧的纵墙均应按外墙处理。

3 横墙较少的房屋,应根据房屋增加一层的层数,按表10.3.1的要求设置构造柱。当横墙较少的房屋为外廊式或单面走廊式时,应按本条第2款要求设置构造柱;但抗震设计类别为A类不超过四层、B类不超过三层、C类不超过两层时,应按增加两层的层数对待。

4 各层横墙很少的房屋,应按增加两层的层数设置构造柱。

5 采用蒸压灰砂砖和蒸压粉煤灰砖的砌体房屋,当砌体的抗剪强度仅达到普通黏土砖砌体的70%时,应根据增加一层的层数按本条1～4款要求设置构造柱;但抗震设计类别为A类不超过四层、B类不超过三层和C类不超过两层时,应按增加两层的层数对待。

表 10.3.1 多层砖砌体房屋构造柱设置要求

抗震设计类别	A类	B类	C类	设置部位	
房屋层数	四、五	三、四	二、三	楼、电梯间四角,楼梯斜梯段上下端对应的墙体处;外墙四角和对应转角处;错层部位横墙与外纵墙交接处;大房间内外墙交接处;较大洞口两侧	隔12 m或单元横墙与外纵墙交接处;楼梯间对应的另一侧内横墙与外纵墙交接处
	六	五	四		隔开间横墙(轴线)与外墙交接处;山墙与内纵墙交接处
	七	≥六	≥五		内墙(轴线)与外墙交接处;内墙的局部较小墙垛处;内纵墙与横墙(轴线)交接处

注:较大洞口是指宽度不小于2.1 m的洞口;大房间是指开间不小于3.9 m的房间

10.3.2 多层砖砌体房屋的构造柱应符合下列要求:

1 构造柱最小截面可采用180 mm×240 mm(墙厚190 mm时为180 mm×190 mm),纵向钢筋宜采用4φ12,箍筋间距不宜大于250 mm,且在柱上下端应适当加密;当抗震设计类别为A、B类超过六层、C类超过五层时,构造柱纵向钢筋宜采用4φ14,箍筋间距不应大于200 mm;房屋四角的构造柱可适当加大截面及配筋。

2 构造柱与墙连接处应砌成马牙槎,并应沿墙高每隔500 mm设2φ6水平钢筋和φ4分布短筋平面内点焊组成的拉结网片或φ4点焊钢筋网片,每边伸入墙内不宜小于1 m。抗震设计类别为A、B类时底部1/3楼层,为C类时底部1/2楼层,上述拉结钢筋网片应沿墙体水平通长设置。

3 构造柱与圈梁连接处,构造柱的纵筋应在圈梁纵筋内侧穿过,保证构造柱纵筋上下贯通。

4 构造柱可不单独设置基础,但应伸入室外地面下500 mm,或与埋深小于500 mm的基础圈梁相连。

5 当房屋高度和层数接近表 10.1.5 的限值时,纵、横墙内构造柱间距尚应符合下列要求:

1)横墙内的构造柱间距不宜大于层高的 2 倍;下部 1/3 楼层的构造柱间距适当减小,但不再连通的构造柱纵筋应在圈梁内有可靠锚固;

2)当外纵墙开间大于 3.9 m 时,应另设加强措施。内纵墙的构造柱间距不宜大于 4.2 m。

10.3.3 多层砖砌体房屋的现浇钢筋混凝土圈梁设置应符合下列要求:

1 装配式钢筋混凝土楼、屋盖的砖房,应按表 10.3.3 的要求设置圈梁;纵墙承重时,抗震横墙上的圈梁间距应比表内要求适当加密。

2 现浇或装配整体式钢筋混凝土楼、屋盖与墙体有可靠连接的房屋,应允许不另设圈梁,但楼板沿墙体周边均应加强配筋,并应与相应的构造柱钢筋可靠连接。

表 10.3.3 多层砖砌体房屋现浇钢筋混凝土圈梁设置要求

墙类	抗震设计类别	
	A 类、B 类	C 类
外墙和内纵墙	屋盖处及每层楼盖处	屋盖处及每层楼盖处
内横墙	同上;屋盖处间距不应大于 4.5 m;楼盖处间距不应大于 7.2 m;构造柱对应部位	同上;各层所有横墙,且间距不应大于 4.5 m;构造柱对应部位

10.3.4 多层砖砌体房屋现浇钢筋混凝土圈梁的构造应符合下列要求:

1 圈梁应闭合,遇有洞口圈梁应上下搭接。圈梁宜与预制板设在同一标高处或圈梁紧靠板底。

2 圈梁在第 10.3.3 条要求的间距内无横墙时,应利用梁或板缝中配筋替代圈梁。

3 圈梁的截面高度不应小于 120 mm,配筋应符合表 10.3.4 的要求;按第 3.2.3 条第 1 款要求增设的基础圈梁,截面高度不应小于 180 mm,配筋不应少于 4φ12。

表 10.3.4 多层砖砌体房屋圈梁配筋要求

配筋	抗震设计类别	
	A 类、B 类	C 类
最小纵筋	4φ10	4φ12
最大箍筋间距 /mm	250	200

10.3.5 多层砖砌体房屋的楼、屋盖应符合下列要求:

1 现浇钢筋混凝土楼板或屋面板伸进纵、横墙内的长度,均不应小于 120 mm。

2 装配式钢筋混凝土楼板或屋面板,当圈梁未设在板的同一标高时,板端伸进外墙的长度不应小于 120 mm,伸进内墙的长度不应小于 100 mm 或采用硬架支模连接,在梁上不应小于 80 mm 或采用硬架支模连接。

3 当板的跨度大于 4.8 m 并与外墙平行时,靠外墙的预制板侧边应与墙或圈梁拉结。

4 房屋端部大房间的楼盖,抗震设计类别为 A 类时房屋的屋盖和 B、C 类时房屋的楼、屋盖,当圈梁设在板底时,钢筋混凝土预制板应相互拉结,并应与梁、墙或圈梁拉结。

10.3.6 楼、屋盖的钢筋混凝土梁或屋架应与墙、柱(包括构造柱)或圈梁可靠连接;不得采用独立砖柱。跨度不小于 6 m 大梁的支承构件应采用组合砌体等加强措施,并满足承载力要求。

10.3.7　抗震设计类别为 A 类、B 类时长度大于 7.2 m 的大房间,及抗震设计类别为 C 类时,外墙转角及内外墙交接处,应沿墙高每隔 500 mm 配置 2φ6 的通长钢筋和 φ4 分布短筋平面内点焊组成的拉结网片或 φ4 点焊钢筋网片。

10.3.8　楼梯间应符合下列要求:

1　顶层楼梯间墙体应沿墙高每隔 500 mm 设 2φ6 通长钢筋和由 φ4 分布短筋平面内点焊组成的拉结网片或 φ4 点焊钢筋网片;抗震设计类别为 B 类和 C 类时其他各层楼梯间墙体应在休息平台或楼层半高处设置 60 mm 厚、纵向钢筋不应少于 2φ10 的钢筋混凝土带或配筋砖带,配筋砖带不少于 3 皮,每皮的配筋不少于 2φ6,砂浆强度等级不应低于 M7.5 且不低于同层墙体的砂浆强度等级。

2　楼梯间及门厅内墙阳角处的大梁支承长度不应小于 500 mm,并应与圈梁连接。

3　装配式楼梯段应与平台板的梁可靠连接,抗震设计类别为 C 类时不应采用装配式楼梯段;不应采用墙中悬挑式踏步或踏步竖肋插入墙体的楼梯,不应采用无筋砖砌栏板。

4　突出屋顶的楼、电梯间,构造柱应伸到顶部,并与顶部圈梁连接,所有墙体应沿墙高每隔 500 mm 设 2φ6 通长钢筋和由 φ4 分布短筋平面内点焊组成的拉结网片或 φ4 点焊钢筋网片。

10.3.9　坡屋顶房屋的屋架应与顶层圈梁可靠连接,檩条或屋面板应与墙及屋架可靠连接,房屋出入口处的檐口瓦应与屋面构件锚固。采用硬山搁檩时,顶层内纵墙顶宜增砌支承山墙的踏步式墙垛,并设置构造柱。

10.3.10　门窗洞处不应采用砖过梁;过梁支承长度不应小于 240 mm。

10.3.11　预制阳台应与圈梁和楼板的现浇板带可靠连接,抗震设计类别为 C 类时不应采用预制阳台。

10.3.12　后砌的非承重砌体隔墙,烟道、风道、垃圾道等应符合 13.3 节的有关规定。

10.3.13　同一结构单元的基础(或桩承台),宜采用同一类型的基础,底面宜埋置在同一标高上,否则应增设基础圈梁并应按 1∶2 的台阶逐步放坡。

10.3.14　建筑使用功能为 Ⅱ 类的多层砖砌体房屋,当横墙较少且总高度接近或达到表 10.1.5 规定的限值,应采取下列加强措施:

1　房屋的最大开间尺寸不宜大于 6.6 m。

2　同一结构单元内横墙错位数量不宜超过横墙总数的 1/3,且连续错位不宜多于两道;错位的墙体交接处均应增设构造柱,且楼、屋面板应采用现浇钢筋混凝土板。

3　横墙和内纵墙上洞口的宽度不宜大于 1.5 m;外纵墙上洞口的宽度不宜大于 2.1 m 或开间尺寸的一半;且内外墙上洞口位置不应影响内外纵墙与横墙的整体连接。

4　所有纵横墙均应在楼、屋盖标高处设置加强的现浇钢筋混凝土圈梁,圈梁的截面高度不宜小于 150 mm,上下纵筋均不应少于 3φ10,箍筋不小于 φ6,间距不大于 300 mm。

5　所有纵横墙交接处及横墙的中部,均应增设满足下列要求的构造柱:在纵、横墙内的柱距不宜大于 3.0 m,最小截面尺寸不宜小于 240 mm × 240 mm(墙厚为 190 mm 时,最小截面尺寸为 240 mm × 190 mm),配筋宜符合表 10.3.14 的要求。

表 10.3.14 增设构造柱的纵筋和箍筋设置要求

位置	纵向钢筋			箍筋		
	最大配筋率/%	最小配筋率/%	最小直径/mm	加密区范围/mm	加密区间距/mm	最小直径/mm
角柱	1.8	0.8	14	全高	100	6
边柱			14	上端700		
中柱	1.4	0.6	12	下端500		

6 同一结构单元的楼、屋面板应设置在同一标高处。

7 房屋底层和顶层的窗台标高处,宜设置沿纵横墙通长的水平现浇钢筋混凝土带;其截面高度不小于60 mm,宽度不小于240 mm,纵向钢筋不少于2ϕ10,横向分布筋的直径不小于ϕ6且其间距不大于200 mm。

10.4 多层砌块房屋抗震构造措施

10.4.1 多层小砌块房屋应按表10.4.1的要求设置钢筋混凝土芯柱,对外廊式和单面走廊式的多层房屋、横墙较少的房屋、各层横墙很少的房屋,尚应分别按第10.3.1条第2、3、4款关于增加层数的对应要求,按表10.4.1的要求设置芯柱。

10.4.2 多层小砌块房屋的芯柱,应符合下列构造要求:

1 小砌块房屋芯柱截面不宜小于120 mm × 120 mm。

2 芯柱混凝土强度等级,不应低于Cb20。

3 芯柱的竖向插筋应贯通墙身且与圈梁连接;插筋不应小于1ϕ12,抗震设计类别为A类、B类时超过五层、C类时超过四层,插筋不应小于1ϕ14。

表 10.4.1 多层小砌块房屋芯柱设置要求

抗震设计类别	A类	B类	C类	设置部位	设置数量
房屋层数	四、五	三、四	二、三	外墙转角,楼、电梯间四角,楼梯斜梯段上下端对应的墙体处;大房间内外墙交接处;错层部位横墙与外纵墙交接处;隔12 m或单元横墙与外纵墙交接处	外墙转角,灌实3个孔;内外墙交接处,灌实4个孔;楼梯斜梯段上下端对应的墙体处,灌实2个孔
	六	五	四	同上;隔开间横墙(轴线)与外纵墙交接处	
	七	六	五	同上;各内墙(轴线)与外纵墙交接处;内纵墙与横墙(轴线)交接处和洞口两侧	外墙转角,灌实5个孔;内外墙交接处,灌实4个孔;内墙交接处,灌实4~5个孔;洞口两侧各灌实1个孔
		七	六	同上;横墙内芯柱间距不大于2 m	外墙转角,灌实7个孔;内外墙交接处,灌实5个孔;内墙交接处,灌实4~5个孔;洞口两侧各灌实1个孔

注:外墙转角、内外墙交接处、楼、电梯间四角等部位,应允许采用钢筋混凝土构造柱替代部分芯柱

4　芯柱应伸入室外地面下 500 mm 或与埋深小于 500 mm 的基础圈梁相连。

5　为提高墙体抗震受剪承载力而设置的芯柱,宜在墙体内均匀布置,最大净距不宜大于 2.0 m。

6　多层小砌块房屋墙体交接处或芯柱与墙体连接处应设置拉结钢筋网片,网片可采用直径为 4 mm 的钢筋点焊而成,沿墙高间距不大于 600 mm,并应沿墙体水平通长设置。抗震设计类别为 A 类、B 类时底部 1/3 楼层,为 C 类时底部 1/2 楼层,上述拉结钢筋网片沿墙高间距不大于 400 mm。

10.4.3　小砌块房屋中替代芯柱的钢筋混凝土构造柱,应符合下列构造要求:

1　构造柱截面不宜小于 190 mm × 190 mm,纵向钢筋宜采用 4φ12,箍筋间距不宜大于 250 mm,且在柱上下端宜适当加密;抗震设计类别为 A 类、B 类时超过五层,C 类时超过四层,构造柱纵向钢筋宜采用 4φ14,箍筋间距不应大于 200 mm;外墙转角的构造柱可适当加大截面及配筋。

2　构造柱与砌块墙连接处应砌成马牙槎,与构造柱相邻的砌块孔洞,抗震设计类别为 A 类时宜填实,为 B 类时应填实,为 C 类时应填实并插筋。构造柱与砌块墙之间沿墙高每隔 600 mm 设置 φ4 点焊拉结钢筋网片,并应沿墙体水平通长设置。抗震设计类别为 A 类、B 类时底部 1/3 楼层,为 C 类时底部 1/2 楼层,上述拉结钢筋网片沿墙高间距不大于 400 mm。

3　构造柱与圈梁连接处,构造柱的纵筋应穿过圈梁,保证构造柱纵筋上下贯通。

4　构造柱可不单独设置基础,但应伸入室外地面下 500 mm,或与埋深小于 500 mm 的基础圈梁相连。

10.4.4　多层小砌块房屋的现浇钢筋混凝土圈梁的设置应按第 10.3.3 条多层砖砌体房屋圈梁的要求执行,圈梁宽度不应小于 190 mm,配筋不应少于 4φ12,箍筋间距不应大于 200 mm。

10.4.5　多层小砌块房屋的层数,抗震设计类别为 A 类时超过五层,为 B 类时超过四层,为 C 类时超过三层,在底层和顶层的窗台标高处,沿纵横墙应设置通长的水平现浇钢筋混凝土带;其截面高度不小于 60 mm,纵筋不少于 2φ10,并应有分布拉结钢筋;其混凝土强度等级不应低于 C20。水平现浇混凝土带亦可采用槽形砌块替代模板,其纵筋和拉结钢筋不变。

10.4.6　使用功能为 Ⅱ 类的多层小砌块房屋,当横墙较少且总高度和层数接近或达到表 10.1.5 规定的限值时,应符合第 10.3.14 条的相关要求;其中,墙体中部的构造柱可采用芯柱替代,芯柱的灌孔数量不应少于 2 孔,每孔插筋的直径不应小于 18 mm。

10.4.7　小砌块房屋的其他抗震构造措施,应符合 10.3 节的有关要求。其中,墙体的拉结钢筋网片间距应符合本节的相应规定,分别取 600 mm 和 400 mm。

10.5　底部框架－抗震墙砌体房屋抗震构造措施

10.5.1　底部框架－抗震墙砌体房屋的上部墙体应设置钢筋混凝土构造柱或芯柱,并应符合下列要求:

1　钢筋混凝土构造柱、芯柱的设置部位,应按第 10.3.1 条、第 10.4.1 条的规定设置。过渡层尚应在底部框架柱对应的位置处设置构造柱。

2　构造柱、芯柱的构造,除应符合下列要求外,尚应符合第 10.3.2 条、第 10.4.2 条、第

10.4.3 条的规定:

1) 砖砌体墙中构造柱截面不宜小于 240 mm × 240 mm(墙厚 190 mm 时为 240 mm × 190 mm);

2) 构造柱的纵向钢筋不宜少于 4ϕ14,箍筋间距不宜大于200 mm;芯柱每孔插筋不应小于 1ϕ14,芯柱之间应每隔 400 mm 设 ϕ4 焊接钢筋网片。

3 构造柱、芯柱应与每层圈梁连接,或与现浇楼板可靠拉结。

10.5.2 过渡层墙体的构造,应符合下列要求:

1 上部砌体墙的中心线宜与底部的框架梁、抗震墙的中心线相重合;构造柱或芯柱宜与框架柱上下贯通。

2 过渡层应在底部框架柱、混凝土墙或约束砌体墙的构造柱所对应处设置构造柱或芯柱;墙体内的构造柱间距不宜大于层高;芯柱除按本表 10.4.1 设置外,最大间距不宜大于 1 m。

3 过渡层构造柱的纵向钢筋抗震设计类别为 A 类、B 类时不宜少于 4ϕ16,为 C 类时不宜少于 4ϕ18。过渡层芯柱的纵向钢筋,抗震设计类别为 A 类、B 类时不宜少于每孔 1ϕ16,为 C 类时不宜少于每孔 1ϕ18。一般情况下,纵向钢筋应锚入下部的框架柱或混凝土墙内;当纵向钢筋锚固在托墙梁内时,托墙梁的相应位置应加强。

4 过渡层的砌体墙在窗台标高处,应设置沿纵横墙通长的水平现浇钢筋混凝土带;其截面高度不小于 60 mm,宽度不小于墙厚,纵向钢筋不少于 2ϕ10,横向分布筋的直径不小于 6 mm 且其间距不大于 200 mm。此外,砖砌体墙在相邻构造柱间的墙体,应沿墙高每隔 360 mm 设置 2ϕ6 通长水平钢筋和 ϕ4 分布短筋平面内点焊组成的拉结网片或 ϕ4 点焊钢筋网片,并锚入构造柱内;小砌块砌体墙芯柱之间沿墙高应每隔 400 mm 设置 ϕ4 通长水平点焊钢筋网片。

5 过渡层的砌体墙,凡宽度不小于 1.2 m 的门洞和 2.1 m 的窗洞,洞口两侧宜增设截面不小于 120 mm × 240 mm(墙厚190 mm 时为 120 mm × 190 mm)的构造柱或单孔芯柱。

6 当过渡层的砌体抗震墙与底部框架梁、墙体不对齐时,应在底部框架内设置托墙转换梁,并且过渡层砖墙或砌块墙应采取比本条第 4 款更高的加强措施。

10.5.3 底部框架 - 抗震墙砌体房屋的底部采用钢筋混凝土墙时,其截面和构造应符合下列要求:

1 墙体周边应设置梁(或暗梁)和边框柱(或框架柱)组成的边框;边框梁的截面宽度不宜小于墙板厚度的 1.5 倍,截面高度不宜小于墙板厚度的 2.5 倍;边框柱的截面高度不宜小于墙板厚度的 2 倍。

2 墙板的厚度不宜小于 160 mm,且不应小于墙板净高的 1/20;墙体宜开设洞口形成若干墙段,各墙段的高宽比不宜小于 2。

3 墙体的竖向和横向分布钢筋配筋率均不应小于 0.30%,并应采用双排布置;双排分布钢筋间拉筋的间距不应大于600 mm,直径不应小于 6 mm。

4 墙体的边缘构件可按8.4 节中关于一般部位的规定设置。

10.5.4 当抗震设计类别为 A 类的底层框架 - 抗震墙砖房的底层采用约束砖砌体墙时,其构造应符合下列要求:

1 砖墙厚不应小于 240 mm,砌筑砂浆强度等级不应低于 M10,应先砌墙后浇框架。

2 沿框架柱每隔300 mm配置$2\phi8$水平钢筋和$\phi4$分布短筋平面内点焊组成的拉结网片,并沿砖墙水平通长设置;在墙体半高处尚应设置与框架柱相连的钢筋混凝土水平系梁。

3 墙长大于4 m时和洞口两侧,应在墙内增设钢筋混凝土构造柱。

10.5.5 当抗震设计类别为A类的底层框架-抗震墙砌块房屋的底层采用约束小砌块砌体墙时,其构造应符合下列要求:

1 墙厚不应小于190 mm,砌筑砂浆强度等级不应低于Mb10,应先砌墙后浇框架。

2 沿框架柱每隔400 mm配置$2\phi8$水平钢筋和$\phi4$分布短筋平面内点焊组成的拉结网片,并沿砌块墙水平通长设置;在墙体半高处尚应设置与框架柱相连的钢筋混凝土水平系梁,系梁截面不应小于190 mm×190 mm,纵筋不应小于$4\phi12$,箍筋直径不应小于$\phi6$,间距不应大于200 mm。

3 墙体在门、窗洞口两侧应设置芯柱,墙长大于4 m时,应在墙内增设芯柱,芯柱应符合第10.4.2条的有关规定;其余位置,宜采用钢筋混凝土构造柱替代芯柱,钢筋混凝土构造柱应符合第10.4.3条的有关规定。

10.5.6 底部框架-抗震墙砌体房屋的框架柱应符合下列要求:

1 柱的截面不应小于400 mm×400 mm,圆柱直径不应小于450 mm。

2 柱的轴压比,抗震设计类别为A类时不宜大于0.85,为B类时不宜大于0.75,为C类时不宜大于0.65。

3 柱的纵向钢筋最小总配筋率,当钢筋的强度标准值低于400 MPa时,中柱在抗震设计类别为A类、B类时不应小于0.9%,为C类时不应小于1.1%;边柱、角柱和混凝土抗震墙端柱在抗震设计类别为A类、B类时不应小于1.0%,为C类时不应小于1.2%。

4 柱的箍筋直径抗震设计类别为A类、B类时不应小于8 mm,为C类时不应小于10 mm,并应全高加密箍筋,间距不大于100 mm。

5 柱的最上端和最下端组合的弯矩设计值应乘以增大系数,抗震设计类别为A类、B类时取1.15,为C类时取1.25。

10.5.7 底部框架-抗震墙砌体房屋的楼盖应符合下列要求:

1 过渡层的底板应采用现浇钢筋混凝土板,板厚不应小于120 mm;并应少开洞、开小洞,当洞口尺寸大于800 mm时,洞口周边应设置边梁。

2 其他楼层,采用装配式钢筋混凝土楼板时均应设现浇圈梁;采用现浇钢筋混凝土楼板时应允许不另设圈梁,但楼板沿抗震墙体周边均应加强配筋并应与相应的构造柱可靠连接。

10.5.8 底部框架-抗震墙砌体房屋的钢筋混凝土托墙梁,其截面和构造应符合下列要求:

1 梁的截面宽度不应小于300 mm,梁的截面高度不应小于跨度的1/10。

2 箍筋的直径不应小于8 mm,间距不大于200 mm;梁端在1.5倍梁高且不小于1/5梁净跨范围内,以及上部墙体的洞口处和洞口两侧各500 mm且不小于梁高的范围内,箍筋间距不大于100 mm。

3 沿梁高应设腰筋,数量不应少于$2\phi14$,间距不应大于200 mm。

4 梁的纵向受力钢筋和腰筋应按受拉钢筋的要求锚固在柱内,且支座上部的纵向钢筋在柱内的锚固长度应符合钢筋混凝土框支梁的有关要求。

10.5.9　底部框架－抗震墙砌体房屋的材料强度等级,应符合下列要求:

　　1　框架柱、混凝土墙和托墙梁的混凝土强度等级,不应低于 C30。

　　2　过渡层砌体块材的强度等级不应低于 MU10,砖砌体砌筑砂浆强度的等级不应低于 M10,砌块砌体砌筑砂浆强度的等级不应低于 Mb10。

10.5.10　底部框架－抗震墙砌体房屋的其他抗震构造措施,应符合 10.3 节、10.4 节和 8.4 节的有关要求。

11 单层工业厂房

11.1 单层钢筋混凝土柱厂房

I 一 般 规 定

11.1.1 本节主要适用于装配式单层钢筋混凝土柱厂房。

11.1.2 单层钢筋混凝土柱厂房应按表 3.1.4 确定其抗震设计类别,并符合相应的抗震设计要求。

11.1.3 单层钢筋混凝土柱厂房的结构布置应符合下列要求:

1 多跨厂房宜等高和等长,高低跨厂房不宜采用一端开口的结构布置。

2 厂房的贴建房屋和构筑物,不宜布置在厂房角部和紧邻防震缝处。

3 厂房体型复杂或有贴建的房屋和构筑物时,宜设防震缝;在厂房纵横跨交接处、大柱网厂房或不设柱间支撑的厂房,防震缝宽度可采用 100 ~ 150 mm,其他情况可采用 50 ~ 90 mm。

4 两个主厂房之间的过渡跨至少应有一侧采用防震缝与主厂房脱开。

5 厂房内上起重机的铁梯不应靠近防震缝设置;多跨厂房各跨上起重机的铁梯不宜设置在同一横向轴线附近。

6 厂房内的工作平台、刚性工作间宜与厂房主体结构脱开。

7 厂房的同一结构单元内,不应采用不同的结构形式;厂房端部应设屋架,不应采用山墙承重;厂房单元内不应采用横墙和排架混合承重。

8 厂房柱距宜相等,各柱列的侧移刚度宜均匀,当有抽柱时,应采取抗震加强措施。

11.1.4 厂房天窗架的设置,应符合下列要求:

1 天窗宜采用突出屋面较小的避风型天窗,有条件时宜采用下沉式天窗。

2 突出屋面的天窗宜采用钢天窗架,也可采用矩形截面杆件的钢筋混凝土天窗架。

3 天窗架不宜从厂房结构单元第一间开始设置;厂房抗震设计类别为 C 类时,天窗架宜从厂房单元端部第三柱间开始设置。

4 天窗屋盖、端壁板和侧板,宜采用轻型板材;不应采用端壁板代替端天窗架。

11.1.5 厂房屋架的设置,应符合下列要求:

1 厂房宜采用钢屋架或重心较低的预应力混凝土、钢筋混凝土屋架。

2 跨度不大于 15 m 时,可采用钢筋混凝土屋面梁。

3 跨度大于 24 m,或厂房抗震设计类别为 C 类时,应优先采用钢屋架。

4 柱距为 12 m 时,可采用预应力混凝土托架(梁);当采用钢屋架时,亦可采用钢托架(梁)。

5 有突出屋面天窗架的屋盖不宜采用预应力混凝土或钢筋混凝土空腹屋架。

11.1.6 厂房柱的设置,应符合下列要求:

1 厂房抗震设计类别为 C 类时,宜采用矩形截面柱、工字形截面柱或斜腹杆双肢柱,不宜采用薄壁工字形柱、腹板开孔工字形柱、预制腹板的工字形柱和管柱。

2 柱底至室内地坪以上 500 mm 范围内和阶形柱的上柱宜采用矩形截面。

11.1.7 厂房围护墙、女儿墙的布置和抗震构造措施,应符合 13.3 节对非结构构件的有关规定。

Ⅱ 计 算 要 点

11.1.8 抗震设计类别为 A 类、B 类和 C 类的厂房,柱高不超过 10 m 且结构单元两端均有山墙的单跨及等高多跨厂房(锯齿形厂房除外),当按本规范的规定采取抗震构造措施时,可不进行横向及纵向的截面抗震验算。

11.1.9 厂房的横向抗震计算,应采用下列方法:

1 混凝土无檩和有檩屋盖厂房,当符合本规范附录 G 的条件时,可按平面排架计算,并按附录 G 的规定对排架柱的地震剪力和弯矩进行调整。当不符合附录 G 的条件时,应采用经论证可行的分析方法,或采用有限元结构分析软件进行计算。

2 轻型屋盖厂房,柱距相等时,可按平面排架计算。

注:本节轻型屋盖指屋面为压型钢板、瓦楞铁、石棉瓦等有檩屋盖。

11.1.10 厂房的纵向抗震计算,应采用下列方法:

1 混凝土无檩和有檩屋盖及有较完整支撑系统的轻型屋盖厂房,可采用下列方法:

1)柱顶标高不大于 15 m 且平均跨度不大于 30 m 的单跨或等高多跨的钢筋混凝土柱厂房,宜采用本规范附录 H 规定的修正刚度法计算;

2)当不符合附录 H 的条件时,应采用经论证可行的分析方法,或采用有限元结构分析软件进行计算。

2 纵墙对称布置的单跨厂房和轻型屋盖的多跨厂房,可按柱列分片独立计算。

11.1.11 突出屋面天窗架的横向抗震计算,可采用下列方法:

1 有斜撑杆的三铰拱式钢筋混凝土和钢天窗架的横向抗震计算可采用底部剪力法;跨度大于 9 m 或厂房的抗震设计类别为 B 类和 C 类时,天窗架的地震作用效应应乘以增大系数,增大系数可采用 1.5。

2 其他情况下天窗架的横向水平地震作用可采用振型分解反应谱法。

11.1.12 突出屋面天窗架的纵向抗震计算,可采用下列方法:

1 柱高不超过 15 m 的单跨和等高多跨混凝土无檩屋盖厂房的天窗架纵向地震作用计算,可采用底部剪力法,但天窗架的地震作用效应应乘以效应增大系数,其值可按下列规定采用:

1)单跨、边跨屋盖或有纵向内隔墙的中跨屋盖:

$$\eta = 1 + 0.5n \qquad (11.1.12-1)$$

2)其他中跨屋盖:

$$\eta = 0.5n \qquad (11.1.12-2)$$

式中 η —— 效应增大系数;

n——厂房跨数,超过四跨时取四跨。

2　对于不满足上述条件的突出屋面天窗架的纵向抗震计算,应采用经论证可行的分析方法,或采用有限元结构分析软件进行计算。

11.1.13　两个主轴方向柱距均不小于 12 m、无桥式吊车且无柱间支撑的大柱网厂房,柱截面抗震验算应同时计算两个主轴方向的水平地震作用,并应计入位移引起的附加弯矩。

11.1.14　不等高厂房中,支承低跨屋盖的柱牛腿(柱肩)的纵向受拉钢筋截面面积,应按下式确定:

$$A_s \geq \frac{N_G a}{0.85 h_0 f_y} + 1.2 \frac{N_E}{f_y} \tag{11.1.14}$$

式中　A_s——纵向水平受拉钢筋的截面面积;

N_G——柱牛腿面上重力荷载代表值产生的压力设计值;

a——重力作用点至下柱近侧边缘的距离,当小于 $0.3 h_0$ 时采用 $0.3 h_0$;

h_0——牛腿最大竖向截面的有效高度;

N_E——柱牛腿面上地震组合的水平拉力设计值;

f_y——纵向水平受拉钢筋抗拉强度设计值。

11.1.15　柱间交叉支撑斜杆的地震作用效应及其与柱连接节点的抗震验算,可按附录 H 的规定进行。

11.1.16　厂房高大山墙的抗风柱应进行平面外的截面抗震验算。

11.1.17　当抗风柱与屋架下弦相连接时,连接点应设在下弦横向支撑节点处,下弦横向支撑杆件的截面和连接节点应进行抗震承载力验算。

11.1.18　当工作平台和刚性内隔墙与厂房主体结构连接时,应采用与厂房实际受力相适应的计算简图,计入工作平台和刚性内隔墙对厂房的附加地震作用影响,变位受约束且剪跨比不大于 2 的排架柱,应进行斜截面受剪承载力的计算,并采取相关的抗震措施。

Ⅲ　抗震构造措施

11.1.19　有檩屋盖构件的连接及支撑布置,应符合下列要求:

1　檩条应与混凝土屋架(屋面梁)焊牢,并应有足够的支承长度。

2　双脊檩应在跨度 1/3 处相互拉结。

3　压型钢板应与檩条可靠连接,瓦楞铁、石棉瓦等应与檩条拉结。

4　支撑布置宜符合表 11.1.19 的要求。

表 11.1.19 有檩屋盖的支撑布置

支撑名称		抗震设计类别	
		A 类、B 类	C 类
屋架支撑	上弦横向支撑	厂房单元端开间各设一道	厂房单元端开间及厂房单元长度大于 66 m 的柱间支撑开间各设一道；天窗开洞范围的两端各增设局部的支撑一道
	下弦横向支撑	同非抗震设计	
	跨中竖向支撑		
	端部竖向支撑	屋架端部高度大于 900 mm 时，厂房单元端开间及柱间支撑开间各设一道	
天窗架支撑	上弦横向支撑	厂房单元天窗端开间各设一道	厂房单元天窗端开间及每隔 30 m 各设一道
	两侧竖向支撑	厂房单元天窗端开间及每隔 36 m 各设一道	

11.1.20 无檩屋盖构件的连接及支撑布置，应符合下列要求：

1 大型屋面板应与屋架（屋面梁）焊牢，靠柱列的屋面板与屋架（屋面梁）的连接焊缝长度不宜小于 80 mm。

2 抗震设计类别为 A 类和 B 类时，有天窗厂房单元的端开间，或抗震设计类别为 C 类时各开间，宜将垂直屋架方向两侧相邻的大型屋面板的顶面彼此焊牢。

3 厂房抗震设计类别为 C 类时，大型屋面板端头底面的预埋件宜采用角钢并与主筋焊牢。

4 非标准屋面板宜采用装配整体式接头，或将板四角切掉后与屋架（屋面梁）焊牢。

5 屋架（屋面梁）端部顶面预埋件的锚筋，抗震设计类别为 A 类和 B 类时不宜小于 $4\phi8$，抗震设计类别为 C 类时不宜小于 $4\phi10$。

6 支撑的布置宜符合表 11.1.20 - 1 的要求，有中间井式天窗时宜符合表 11.1.20 - 2 的要求。抗震设计类别为 C 类的厂房屋盖采用屋面梁时，可仅在厂房单元两端各设竖向支撑一道；单坡屋面梁的屋盖支撑布置，宜按屋架端部高度大于 900 mm 的屋盖支撑布置执行。

11.1.21 屋盖支撑尚应符合下列要求：

1 天窗开洞范围内，在屋架脊点处应设上弦通长水平压杆。

2 屋架跨中竖向支撑在跨度方向的间距不大于 15 m；当仅在跨中设一道时，应设在跨中屋架屋脊处；当设两道时，应在跨度方向均匀布置。

3 屋架上、下弦通长水平系杆与竖向支撑宜配合设置。

4 柱距不小于 12 m 且屋架间距 6 m 的厂房，托架（梁）区段及其相邻开间应设下弦纵向水平支撑。

5 屋盖支撑杆件宜用型钢。

表 11.1.20 - 1　无檩屋盖的支撑布置

支撑名称			抗震设计类别	
			A 类、B 类	C 类
屋架支撑	上弦横向支撑		屋架跨度小于 18 m 时同非抗震设计,跨度不小于 18 m 时在厂房单元端开间各设一道	厂房单元端开间及柱间支撑开间各设一道,天窗开洞范围的两端各增设局部的支撑一道
	上弦通长水平杆系		同非抗震设计	沿屋架跨度不大于 15 m 设一道,但装配整体式屋面可不设;围护墙在屋架上弦高度有现浇圈梁时,其端部处可不另设
	下弦横向支撑			同非抗震设计
	跨中竖向支撑			
	两端竖向支撑	端部屋架高度不大于900 mm		厂房单元端开间各设一道
		端部屋架高度大于900 mm	厂房单元端开间各设一道	厂房单元端开间及柱间支撑开间各设一道
	天窗两侧竖向支撑		厂房单元端开间及每隔30 m各设一道	厂房单元端开间及每隔24 m各设一道
	上弦横向支撑		同非抗震设计	天窗跨度不小于 9 m 时,厂房单元天窗端开间及柱间支撑开间各设一道

表 11.1.20 - 2　中间井式无檩屋盖的支撑布置

支撑名称		A 类、B 类	C 类
上弦横向支撑下弦横向支撑		厂房单元端开间各设一道	厂房单元端开间及柱间支撑开间各设一道
上弦通长水平系杆		天窗范围内屋架跨中上弦节点处设置	
下弦通长水平系杆		天窗两侧及天窗范围内屋架下弦节点处设置	
跨中竖向支撑		有上弦横向支撑开间设置,位置与下弦通长系杆相对应	
两端竖向支撑	端部屋架高度不大于 900 mm	同非抗震设计	
	端部屋架高度大于 900 mm	厂房单元端开间各设一道	有上弦横向支撑开间,间距不大于 48 m

11.1.22　突出屋面的混凝土天窗架,其两侧墙板与天窗立柱宜采用螺栓连接。

11.1.23　混凝土屋架的截面和配筋,应符合下列要求:

　1　屋架上弦第一节间和梯形屋架端竖杆的配筋,厂房抗震设计类别为 A 类和 B 类时,不宜少于 $4\phi12$,厂房抗震设计类别为 C 类时,不宜少于 $4\phi14$。

　2　梯形屋架的端竖杆截面宽度宜与上弦宽度相同。

　3　拱形和折线形屋架上弦端部支撑屋面板的小立柱,截面不宜小于 200 mm ×

200 mm,高度不宜大于500 mm,主筋宜采用Ⅱ形,厂房抗震设计类别为 A 类和 B 类时,不宜少于4ϕ12,厂房抗震设计类别为 C 类时,不宜小于4ϕ14,箍筋可采用ϕ6,间距宜为100 mm。

11.1.24 厂房柱子的箍筋,应符合下列要求:

1 下列范围内柱的箍筋应加密:

1)柱头,取柱顶以下 500 mm 并不小于柱截面长边尺寸;

2)上柱,取阶形柱自牛腿面至吊车梁顶面以上 300 mm 高度范围内;

3)牛腿(柱肩),取全高;

4)柱根,取下柱柱底至室内地坪以上 500 mm;

5)柱间支撑与柱连接节点和柱变位受平台等约束的部位,取节点上、下各 300 mm。

2 加密区箍筋间距不应大于 100 mm,箍筋最大肢距和最小箍筋直径应符合表 11.1.24 的规定。

表 11.1.24 柱加密区箍筋最大肢距和最小箍筋直径

抗震设计类别		A 类	B 类	C 类
箍筋最大肢距 /mm		300	250	200
最小箍筋直径	一般柱头和柱根	ϕ6	ϕ8	ϕ8(ϕ10)
	角柱柱头	ϕ8	ϕ10	ϕ10
	上柱牛腿和有支撑的柱根	ϕ8	ϕ8	ϕ10
	有支撑的柱头和柱变位受约束部位	ϕ8	ϕ10	ϕ10

注:括号内数值用于柱根

3 厂房柱侧向受约束且剪跨比不大于2的排架柱,柱顶预埋钢板和柱箍筋加密区的构造尚应符合下列要求:

1)柱顶预埋钢板沿排架平面方向的长度,宜取柱顶的截面高度,且不得小于截面高度的 1/2 及 300 mm;

2)屋架的安装位置,宜减小在柱顶的偏心,其柱顶轴向力的偏心距不应大于截面高度的 1/4;

3)柱顶轴向力排架平面内的偏心距,在截面高度的 1/6 ~ 1/4 范围内时,柱顶箍筋加密区的箍筋体积配筋率:抗震设计类别为 C 类时不宜小于 1.0% ,为 A 类、B 类时不宜小于 0.8%;

4)加密区箍筋宜配置四肢箍,肢距不大于 200 mm。

11.1.25 山墙抗风柱的配筋,应符合下列要求:

1 抗风柱柱顶以下30 mm和牛腿(柱肩)面以上300 mm范围内的箍筋,直径不宜小于 6 mm,间距不应大于 100 mm,肢距不宜大于 250 mm。

2 抗风柱的变截面牛腿(柱肩)处,宜设置纵向受拉钢筋。

11.1.26 大柱网厂房柱的截面和配筋构造,应符合下列要求:

1 柱截面宜采用正方形或接近正方形的矩形,边长不宜小于柱全高的 1/18 ~ 1/16。

2 重屋盖厂房地震组合的柱轴压比,厂房抗震设计类别为 A 类和 B 类时,不宜大于 0.8,抗震设计类别为 C 类时不宜大于 0.7。

3 纵向钢筋宜沿柱截面周边对称配置,间距不宜大于200 mm,角部宜配置直径较大的钢筋。

4 柱头和柱根的箍筋应加密,并应符合下列要求:

1) 加密范围,柱根取基础顶面至室内地坪以上 1 m,且不小于柱全高的 1/6;柱头取柱顶以下 500 mm,且不小于柱截面长边尺寸;

2) 箍筋直径、间距和肢距,应符合第 11.1.24 条的规定。

11.1.27 厂房柱间支撑的设置和构造应符合下列要求:

1 厂房柱间支撑的布置,应符合下列规定:

1) 一般情况下,应在厂房单元中部设置上、下柱间支撑,且下柱支撑应与上柱支撑配套设置;

2) 有起重机或抗震设计类别为 C 类时,宜在厂房单元两端增设上柱支撑;

3) 厂房单元长度大于 99 m 或抗震设计类别为 C 类时,可在厂房单元中部 1/3 区段内设置两道柱间支撑。

2 柱间支撑应采用型钢,支撑形式宜采用交叉式,其斜杆与水平面的交角不宜大于 55°。

3 支撑斜杆的长细比,不宜超过表 11.1.27 的规定。

表 11.1.27 交叉支撑斜杆的最大长细比

位置	抗震设计类别		
	A 类	B 类	C 类
上柱支撑	250	250	200
下柱支撑	200	200	150

4 下柱支撑的下节点位置和构造措施,应保证将地震作用直接传给基础;当不能直接传给基础时,应计及支撑对柱和基础的不利影响,采取加强措施。

5 交叉支撑在交叉点应设置节点板,其厚度不应小于10 mm,斜杆与交叉节点板应焊接,与端节点板宜焊接。

11.1.28 抗震设计类别为 C 类时跨度不小于 18 m 的多跨厂房中柱,柱顶宜设置通长水平压杆,此压杆可与梯形屋架支座处通长水平系杆合并设置,钢筋混凝土系杆端头与屋架间的空隙应采用混凝土填实。

11.1.29 厂房结构构件的连接节点,应符合下列要求:

1 屋架(屋面梁)与柱顶应有可靠的连接,厂房抗震设计类别为 C 类时宜采用螺栓连接;屋架(屋面梁)端部支承垫板的厚度不宜小于 16 mm。

2 柱顶预埋件的锚筋,不宜少于 4ϕ12;有柱间支撑的柱,柱顶预埋件尚应增设抗剪钢板。

3 山墙抗风柱的柱顶,应设置预埋板,使柱顶与端屋架的上弦(屋面梁上翼缘)可靠连接。连接部位应位于上弦横向支撑与屋架的连接点处,不符合时可在支撑中增设次腹杆或设置型钢横梁,将水平地震作用传至节点部位。

4 支承低跨屋盖的中柱牛腿(柱肩)的预埋件,应与牛腿(柱肩)中按计算承受水平拉力部分的纵向钢筋焊接,且焊接的钢筋,厂房抗震设计类别为 A 类和 B 类时不应少于 2ϕ12,抗震设计类别为 C 类时不应少于 2ϕ14。

5 柱间支撑与柱连接节点预埋件的锚件,厂房抗震设计类别为 A 类和 B 类时可采用不低于 HRB335 级的热轧钢筋,但锚固长度不应小于 30 倍锚筋直径或增设端板,抗震设计类别为 C 类时,宜采用角钢加端板。

6 厂房中的吊车走道板、端屋架与山墙间的填充小屋面板、天沟板、天窗端壁板和天窗侧板下的填充砌体等构件应与支承结构有可靠的连接。

11.2 单层钢结构厂房

Ⅰ 一 般 规 定

11.2.1 本节主要适用于钢柱、钢屋架或钢屋面梁承重的单层厂房。单层的轻型钢结构厂房的抗震设计,应符合专门的规定。

11.2.2 单层钢结构厂房应按表 3.1.4 确定其抗震设计类别,并符合相应的抗震设计要求。

11.2.3 单层钢结构厂房的结构体系应符合下列要求:

1 厂房的横向抗侧力体系,可采用刚接框架、铰接框架、门式刚架或其他结构体系。厂房的纵向抗侧力体系,抗震设计类别为 C 类时应采用柱间支撑;抗震设计类别为 A 类、B 类时宜采用柱间支撑,也可采用刚接框架。

2 厂房内设有桥式起重机时,起重机梁系统构件与厂房框架柱的连接应能可靠地传递纵向水平地震作用。

3 屋盖应设置完整的屋盖支撑系统。屋盖横梁与柱顶铰接时,宜采用螺栓连接。

11.2.4 厂房的平面布置、钢筋混凝土屋面板和天窗架的设置要求等,可参照 11.1 节单层钢筋混凝土柱厂房的有关规定。当设置防震缝时,其缝宽不宜小于单层混凝土柱厂房防震缝宽度的 1.5 倍。

11.2.5 厂房的围护墙板应符合 13.3 节的有关规定。

Ⅱ 抗 震 验 算

11.2.6 厂房抗震计算时,应根据屋盖高差、起重机设置情况,采用与厂房结构的实际工作状况相适应的计算模型计算地震作用。

单层厂房的阻尼比,可依据屋盖和围护墙的类型,取0.045 ~ 0.05。

11.2.7 厂房地震作用计算时,围护墙体的自重和刚度,应按下列规定取值:

1 轻型墙板或与柱柔性连接的预制混凝土墙板,应计入其全部自重,但不应计入其刚度。

2 柱边贴砌且与柱有拉结的砌体围护墙,应计入其全部自重;当沿墙体纵向进行地震作用计算时,尚可计入普通砖砌体墙的折算刚度,折算系数在抗震设计类别为 A 类、B 类时可取 0.6,为 C 类时可取 0.4。

11.2.8 厂房的横向抗震计算,可采用下列方法:

1 一般情况下,宜采用考虑屋盖弹性变形的空间分析方法。

2 平面规则、抗侧刚度均匀的轻型屋盖厂房,可按平面框架进行计算。等高厂房可采用底部剪力法,高低跨厂房应采用振型分解反应谱法。

11.2.9 厂房的纵向抗震计算,可采用下列方法:

1　采用轻型板材围护墙或与柱柔性连接的大型墙板的厂房,可采用底部剪力法计算,各纵向柱列的地震作用可按下列原则分配:

1) 轻型屋盖可按纵向柱列承受的重力荷载代表值的比例分配;
2) 钢筋混凝土无檩屋盖可按纵向柱列刚度比例分配;
3) 钢筋混凝土有檩屋盖可取上述两种分配结果的平均值。

2　采用柱边贴砌且与柱拉结的普通砖砌体围护墙厂房,可参照11.1节的规定计算。

3　设置柱间支撑的柱列应计入支撑杆件屈曲后的地震作用效应。

11.2.10　厂房屋盖构件的抗震计算,应符合下列要求:

1　竖向支撑桁架的腹杆应能承受和传递屋盖的水平地震作用,其连接的承载力应大于腹杆的内力,并满足构造要求。

2　屋盖横向水平支撑、纵向水平支撑的交叉斜杆均可按拉杆设计,并取相同的截面面积。

11.2.11　柱间 X 形支撑、V 形或 Λ 形支撑应考虑拉压杆共同作用,其地震作用及验算可按附录 H.2 的规定按拉杆计算,并计及相交受压杆的影响,但压杆卸载系数宜取 0.30。

交叉支撑端部的连接,对单角钢支撑应计入强度折减,抗震设计类别为 C 类时不得采用单面偏心连接;交叉支撑有一杆中断时,交叉节点板应予以加强,其承载力不小于 1.1 倍杆件承载力。

支撑杆件的截面应力比,不宜大于 0.75。

11.2.12　厂房结构构件连接的承载力计算,应符合下列规定:

1　框架上柱的拼接位置应选择弯矩较小区域,其承载力不应小于按上柱两端呈全截面塑性屈服状态计算的拼接处的内力,且不得小于柱全截面受拉屈服承载力的 0.5 倍。

2　刚接框架屋盖横梁的拼接,当位于横梁最大应力区以外时,宜按与被拼接截面等强度设计。

3　实腹屋面梁与柱的刚性连接、梁端梁与梁的拼接,应采用地震组合内力进行弹性阶段设计。梁柱刚性连接、梁与梁拼接的极限受弯承载力应符合下列要求:

1) 一般情况,可按第 7 章钢结构梁柱刚接、梁与梁拼接的规定考虑连接系数进行验算。其中,当最大应力区在上柱时,全塑性受弯承载力应取实腹梁、上柱二者的较小值;
2) 当屋面梁采用钢结构弹性设计阶段的板件宽厚比时,梁柱刚性连接和梁与梁拼接,应能可靠传递设防烈度地震组合内力或按本条款第 1 项验算;
3) 刚接框架的屋架上弦与柱相连的连接板,在设防地震下不宜出现塑性变形。

4　柱间支撑与构件的连接,不应小于支撑杆件塑性承载力的 1.2 倍。

Ⅲ　抗震构造措施

11.2.13　厂房的屋盖支撑,应符合下列要求:

1　无檩屋盖的支撑布置,宜符合表 11.2.13 - 1 的要求。

2　有檩屋盖的支撑布置,宜符合表 11.2.13 - 2 的要求。

3　当轻型屋盖采用实腹屋面梁、柱刚性连接的刚架体系时,屋盖水平支撑可布置在屋面梁的上翼缘平面。屋面梁下翼缘应设置隔撑侧向支承,隔撑的另一端可与屋面檩条连接。屋盖横向支撑、纵向天窗架支撑的布置宜符合表 11.2.13 的要求。

4 屋盖纵向水平支撑的布置,尚应符合下列规定:

1) 当采用托架支承屋盖横梁的屋盖结构时,应沿厂房单元全长设置纵向水平支撑;

2) 对于高低跨厂房,在低跨屋盖横梁端部支承处,应沿屋盖全长设置纵向水平支撑;

3) 纵向柱列局部柱间采用托架支承屋盖横梁时,应沿托架的柱间及向其两侧至少各延伸一个柱间设置屋盖纵向水平支撑;

4) 当设置沿结构单元全长的纵向水平支撑时,应与横向水平支撑形成封闭的水平支撑体系。多跨厂房屋盖纵向水平支撑的间距不宜超过两跨,不得超过三跨;高跨和低跨宜按各自的标高组成相对独立的封闭支撑体系。

5 支撑杆宜采用型钢;设置交叉支撑时,支撑杆的长细比限值取 350。

表 11.2.13 - 1　无檩屋盖的支撑系统布置

支撑名称			抗震设计类别	
			A 类、B 类	C 类
屋架支撑	上、下弦横向支撑		屋架跨度小于 18 m 时同非抗震设计;屋架跨度不小于 18 m 时,在厂房单元端开间各设一道	厂房单元端开间及上柱支撑开间各设一道;天窗开洞范围的两端各增设局部上弦支撑一道;当屋架端部支承在屋架上弦时,其下弦横向支撑同非抗震设计
	上弦通长水平系杆		同非抗震设计	在屋脊处、天窗架竖向支撑处、横向支撑节点处和屋架两端处设置
屋架支撑	下弦通长水平系杆			屋架竖向支撑节点处设置;当屋架与柱刚接时,在屋架端节间处按控制下弦平面外长细比不大于 150 设置
	竖向支撑	屋架跨度小于 30 m		厂房单元两端开间及上柱支撑各开间屋架端部各设一道
		屋架跨度大于等于 30 m		厂房单元的端开间,屋架 1/3 跨度处和上柱支撑开间内的屋架端部设置,并与上、下弦横向支撑相对应
纵向天窗架支撑	上弦横向支撑		天窗架单元两端开间各设一道	天窗架单元端开间及柱间支撑开间各设一道
	竖向支撑	跨中	跨度不小于 12 m 时设置,其道数与两侧相同	跨度不小于 9 m 时设置,其道数与两侧相同
		两侧	天窗架单元端开间及每隔 36 m 设置	天窗架单元端开间及每隔 30 m 设置

表 11.2.13 - 2　有檩屋盖的支撑系统布置

支撑名称		抗震设计类别	
		A类、B类	C类
屋架支撑	上弦横向支撑	厂房单元端开间及每隔 60 m 各设一道	厂房单元端开间及上柱柱间支撑开间各设一道
	下弦横向支撑	同非抗震设计;当屋架端部支承在屋架下弦时,同上弦横向支撑	
	跨中竖向支撑	同非抗震设计	
	两侧竖向支撑	屋架端部高度大于 900 mm 时,厂房单元端开间及柱间支撑开间各设一道	
	下弦通长水平系杆	同非抗震设计	屋架两端和屋架竖向支撑处设置;与柱刚接时,屋架端节间处按控制下弦平面外长细比不大于 150 设置
纵向天窗架支撑	上弦横向支撑	天窗架单元两端开间各设一道	天窗架单元两端开间及每隔 54 m 各设一道
	两侧竖向支撑	天窗架单元端开间及每隔 42 m 各设一道	天窗架单元端开间及每隔 36 m 各设一道

11.2.14　厂房框架柱的长细比,轴压比小于 0.2 时不宜大于 150;轴压比不小于 0.2 时,不宜大于 $120\sqrt{235/f_{ay}}$。

11.2.15　厂房框架柱、梁的板件宽厚比,应符合下列要求:

1　重屋盖厂房,板件宽厚比限值可按第 7.3.1 条的规定采用。

2　轻屋盖厂房,塑性耗能区板件宽厚比限值可根据其承载力的高低按性能目标确定。塑性耗能区外的板件宽厚比限值,可采用现行《钢结构设计规范》(GB 50017)弹性设计阶段的板件宽厚比限值。

注:腹板的宽厚比,可通过设置纵向加劲肋减小。

11.2.16　柱间支撑应符合下列要求:

1　厂房单元的各纵向柱列,应在厂房单元中部布置一道下柱柱间支撑;抗震设计类别为 A 类、B 类的厂房单元长度大于 120 m(采用轻型围护材料时为 150 m)、抗震设计类别为 C 类的厂房单元大于 90 m(采用轻型围护材料时为 120 m)时,应在厂房单元 1/3 区段内各布置一道下柱支撑;当柱距数不超过 5 个且厂房长度小于 60 m 时,亦可在厂房单元的两端布置下柱支撑。上柱柱间支撑应布置在厂房单元两端和具有下柱支撑的柱间。

2　柱间支撑宜采用 X 形支撑,条件限制时也可采用 V 形、Λ 形及其他形式的支撑。X 形支撑斜杆与水平面的夹角、支撑斜杆交叉点的节点板厚度,应符合 11.1 节的规定。

3　柱间支撑杆件的长细比限值,应符合现行国家标准《钢结构设计规范》(GB 50017)

的规定。

4 柱间支撑宜采用整根型钢,当热轧型钢超过材料最大长度规格时,可采用拼接等强接长。

5 有条件时,可采用消能支撑。

11.2.17 柱脚应能可靠传递柱身承载力,宜采用埋入式、插入式或外包式柱脚,抗震设计类别为 A 类、B 类时也可采用外露式柱脚。柱脚设计应符合下列要求:

1 实腹式钢结构采用埋入式、插入式柱脚的埋入深度,应由计算确定,且不得小于钢结构截面高度的 2.5 倍。

2 格构式柱采用插入式柱脚的埋入深度,应由计算确定,其最小插入深度不得小于单肢截面高度(或外径)的 2.5 倍,且不得小于柱总宽度的 0.5 倍。

3 采用外包式柱脚时,实腹 H 形截面柱的钢筋混凝土外包高度不宜小于 2.5 倍的钢结构截面高度,箱型截面柱或圆管截面柱的钢筋混凝土外包高度不宜小于 3.0 倍的钢结构截面高度或圆管截面直径。

4 当采用外露式柱脚时,柱脚承载力不宜小于柱截面塑性屈服承载力的 1.2 倍。柱脚锚栓不宜用以承受柱底水平剪力,柱底剪力应由钢底板与基础间的摩擦力或设置抗剪键及其他措施承担。柱脚锚栓应可靠锚固。

11.3 单层砖柱厂房

I 一 般 规 定

11.3.1 本节规定适用于下列范围内的烧结普通黏土砖柱(墙垛)承重的中小型厂房:

1 单跨和等高多跨且无桥式起重机。

2 跨度不大于 15 m 且柱顶标高不大于 6.6 m。

3 Ⅳ类使用功能时,不应采用砖柱厂房。

11.3.2 单层砖柱厂房应按本规范表 3.1.4 确定其抗震设计类别,并符合相应的抗震设计要求。

11.3.3 厂房的结构布置应符合下列要求,并宜符合第 11.1.1 条的有关规定:

1 厂房两端均应设置砖承重山墙。

2 与柱等高并相连的纵横内隔墙宜采用砖抗震墙。

3 防震缝的设置,应符合下列要求:

1)轻型屋盖厂房,可不设防震缝;

2)钢筋混凝土屋盖厂房与贴建的建(构)筑物间宜设防震缝,其宽度可采用 50 ~ 70 mm,防震缝处应设置双柱或双墙。

4 天窗不应通至厂房单元的端开间,天窗不应采用端砖壁承重。

注:本节轻型屋盖指木屋盖和轻钢层架、压型钢板、瓦楞铁、石棉瓦屋面的屋盖。

11.3.4 厂房的结构体系,尚应符合下列要求:

1 宜采用轻型屋盖。

2 抗震设计类别为 A 类和 B 类时,可采用十字形截面的无筋砖柱。

3 厂房纵向的独立砖柱柱列,可在柱间设置与柱等高的抗震墙承受纵向地震作用,砖抗震墙应与柱同时咬槎砌筑,并应设置基础;不设置砖抗震墙的独立砖柱顶,应设通长水平压杆。

4 纵、横向内隔墙宜采用抗震墙,非承重横隔墙和非整体砌筑且不到顶的纵向隔墙宜采用轻质墙;当采用非轻质墙时,应计及隔墙对柱及其与屋架(屋面梁)连接节点的附加地震剪力。独立的纵向和横向内隔墙应采取措施保证其平面外的稳定性,且顶部应设置现浇钢筋混凝土压顶梁。

Ⅱ 计算要点

11.3.5 按本节规定采取抗震构造措施的单层砖柱厂房,当符合下列条件之一时,可不进行横向或纵向截面抗震验算:

1 Ⅰ、Ⅱ类场地且抗震设计类别为 A 类和 B 类,柱顶标高不超过 4.5 m,且结构单元两端均有山墙的单跨及等高多跨砖柱厂房,可不进行横向和纵向抗震验算。

2 Ⅰ、Ⅱ类场地且抗震设计类别为 A 类和 B 类,柱顶标高不超过 6.6 m,两侧设有厚度不小于 240 mm 且开洞截面面积不超过 50% 的外纵墙,结构单元两端均有山墙的单跨厂房,可不进行纵向抗震验算。

11.3.6 厂房的横向抗震计算,可采用下列方法:

1) 轻型屋盖厂房可按平面排架进行计算;

2) 钢筋混凝土屋盖厂房和密铺望板的瓦木屋盖厂房可按平面排架进行计算并计及空间工作,按本规范附录 G 调整地震作用效应。

11.3.7 厂房的纵向抗震计算,可采用下列方法:

1 钢筋混凝土屋盖厂房宜采用振型分解反应谱法进行计算。

2 钢筋混凝土屋盖的等高多跨砖柱厂房可按本规范附录 J 规定的修正刚度进行计算。

3 纵墙对称布置的单跨厂房和轻型屋盖的多跨厂房,可采用柱列分片独立进行计算。

11.3.8 突出屋面天窗架的横向和纵向抗震计算应符合第 11.1.9 条和第 11.1.10 条的规定。

11.3.9 偏心受压砖柱的抗震验算,应符合第 10 章相关规定和下列要求:

1 无筋砖柱地震组合轴向力设计值的偏心距,不宜超过 0.9 倍截面形心到轴力所在方向截面边缘的距离;承载力抗震调整系数可采用 0.9。

2 组合砖柱的配筋应按计算确定,承载力抗震调整系数可采用 0.85。

Ⅲ 抗震构造措施

11.3.10 木屋盖的支撑布置,宜符合表 11.3.10 的要求,钢屋架及瓦楞铁、石棉瓦等屋面的支撑,可按表中无望板屋盖的规定设置,不应在端开间设置下弦水平系杆与山墙连接;支撑与屋架或天窗架应采用螺栓连接;木天窗架的边柱,宜采用通长木夹板或铁板并通过螺栓加强边柱与屋架上弦的连接。

表 11.3.10　木屋盖的支撑布置

支撑名称		抗震设计类别
		A 类和 B 类
屋架支撑	上、下弦横向及跨中竖向支撑	同非抗震设计
天窗架支撑	天窗内侧竖向支撑	天窗两端第一开间各设一道
	上弦横向支撑	跨度较大的天窗，参照无天窗屋架的支撑布置

11.3.11　檩条与山墙卧梁应可靠连接，搁置长度不应小于120 mm，有条件时可采用檩条伸出山墙的屋面结构。

11.3.12　钢筋混凝土屋盖的抗震构造措施，应符合11.1节的有关规定。

11.3.13　厂房柱顶标高处应沿房屋外墙及承重内墙设置现浇闭合圈梁，圈梁的截面高度不应小于180 mm，配筋不应少于4φ12；当地基为软弱黏性土、液化土、新近填土或严重不均匀土层时，尚应设置基础圈梁。当圈梁兼作门窗过梁或抵抗不均匀沉降影响时，其截面和配筋除满足抗震要求外，尚应根据实际受力通过计算确定。

11.3.14　山墙应沿屋面设置现浇钢筋混凝土卧梁，并应与屋盖构件锚拉；山墙壁柱的截面与配筋，不宜小于排架柱，壁柱应通到墙顶并与卧梁或屋盖构件连接。

11.3.15　屋架(屋面梁)与墙顶圈梁或柱顶垫块，应采用螺栓或焊接连接；柱顶垫块应现浇，其厚度不应小于240 mm，并应配置两层直径不小于8 mm间距不大于100 mm的钢筋网；墙顶圈梁应与柱顶垫块整浇。

11.3.16　砖柱的构造应符合下列要求：

1　砖的强度等级不应低于MU10，砂浆的强度等级不应低于M5；组合砖柱中的混凝土强度等级应不低于C20。

2　砖柱的防潮层应采用防水砂浆。

11.3.17　钢筋混凝土屋盖的砖柱厂房，山墙开洞的水平截面面积不宜超过总截面面积的50%。

11.3.18　砖砌体墙的构造应符合下列要求：

1　抗震设计类别为B类且墙顶高度大于4.8 m时，外墙转角及承重内横墙与外纵墙交接处，当不设置构造柱时，应沿墙高每500 mm配置2φ6钢筋，每边伸入墙内不小于1 m。

2　出屋面女儿墙的抗震构造措施，应符合13.3节(非结构构件)的有关规定。

12 土、木结构房屋

12.1 一般规定

12.1.1 生土土房屋、木结构房屋的建筑、结构布置应符合下列要求：

1 房屋的平面布置应避免拐角或突出。

2 纵横向承重墙的布置宜均匀对称，在平面内宜对齐，沿竖向应上下连续；在同一轴线上，窗间墙的宽度宜均匀。

3 多层房屋的楼层不应错层，不应采用板式单边悬挑楼梯。

4 不应在同一高度内采用不同材料的承重构件。

5 屋檐外挑梁上不得砌筑砌体。

12.1.2 生土土房屋、木结构房屋的建筑应按本规范表3.1.4确定其抗震设计类别，并符合相应的抗震设计要求。

12.1.3 木楼、屋盖房屋应在下列部位采取拉结措施：

1 两端开间屋架和中间隔开间屋架应设置竖向剪刀撑。

2 在屋檐高度处应设置纵向通长水平系杆，系杆应采用墙揽与各道横墙连接或与木梁、屋架下弦连接牢固；纵向水平系杆端部宜采用木夹板对接，墙揽可采用方木、角铁等材料。

3 山墙、山尖墙应采用墙揽与木屋架、木构架或檩条拉结。

4 内隔墙墙顶应与梁或屋架下弦拉结。

12.1.4 木楼、屋盖构件的支承长度应不小于表12.1.4的规定：

表 12.1.4　木楼、屋盖构件的最小支承长度　　　　mm

构件名称	木屋架、木梁	对接木龙骨、木檩条		搭接木龙骨、木檩条
位置	墙上	屋架上	墙上	屋架上、墙上
支承长度与连接方式	240（木垫板）	60（木夹板与螺栓）	120（木夹板与螺栓）	满搭

12.1.5 门窗洞口过梁的支承长度，不应小于240 mm。

12.1.6 当采用冷摊瓦屋面时，底瓦的弧边两角宜设置钉孔，可采用铁钉与椽条钉牢；盖瓦与底瓦宜采用石灰或水泥砂浆压垄等做法与底瓦黏结牢固。

12.1.7 生土土房屋、木结构房屋突出屋面的烟囱、女儿墙等易倒塌构件的出屋面高度，不应大于600 mm，并应采取拉结措施。

注：坡屋面上的烟囱高度由烟囱的根部上沿算起。

12.1.8 生土土房屋、木结构房屋的结构材料应符合下列要求：

 1 木构件应选用干燥、纹理直、节疤少、无腐朽的木材。

 2 生土墙体土料应选用杂质少的黏性土。

12.1.9 生土房屋、木结构房屋的施工应符合下列要求：

 1 HPB300 钢筋端头应设置 180° 弯钩。

 2 外露铁件应做防锈处理。

12.2 生 土 房 屋

12.2.1 本节适用于未经焙烧的土坯、灰土和夯土承重墙体的房屋，该类房屋不宜用于住宅，可用于棚圈及仓库等辅助建筑。

  注：灰土墙指掺石灰（或其他黏结材料）的土筑墙和掺石灰土坯墙。

12.2.2 生土房屋宜建单层，抗震设计类别为 A 类和 B 类的灰土墙房屋可建两层，但总高度不应超过 6 m；单层生土房屋的檐口高度不宜大于 2.5 m，开间不宜大于 3.2 m。

12.2.3 生土房屋开间均应有横墙，不宜采用土搁梁结构，同一房屋不宜采用不同材料的承重墙体。

12.2.4 应采用轻屋面材料；硬山搁檩的房屋宜采用双坡屋面或弧形屋面，檩条支撑处应设垫木；檐口标高处（墙顶）应有木圈梁（或木垫板），端檩应出檐，内墙上檩条应满搭或采用夹板对接和燕尾接，木屋盖各构件应采用圆钉、扒钉、钢丝等相互连接。

12.2.5 生土房屋内外墙体应同时分层交错夯筑或咬砌，外墙四角和内外墙交接处，应沿墙高每隔 300mm 左右放一层竹筋、木条、荆条等拉结材料。

12.2.6 各类生土房屋的地基应夯实，应做砖或石基础；宜做外墙裙防潮处理（墙角宜设防潮层）。

12.2.7 土坯宜采用黏性土湿法成型并宜掺入草苇等拉结材料；土坯应卧砌并宜采用黏土浆或黏土石灰浆砌筑。

12.2.8 灰土墙房屋应每层设置圈梁，并在横墙上拉通；内纵墙顶面宜在山尖墙两侧增砌踏步式墙垛。

12.3 木结构房屋

12.3.1 本节适用于穿斗木构架、木柱木屋架和木柱木梁等房屋。

12.3.2 木结构房屋的平面布置应避免拐角或突出；同一房屋不应采用木柱与砖柱或砖墙等混合承重。

12.3.3 木柱木屋架和穿斗木构架房屋不宜超过两层，总高度不宜超过 6 m。木柱木梁房屋宜建单层，高度不宜超过 3 m。

12.3.4 礼堂、剧院、粮仓等较大跨度的空旷房屋，宜采用四柱落地的三跨木排架。

12.3.5 木屋架屋盖的支撑布置，应符合 11.3 节的有关规定的要求，但房屋两端的屋架支撑，应设置在端开间。

12.3.6 柱顶应有暗榫插入屋架下弦，并用 U 形铁件连接。

12.3.7 空旷房屋应在木柱与屋架（或梁）间设置斜撑；横隔墙较多的居住房屋应在非抗震

隔墙内设斜撑,穿斗木构架房屋可不设斜撑;斜撑宜采用木夹板,并应通到屋架的上弦。

12.3.8　穿斗木构架房屋的横向和纵向均应在木柱的上、下柱端和楼层下部设置穿枋,并应在每一纵向柱列间设置 1 ～ 2 道剪刀撑或斜撑。

12.3.9　斜撑和屋盖支撑结构,均应采用螺栓与主体构件相连接;除穿斗木构件外,其他木构件宜采用螺栓连接。

12.3.10　椽与檩的搭接处应满钉,以增强屋盖的整体性。木构架中,宜在柱檐口以上沿房屋纵向设置竖向剪刀撑等措施,以增强纵向稳定性。

12.3.11　木构件应符合下列要求:

1　木柱的梢径不宜小于150 mm;应避免在柱的同一高度处纵横向同时开槽,且在柱的同一截面开槽面积不应超过截面总面积的1/2。

2　柱子不能有接头。

3　穿枋应贯通木构架各柱。

12.3.12　围护墙应与木结构可靠拉结;土坯、砖等砌筑的围护墙不应将木柱完全包裹,应贴砌在木柱外侧。

13 建筑构件和建筑附属设备

13.1 一般规定

13.1.1 本章适用于固定在建筑结构上的建筑构件、附属设备及其支承连接件(以下统称为非结构构件)的抗震设计。已有专门技术标准规定的机电设备以及生命线枢纽建筑中机械、通信、电器设备和精密仪器的抗震设计要求不属本章内容范畴。

13.1.2 非结构构件应满足以下抗震设计要求:

1 非结构构件的抗震设计类别应与其所在结构相同。

2 非结构构件应按重要性区别为重要非结构构件和一般非结构构件。

1)出屋面女儿墙,非承重外墙,自承重砌体隔墙,幕墙,大型顶棚等长跨和悬臂构件,屋顶大型广告牌、商标和标志,危险和贵重物品储物架,大型储货架等建筑构件为重要非结构构件;

2)大型屋顶天线,高位水箱,电梯和应急电源(含发电机、冷却器、开关柜或配电盘)等设备为重要非结构构件;

3)其他非结构构件为一般非结构构件。

3 非结构构件均应满足本章规定的抗震构造措施要求,重要非结构构件和抗震设计类别为 C 类建筑的非结构构件宜进行设防地震动作用下的构件截面承载力验算。

13.2 计算要点

13.2.1 非结构构件水平地震作用标准值可采用等效侧力法、楼层反应谱法或系统动力分析法计算。

1 采用等效侧力法计算非结构构件水平地震作用标准值的算式如下:

$$F_p = \alpha_p I_p \lambda_p k G_p \left(1 + 2\frac{z}{h}\right) \qquad (13.2.1-1)$$

式中 F_p —— 作用于非结构构件重心处的水平地震作用标准值;

α_p —— 构件放大系数,系数取值见表 13.2.1-1 和表 13.2.1-2;

I_p —— 构件重要性系数,重要非结构构件取 1.5,一般非结构构件取 1.0;

λ_p —— 构件反应修正系数,系数取值见表 13.2.1-1 和表 13.2.1-2;

k —— 地震系数;

G_p —— 非结构构件的重力,包括构件中储存的液体和物品的重力;

z —— 非结构构件最高点距地面的高度(当构件位于或低于地面时,z 取 0);

h —— 非结构构件所在主体结构的顶部距地面的高度。

表 13.2.1 - 1　建筑构件的放大系数 α_p 和反应修正系数 λ_p

非结构构件	放大系数 α_p	反应修正系数 λ_p
自承重无筋砌体隔墙	1.0	1.0
其他自承重隔墙	1.0	0.5
非承重外墙(含玻璃幕墙)和连接件	1.0	0.5
连接系统的固定件	1.25	1.0
女儿墙和悬臂内墙(无支撑或支撑点在其质心以下)	2.5	0.5
女儿墙和悬臂内墙(支撑点在其质心以上)	1.0	0.5
大型顶棚	1.0	0.5
危险和贵重物品储物架、大型储物架	1.0	0.5
大型悬臂构件(如雨篷、挑檐和装饰)	2.5	0.5
大型广告、商标和标志	2.5	0.5

表 13.2.1 - 2　机械和电气设备部件的放大系数 α_p 和反应修正系数 λ_p

机械和电气设备部件	放大系数 α_p	反应修正系数 λ_p
大型屋顶天线	2.5	0.5
管道系统变形能力高的部件和连接	1.0	0.3
管道系统变形能力有限的部件和连接	1.0	0.5
管道系统变形能力低的部件和连接	1.0	1.0
空调通风系统设备	1.0	0.5
电梯部件	1.0	0.5
应急电源设备	1.0	0.5
高位水箱	1.0	0.5
大型照明设备	1.0	1.0

2 楼层反应谱法适用于自振周期大于 0.1 s,且重量超过所在楼层重量 1% 的建筑附属设备,或重量超过所在楼层重量 10% 的建筑附属设备的地震作用计算。采用楼层反应谱法计算水平地震作用标准值的算式如下:

$$F_p = I_p G_p \beta_s(\omega) A_f \qquad (13.2.1 - 2)$$

式中　$\beta_s(\omega)$ —— 以动力放大系数表示的楼层设计反应谱,可由设备所在楼层地震反应加速度时程计算;

A_f —— 设备所在楼层的加速度反应峰值(以重力加速度 g 为单位),可由结构地震反应分析确定,或采用以下简化公式估计:

$$A_f = k\left(1 + 2\frac{z}{h}\right) \qquad (13.2.1 - 3)$$

式中符号定义同式(13.2.1 - 1)。

在计算和使用由楼层地震反应加速度时程得出的楼层反应谱时,应考虑楼层地震反应和设备动力特性的不确定性。

3 系统动力分析法将非结构构件作为所在结构体系的一部分进行整体分析,与所在结构固接的刚性非结构构件应计入其质量,并考虑对结构体系的刚度影响;与所在结构弹性连接的非结构构件可简化为弹簧 - 质量体系。

13.2.2 支承于不同楼层或不同建筑的非结构构件,以及支承于防震缝等活动部位两侧的非结构构件,除承受自身地震作用之外,尚应计及支承点相对位移产生的作用效应。支承点水平相对位移可按下列公式计算。

1 同一结构上不同高度的两个支承点的相对位移可采用下列两式计算结果的较小者:

$$u_E = u_x - u_y \qquad (13.2.2-1)$$

$$u_E = (X - Y)\frac{\Delta}{h} \qquad (13.2.2-2)$$

式中 u_E—— 支撑点水平相对位移;

u_x、u_y—— 结构标高 x 和 y 处的位移;

X、Y —— 上、下支承点距地面高度;

Δ—— 弹性层间位移限值,可由本规范规定的弹性位移角乘以层高确定;

h —— 楼层层高。

2 分别位于两个结构上的支承点的相对位移可采用下列两式计算结果的较小者:

$$u_E = |u_{xA}| + |u_{yB}| \qquad (13.2.2-3)$$

$$u_E = \frac{X_A \Delta_A}{h_A} + \frac{Y_B \Delta_B}{h_B} \qquad (13.2.2-4)$$

式中 u_{xA}、u_{yB}—— A 建筑 x 标高处和 B 建筑 y 标高处的位移;

X_A、Y_B —— 建筑 A、B 的非结构构件支承点距地面的高度;

Δ_A、Δ_B —— 建筑 A、B 的弹性层间位移限值;

h_A、h_B —— 分别为建筑 A 和 B 的楼层层高。

13.2.3 非结构构件的抗震验算应满足以下要求,摩擦力不得作为抵抗地震作用的抗力。

1 建筑构件的内力组合设计值应取重力荷载效应、地震作用效应(含支承点相对位移引起的作用效应)和风荷载效应的组合,可采用极限状态表达式(6.4.2-1)进行截面承载力验算。

2 设备的抗震验算应符合以下规定:

1)内力组合设计值除考虑重力荷载效应和地震作用效应外,尚应计及温度应力和运行压力效应;

2)可采用许用应力法进行构件强度验算,构件应力组合设计值不应大于材料许用应力。延性材料制造的机械设备,许用应力可取材料最小屈服强度的 90%,其连接螺栓的许用应力可取材料最小屈服强度的 70%;非延性材料制造的机械设备,许用应力可取材料最小抗拉强度的 25%。

13.2.4 以悬吊方式支承在结构上的非结构构件若不会发生地震破坏且不危及其他结构,可不进行地震作用计算;但这些构件的设计重力荷载应取工作荷载的 3 倍。

13.2.5 非结构构件的连接构件和锚固件的抗震计算应符合下列要求:

1 连接构件的地震作用应根据相关非结构构件的地震作用确定。当采用膨胀螺栓或浅埋(低变形能力)锚固件固定非结构构件时,构件地震作用应乘以放大系数 1.5。

2 埋入混凝土或砌体中的锚固件应能承受连接构件的最大地震作用。

13.3 建筑构件的抗震构造措施

13.3.1 非承重墙体宜采用轻质墙体材料或轻质墙板;墙体布置宜均匀对称、避免造成主体结构刚度和强度的突变。

13.3.2 非承重外墙可直接与主体结构连接或利用连接件和固定件与主体结构连接。连接支承系统应符合下列要求:

1 外挂式墙板与主体结构的连接应具有足够的延性以及适应主体结构不同方向层间变形的能力。

2 埋入式墙体应与主体混凝土结构或砌体结构中的钢筋相连接,实现力的有效传递。

13.3.3 砌体结构中的后砌隔墙应沿墙高每隔500 mm设置2ϕ6拉结钢筋与主体结构拉结,拉结筋锚固长度不应小于500 mm。

13.3.4 钢筋混凝土结构中的砌体填充墙应满足以下要求:

1 填充墙在平面和竖向的布置宜均匀对称,避免形成薄弱层或短柱。

2 填充墙的砌筑砂浆等级不应低于M5,墙顶应以细石膨胀混凝土与梁黏结。

3 填充墙应沿框架柱全高每隔500 mm设2ϕ6拉筋与框架柱拉结,拉筋宜贯通墙体全长。

4 填充墙长度超过层高2倍时宜设钢筋混凝土构造柱;墙高超过4 m时宜在半高处设置与柱连接的钢筋混凝土水平系梁。系梁、构造柱截面边长不应小于墙厚,纵筋不少于4ϕ12。

5 楼梯间和人流通道的填充墙应采用钢丝网砂浆面层加强。

13.3.5 单层厂房的隔墙和围护墙宜采用轻质墙板或大型预制混凝土板;不宜采用砌体结构,采用砌体结构时应符合下列要求:

1 隔墙应与柱可靠拉结,隔墙系梁和构造柱的设置应满足第13.3.4条第4款的要求,墙体顶部应设现浇钢筋混凝土压梁。

2 砌体围护墙应贴柱的外表面砌筑且与柱可靠拉结,厂房的高低跨封墙和悬墙不应砌筑在低跨屋盖上。

3 砌体围护墙应设现浇钢筋混凝土圈梁和构造柱;圈梁沿高度宜每4 m设置一道,梯形屋架上弦和柱顶标高处、山墙屋面标高处应设置圈梁;构造柱沿长度宜每4 m设置一根,排架柱处应设构造柱。

4 圈梁应闭合,断面宽度宜与墙厚相同,截面高度不应小于180 mm,梁内纵筋不应少于4ϕ12,厂房转角处圈梁配筋宜适当加强;构造柱断面不应小于240 mm × 180 mm,纵筋不应小于4ϕ12;圈梁、构造柱与排架柱、屋架或屋面板应可靠连接。

5 空心砌块墙体可以灌孔芯柱代替构造柱,芯柱位置与本条对构造柱的要求相同,每处至少灌实4孔;芯柱断面不宜小于120 mm × 120 mm,芯柱混凝土强度等级不应低于C20,每孔插筋不应小于1ϕ12。

13.3.6 顶棚应符合下列规定:

1 采暖空调管道、防火喷淋设施和电线等应与悬吊顶棚分别支承。顶棚格架与管道间应采用柔性连接。

2 各类顶棚均应与主体结构可靠连接。

13.3.7 悬挑雨篷或一端由柱支承的雨篷,应与主体结构可靠连接,支承柱不应采用独立砖柱。

13.3.8 大型储物架应与主体结构锚固,侧向及顶部宜有支撑构件与主体结构连接。

13.3.9 活动地板应符合下列规定:

1 地板支架应与楼板锚固,支柱之间应设斜撑。

2 活动地板应有防止地板上重要设备移位的锁定装置。

3 活动地板上的连接导线、电缆、光缆接头处应预留冗余长度,具有足够的变形能力。

13.3.10 玻璃幕墙的设计应符合下列规定:

1 玻璃幕墙应悬挂在主体结构上,斜玻璃幕墙可悬挂或支承在主体结构上,幕墙体系不应分担主体结构的地震作用。

2 玻璃幕墙的连接应符合下列规定:

1)玻璃幕墙的立柱应尽可能直接与主体结构连接。当某些立柱与主体结构有较大距离而难以直接连接时,应在立柱与主体结构之间设置连接结构;

2)玻璃幕墙与主体结构的连接应具有足够的延性和变形能力。

13.3.11 房屋出入口上部和临街的女儿墙应与主体结构锚固,防震缝处的女儿墙切断后应预留足够的缝宽并加强端部。

13.3.12 广告牌、标志和商标应与主体结构可靠连接,应设必要的支撑,使其具有足够的稳定性。

13.4 附属设备的抗震构造措施

13.4.1 机械和电气设备连接件应适应所承受的荷载,具有适当的承载力、刚度和变形能力。

13.4.2 设置于分离的主体结构之间的机电设施管线,应具有适当的变形能力,应能适应主体结构间的相对变形和动力作用。

13.4.3 有隔震的设备应在水平方向设置约束器或缓冲器,必要时可加设防止倾覆的竖向约束。宜在缓冲器、缓冲器和设备之间加设黏弹性材料减少冲击荷载。

13.4.4 采暖空调系统中重量超过340 N的设备(如风扇、热交换器和加温器)应采用独立的支承。

13.4.5 给排水和煤气管道不宜采用大直径柔性管道;应采取措施防止管道与其他部件发生碰撞,管道宜采用具有变形能力的支承。

13.4.6 机械设备的锚固不应采用摩擦钳,膨胀螺栓不应用于额定功率在7.45 kW以上的未隔震机械设备的锚固。

13.4.7 电气设备的锚固不应采用摩擦钳;蓄电瓶四周应设约束结构,约束结构与电瓶间应加柔性填充物;重要电气设备尚应符合下列规定:

1 电气设备部件应采取措施防止与其他部件发生碰撞。

    2 干式变压器的内部线圈应牢固固定在变压器外壳内的支承结构上。

    3 开关柜或配电盘中的可滑出部件应有锁定装置。

13.4.8 电梯机箱和平衡重块的顶部和底部应有制动装置,电梯应有地震时停止运行的控制系统。

13.4.9 高位水箱应与主体结构可靠连接。

14 烟囱和水塔

14.1 一般规定

14.1.1 本章规定适用于独立的砖烟囱、钢筋混凝土烟囱以及采用钢筋混凝土结构水柜的普通单一功能独立式水塔的抗震设计。

14.1.2 按本章规定进行的烟囱和水塔的抗震设计,尚应符合以下现行技术标准中与本规范规定不相抵触的其他要求。

    1 《烟囱设计规范》(GB 50051—2002);

    2 《室外给水排水和燃气热力工程抗震设计规范》(GB 50032—2003)。

14.1.3 烟囱和水塔应按表3.1.4确定其抗震设计类别,并符合相应的抗震设计要求。

14.1.4 烟囱和水塔应根据设计基本地震加速度和使用功能分类,按表3.1.4确定抗震设计类别。单机容量不小于200兆瓦(MW)的电厂烟囱和高度大于200 m的烟囱可划归使用功能 Ⅲ 类;其他烟囱和全部水塔可划归使用功能 Ⅱ 类。

14.1.5 烟囱和水塔的结构材料应符合下列规定:

    1 钢筋混凝土烟囱筒身和壳基础的混凝土强度等级不宜低于C30,板式基础混凝土强度等级不宜低于C25。

    2 砖烟囱筒身黏土砖的强度等级不应低于MU10,砌筑砂浆强度等级不应低于M5。

    3 钢筋混凝土烟囱宜采用符合抗震性能指标的HRB400、HRB500级热轧钢筋,也可选用符合抗震性能指标的HRB335级热轧钢筋,砖烟囱筒身的环向钢筋可采用HPB300级热轧钢筋。

    4 水塔的钢筋混凝土水柜的混凝土强度等级不宜低于C25。

    5 水塔砌体支承结构的黏土砖强度等级不应低于MU10,砌筑砂浆应采用水泥砂浆,其强度等级不应低于M7.5。

14.1.6 烟囱和水塔在进行地震作用计算时,结构影响系数 C 的取值应符合表14.1.6的规定。

表 14.1.6　烟囱和水塔的结构影响系数

结构类型	钢筋混凝土烟囱	砖烟囱	钢筋混凝土结构支承的水塔	砌体结构支承的水塔
结构影响系数 C	0.45	0.50	0.50	0.55

14.2 烟囱设计要点

14.2.1 抗震设计类别为 A 类、B 类,且高度不超过60 m的烟囱可采用配筋砌体结构,高度超过 60 m 的烟囱宜采用钢筋混凝土结构。

14.2.2 符合以下条件的烟囱可不进行截面抗震承载力验算,但应符合抗震构造措施要求。

1 抗震设计类别为 A 类的烟囱。

2 抗震设计类别为 B 类,且基本风压值不小于 0.5 kN/m^2 的烟囱。

3 抗震设计类别为 B 类,且高度不超过 45 m 的烟囱。

14.2.3 烟囱的水平地震作用计算可采用以下方法:

1 高度不超过 100 m 的烟囱可采用第 14.2.4 条规定的简化方法。

2 高度达到或超过 100 m 的烟囱可采用振型分解反应谱方法,并考虑前 3 ~ 5 阶振型。

14.2.4 采用简化方法计算烟囱的水平地震作用应遵循以下规定:

1 烟囱的基本自振周期可采用以下公式计算:

1)高度不超过 60 m 的砖烟囱的基本自振周期为

$$T_1 = 0.26 + 0.002\,4H^2/d \tag{14.2.4-1}$$

2)高度不超过 150 m 的钢筋混凝土烟囱的基本自振周期为

$$T_1 = 0.45 + 0.001\,1H^2/d \tag{14.2.4-2}$$

3)高度达到或超过 150 m 的钢筋混凝土烟囱的基本自振周期为

$$T_1 = 0.53 + 0.000\,81H^2/d \tag{14.2.4-3}$$

式中 T_1 —— 烟囱的基本自振周期,s;

H —— 自基础顶面算起的烟囱总高度,m;

d —— 烟囱筒身一半高度处横截面的外径,m。

2 烟囱底部的弯矩和剪力采用以下公式计算:

$$M_0 = C\alpha G_k H_0 \tag{14.2.4-4}$$

$$V_0 = C\eta\alpha G_k \tag{14.2.4-5}$$

式中 M_0 —— 烟囱底部由水平地震作用标准值引起的弯矩标准值,N·m;

V_0 —— 烟囱底部由水平地震作用标准值引起的剪力标准值,N;

G_k —— 烟囱重力荷载标准值,N;

H_0 —— 基础顶面至烟囱重心处的高度,m;

α —— 对应烟囱基本自振周期 T_1 的水平地震影响系数,依 4.2 节确定;

η —— 烟囱底部剪力修正系数,可按表14.2.4采用。当场地特征周期和烟囱自振周期的设计值非表中给定值时,相应底部剪力修正系数可由内插确定。

表 14.2.4 烟囱底部剪力修正系数 η

场地特征周期 T_g	烟囱基本自振周期 T_1					
	0.5	1.0	1.5	2.0	2.5	3.0
0.25	0.75	1.00	1.10	1.05	0.95	0.85
0.30	0.65	0.90	1.10	1.10	1.00	0.95
0.40	0.60	0.80	1.00	1.10	1.15	1.05
0.55	0.55	0.70	0.85	1.00	1.10	1.10
0.65	0.55	0.65	0.75	0.90	1.05	1.10
0.90	0.55	0.60	0.65	0.75	0.85	0.95

3 烟囱筒身各截面的地震弯矩和剪力可按图14.2.4确定。

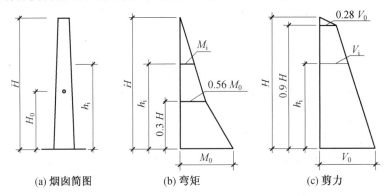

(a) 烟囱筒图   (b) 弯矩   (c) 剪力

图 14.2.4   烟囱地震弯矩和剪力沿筒身高度的分布

14.2.5 高度超过150 m的钢筋混凝土烟囱宜考虑重力二次效应,重力二次效应引起的附加弯矩可按附录K规定的方法计算。

14.2.6 钢筋混凝土烟囱抗震验算不考虑筒身的温度应力,但应考虑温度对材料力学性能的影响。

  1 混凝土在不同温度下的强度设计值由强度标准值除以调整系数确定。不同温度下混凝土强度标准值按表14.2.6 – 1采用,强度调整系数按表14.2.6 – 2采用。当温度不等于表14.2.6 – 1的给定值时,相应混凝土强度标准值通过内插确定。

  2 混凝土在不同温度下的弹性模量可由弹性模量乘以调整系数确定。弹性模量调整系数由表14.2.6 – 3确定。当温度不等于表中给定值时,相应混凝土弹性模量调整系数通过内插确定。

  3 钢筋在不同温度下的强度设计值可由强度标准值除以调整系数确定。调整系数按表14.2.6 – 4确定;不同温度下的钢筋强度标准值由表14.2.6 – 5确定;当温度不等于表14.2.6 – 5的给定值时,相应钢筋强度标准值通过内插确定。

表 14.2.6 – 1   混凝土在不同温度下的强度标准值   N/mm²

强度指标	温度 /℃	混凝土强度等级				
		C20	C25	C30	C35	C40
轴心抗压强度标准值	20	13.40	16.70	20.10	23.40	26.80
	60	11.30	14.20	16.60	19.40	22.20
	100	10.70	13.40	15.60	18.30	20.90
	150	10.10	12.70	14.80	17.30	18.80
	200	9.70	12.10	14.10	16.50	18.80
轴心抗拉强度标准值	20	1.54	1.78	2.01	2.20	2.39
	60	1.24	1.41	1.57	1.74	1.86
	100	1.08	1.23	1.37	1.52	1.63
	150	0.93	1.06	1.18	1.31	1.40
	200	0.79	0.89	0.99	1.10	1.18

表 14.2.6 - 2　混凝土强度的调整系数

构件	筒身	壳基础	其他构件
抗压强度调整系数	1.85	1.60	1.40
抗拉强度调整系数	1.50	1.40	1.40

表 14.2.6 - 3　混凝土弹性模量调整系数

温度/℃	20	60	100	150	200
调整系数	1.00	0.85	0.75	0.65	0.55

表 14.2.6 - 4　钢筋强度调整系数

钢筋所在构件	钢筋混凝土筒身钢筋	壳基础的钢筋	砖筒身的竖向钢筋	砖筒身的环向钢筋	其他构件中的钢筋
调整系数	1.6	1.2	1.9	1.6	1.1

表 14.2.6 - 5　不同温度下的钢筋强度标准值　　　　　　　N/mm²

钢筋种类	HPB300			HRB335			HRB400			HRB500		
温度/℃	≤100	150	200	≤100	150	200	≤100	150	200	≤100	150	200
抗拉压强度标准值	300	265	255	335	300	285	400	355	340	500	445	425

14.2.7　烟囱构件截面抗震承载力验算应采用以下极限状态表达式:

$$\gamma_G S_{GE} + \gamma_{Eh} S_{Ek} + \psi_W \gamma_W S_{Wk} + \psi_{cMaE} S_{MaE} \leqslant R/\gamma_{RE} \quad (14.2.7)$$

式中　γ_G、γ_{Eh}、γ_W、ψ_W ——重力荷载分项系数、水平地震作用分项系数、风荷载分项系数、风荷载组合值系数,取值见第 6.4.2 条;

　　　　S_{Ek}、S_{Wk}、R ——水平地震作用标准值效应、风荷载标准值效应和构件截面承载力设计值;

　　　　γ_{RE} ——抗震承载力调整系数,砖烟囱取 1.0,钢筋混凝土烟囱取 0.9;

　　　　S_{MaE} ——重力二次效应,按附录 K 规定的方法计算;

　　　　ψ_{cMaE} ——重力二次效应组合系数,取 1.0;

　　　　S_{GE} ——重力荷载代表值效应,重力荷载代表值取烟囱及构配件自重标准值与各层平台活荷载组合值之和,活荷载组合系数按表 14.2.7 确定。

14.2.8　烟囱应满足以下抗震构造措施要求:

1　砖烟囱筒壁宜优先选用异型砖砌筑;使用普通砖时,可预先将普通砖切削加工为梯形,尽量避免在施工中打砖。

2　砖烟囱上部配筋应满足表 14.2.8 - 1 的规定;烟囱下部配筋宜取上部的半数。筒身配有环向温度筋时,环向配筋可适量减少。

表 14.2.7　烟囱活荷载组合系数

活荷载		组合系数
顶部平台积灰荷载		0.5
顶部平台活荷载		不计
其余各层平台	活荷载按实际情况计算	1.0
	活荷载按等效均布荷载计算	0.5

表 14.2.8 – 1　砖烟囱上部最小配筋要求

配筋范围	烟囱一半高度处至顶部
竖向配筋	$\phi10@500 \sim 700$ mm,且不少于 6 根
环向配筋	$\phi8@500$ mm

3　砖烟囱顶部应设钢筋混凝土圈梁锚固竖向钢筋,圈梁截面高度不宜小于 180 mm,宽度不宜小于筒壁厚度的 2/3 且不宜小于 200 mm;圈梁内纵向钢筋不宜少于 $4\phi12$,箍筋间距不宜大于 250 mm。

4　砖烟囱的钢筋端部应设弯钩,钢筋搭接长度不小于 40 倍钢筋直径,搭接部宜用钢丝绑扎,贯通筒身的竖向钢筋应与顶部圈梁锚固。

5　钢筋混凝土烟囱与烟道间应设防震缝,烟道高度不超过 15 m 时防震缝宽度可取 70 mm,高度超过 15 m 时每增高 4 m、防震缝加宽 15 mm。

6　钢筋混凝土烟囱筒壁最小厚度应满足表 14.2.8 – 2 的要求。

表 14.2.8 – 2　钢筋混凝土烟囱的最小壁厚

烟囱顶部内径 D/m	$D \leqslant 4$	$4 < D \leqslant 6$	$6 < D \leqslant 8$	$D > 8$
最小壁厚 /mm	140(160) *	160	180	$180 + 10(D - 8)$

注:括号内数值适用于采用滑动模板施工的烟囱

7　钢筋混凝土烟囱筒壁开设孔洞时,同一高度处的多个孔洞应对称布置;单个孔洞对应的圆心角不应大于 70°,同一高度处多个孔洞的圆心角总和不应大于 140°;孔洞形状宜为圆形或带弧形角的矩形;孔洞周边沿筒壁外侧应设加强钢筋,加强钢筋的总截面面积宜为被孔洞截断的钢筋截面面积的 1.3 倍,矩形孔洞角部应设斜置的加强钢筋,每 100 mm 壁厚的加强钢筋不应少于 $2\phi14$;加强钢筋超过孔洞边缘的长度不应小于 45 倍钢筋直径。

8　钢筋混凝土烟囱筒壁环向钢筋和纵向钢筋的最小配筋率分别为 0.2% 和 0.4%。

9　钢筋混凝土烟囱纵向钢筋接头搭接长度不应小于 40 倍钢筋直径,钢筋接头应错开,同一高度处的纵向钢筋接头数不应超过纵向钢筋总根数的 1/4。

14.3　水塔设计要点

14.3.1　当场地为 Ⅰ、Ⅱ 类时,水柜容积不大于 50 m^3 的水塔可采用配筋砖筒支承;水柜容积大于 50 m^3 的水塔和 Ⅲ、Ⅳ 类场地的水塔宜采用钢筋混凝土结构支承。

14.3.2　符合以下条件的水塔及水塔构件可不进行构件截面抗震承载力验算,但应满足抗震构造措施要求。

1　钢筋混凝土结构水柜。

2　抗震设计类别为 A 类的水塔。

· 98 ·

3 抗震设计类别 B 类,水柜容积不大于 50 m³,且高度不超过 20 m 的配筋砖筒水塔支承。

4 抗震设计类别 B 类,场地为 Ⅰ、Ⅱ 类的钢筋混凝土水塔支承。

14.3.3 水塔抗震验算应考虑水柜满载和空载两种工况;抗震验算可不考虑竖向地震作用。

14.3.4 水塔地震作用计算可采用以下简化方法:

1 水塔基本自振周期可按下式计算:

$$T_{ts} = 2\pi \sqrt{\frac{W_f}{g k_{ts}}} \qquad (14.3.4-1)$$

式中 T_{ts}——水塔的基本自振周期,s;

     k_{ts}——水塔支承结构的刚度,kN/m;

     g——重力加速度,m/s²;

     W_f——水塔的等效重力荷载与水柜中脉冲水体重力荷载之和,kN。W_f 可按下式计算:

$$W_f = (W_w - W_s) + \xi_{ts} G_{ts,k} + G_{tw,k} \qquad (14.3.4-2)$$

$$W_s = 0.456 \frac{r_o}{h_w} \tanh\left(1.84 \frac{h_w}{r_o}\right) W_w \qquad (14.3.4-3)$$

式中 W_w——水柜中贮水重量,kN;

     $G_{ts,k}$——水塔支承结构的重力标准值,kN;

     $G_{tw,k}$——水柜的重力标准值,kN;

     ξ_{ts}——水塔支承结构重量的等效系数,当支承结构质量刚度分布均匀时 0.35,当质量刚度分布不均匀时根据具体情况取 0.25 ~ 0.35;

     W_s——水柜中对流水体重量,kN;

     r_o——水柜的内半径,m,倒锥形水柜可取上部柜壳的内半径;

     h_w——水柜内贮水深度,倒锥形水柜可取水面至柜壳底部距离;

2 水柜中水的基本自振周期 T_w 可按下式计算:

$$T_w = \frac{2\pi}{\sqrt{\frac{g}{r_o} 1.84 \tanh\left(1.84 \frac{h_w}{r_o}\right)}} \qquad (14.3.4-4)$$

3 水塔水平地震作用标准值可按式 14.3.4-5 计算。

$$F_{wt,k} = \left[(C\alpha_f W_f)^2 + (\alpha_s W_s)^2 \right]^{1/2} \qquad (14.3.4-5)$$

式中 $F_{wt,k}$——作用在水柜重心处的水平地震作用标准值,kN;

     α_f——对应水塔基本自振周期的水平地震影响系数,应按第 4.2.1 条,取阻尼比 5% 确定;

     α_s——对应水柜中水的基本自振周期的水平地震影响系数,应按第 4.2.1 条,取阻尼比为零确定。

14.3.5 水塔构件截面抗震承载力验算应满足下式:

$$S \leqslant R/\gamma_{RE} \qquad (14.3.5)$$

式中 S——构件荷载作用效应设计值,应按式(6.4.2-1)计算;

R—— 构件承载力设计值,应按相关结构设计标准确定;

γ_{RE}—— 抗震承载力调整系数,可取 0.85。

14.3.6 水塔应满足以下抗震构造措施要求。

1 水塔基础宜采用整体筏式基础或环状基础;钢筋混凝土构架支承的水塔在采用独立柱基础时,应设基础连梁。

2 水塔的钢筋混凝土支承筒应满足以下构造要求:

1)筒壁的竖向钢筋直径不应小于 12 mm,间距不应大于200 mm;

2)筒壁开洞处应设置加厚的边框并配置加强钢筋,加强筋的总截面面积不应小于被孔洞截断钢筋面积的 1.5 倍;孔洞角部沿筒壁内外侧应设斜向加强钢筋,每侧数量不少于 $2\phi 12$。

3 水塔的钢筋混凝土构架支承应满足以下构造要求:

1)横梁内箍筋间距不应大于 200 mm,梁端箍筋加密区(长度为一倍梁高)内箍筋间距不应大于 100 mm;

2)柱的箍筋间距不应大于 200 mm;连接基础和水柜的柱端和节点上下柱端箍筋应加密,加密区范围为基础上和水柜下各 800 mm、节点上下各一倍柱宽的长度(且不小于 1/6 柱的净高),加密区内箍筋间距不应大于 100 mm,直径不应小于 8 mm;

3)水柜下环梁和支架梁梁端应加设腋角,腋角内配筋的截面面积不少于梁主筋截面面积的一半。

4 水塔的支承砖筒应满足以下构造要求:

1)砖筒沿高度每隔 4 m 宜设置一道钢筋混凝土圈梁,圈梁截面高度不宜小于 180 mm,宽度不宜小于筒壁厚度的 2/3 或240 mm;梁内纵向钢筋不宜少于 $4\phi 12$,箍筋间距不宜大于250 mm;

2)水塔的砖筒应沿全高配筋;竖向配筋为 $\phi 10@ 500 \sim 700$ mm,且不少于 6 根;筒壁若设配筋竖槽,其间距不应大于 1 m(且不少于 6 道),每槽内的配筋为 $1\phi 12$;筒壁环向配筋为 $\phi 8@ 360$ mm;砖筒二分之一总高度以下部分宜加强配筋;

3)砖筒门洞上下应设置钢筋混凝土圈梁,两侧应设加强边框,边框截面尺寸应能弥补门洞削弱的刚度,钢筋混凝土边框的配筋不应少于上下圈梁的配筋,边框钢筋应与圈梁锚固;其他孔洞宜采取类似门洞的加强措施,可用 $3\phi 8$ 钢筋代替上下圈梁,钢筋超过孔洞边缘的长度不应小于 1 m。

附录 A 黑龙江省设计地震加速度取值

地区	抗震设防烈度	设计基本加速度	罕遇地震加速度
哈尔滨(松北、道里、南岗、道外、香坊、平房、呼兰、阿城),齐齐哈尔(建华、龙沙、铁锋、昂昂溪、富拉尔基、梅里斯),大庆(萨尔图、龙凤、让胡路、大同、红岗),鹤岗(向阳、兴山、工农、南山、兴安、东山),牡丹江(东安、爱民、阳明、西安),鸡西(鸡冠、恒山、滴道、梨树、城子河、麻山),佳木斯(前进、向阳、东风、郊区),七台河(桃山、新兴、茄子河),伊春(伊春区、乌马河区),鸡东、望奎、穆棱、绥芬河、东宁、宁安、五大连池、嘉荫、汤原、桦南、桦川、依兰、勃利、通河、方正、木兰、巴彦、延寿、尚志、宾县、安达、明水、绥棱、庆安、兰西、肇东、肇州、双城、五常、讷河、北安、甘南、富裕、龙江、黑河、青冈、海林	6	0.05g	0.07g
肇源	6	0.05g	0.09g
萝北,绥化,泰来	7	0.10g	0.13g

附录 B 场地分类和场地特征周期 T_g s

V_{se}(m/s)	d_{ov}/m																								场地类别
	<2.0	2.5	3.0	4.0	5.0	6.0	7.0	8.0	10.0	15.0	20.0	30.0	35.0	40.0	45.0	48.0	50.0	65.0	80.0	90.0	100.0	110.0	≥120.0		
≥510	0.25	0.25	0.25	0.25	0.25	0.25	0.25	0.25	0.25	0.25	0.25	0.25	0.25	0.25	0.25	0.25	0.25	0.25	0.25	0.25	0.25	0.25	0.25	≥510	I
500	0.25	0.25	0.25	0.25	0.25	0.25	0.25	0.25	0.25	0.25	0.25	0.25	0.26	0.26	0.26	0.26	0.26	0.26	0.26	0.26	0.26	0.26	0.26	500	
450	0.25	0.25	0.25	0.25	0.25	0.25	0.26	0.26	0.26	0.27	0.27	0.28	0.29	0.29	0.30	0.30	0.30	0.31	0.32	0.33	0.33	0.34	0.34	450	
400	0.25	0.25	0.25	0.25	0.25	0.26	0.26	0.26	0.26	0.27	0.28	0.31	0.32	0.33	0.34	0.35	0.35	0.37	0.38	0.39	0.40	0.41	0.41	400	II
350	0.25	0.25	0.25	0.25	0.25	0.26	0.26	0.26	0.27	0.28	0.30	0.32	0.33	0.34	0.35	0.36	0.36	0.38	0.39	0.40	0.40	0.41	0.42	350	
300	0.25	0.25	0.25	0.25	0.26	0.26	0.27	0.27	0.28	0.29	0.31	0.33	0.34	0.35	0.36	0.37	0.37	0.39	0.40	0.41	0.41	0.42	0.42	300	
275	0.25	0.25	0.25	0.25	0.26	0.26	0.27	0.27	0.28	0.30	0.32	0.34	0.35	0.36	0.37	0.38	0.38	0.40	0.41	0.42	0.42	0.43	0.43	275	
250	0.25	0.25	0.25	0.26	0.26	0.27	0.27	0.27	0.28	0.31	0.33	0.35	0.36	0.37	0.37	0.38	0.39	0.40	0.42	0.43	0.44	0.45	0.45	250	
225	0.25	0.25	0.25	0.26	0.27	0.27	0.28	0.28	0.29	0.32	0.34	0.36	0.37	0.38	0.38	0.39	0.40	0.41	0.43	0.44	0.45	0.46	0.47	225	
200	0.25	0.25	0.25	0.26	0.27	0.27	0.28	0.28	0.29	0.32	0.34	0.36	0.37	0.38	0.39	0.40	0.40	0.42	0.44	0.45	0.46	0.47	0.49	200	III
180	0.25	0.25	0.25	0.26	0.26	0.27	0.28	0.28	0.29	0.32	0.35	0.37	0.38	0.39	0.40	0.40	0.41	0.43	0.46	0.48	0.49	0.50	0.51	180	
160	0.25	0.25	0.25	0.26	0.27	0.28	0.29	0.30	0.31	0.33	0.36	0.38	0.39	0.40	0.41	0.42	0.42	0.46	0.49	0.51	0.53	0.55	0.57	160	
150	0.25	0.25	0.26	0.27	0.28	0.29	0.30	0.30	0.31	0.34	0.36	0.39	0.40	0.41	0.42	0.43	0.43	0.47	0.51	0.53	0.55	0.57	0.59	150	
140	0.25	0.25	0.26	0.27	0.28	0.29	0.30	0.30	0.31	0.34	0.36	0.39	0.40	0.42	0.43	0.44	0.44	0.48	0.52	0.54	0.56	0.58	0.60	140	
120	0.25	0.25	0.26	0.27	0.29	0.30	0.32	0.32	0.33	0.35	0.37	0.40	0.41	0.43	0.44	0.45	0.46	0.50	0.54	0.57	0.60	0.63	0.66	120	
100	0.25	0.25	0.26	0.28	0.29	0.31	0.33	0.33	0.34	0.36	0.38	0.41	0.43	0.44	0.46	0.47	0.48	0.52	0.57	0.60	0.63	0.66	0.69	100	
90	0.25	0.25	0.26	0.28	0.29	0.31	0.33	0.33	0.34	0.36	0.38	0.41	0.43	0.45	0.47	0.48	0.48	0.53	0.58	0.62	0.65	0.68	0.71	90	
85	0.25	0.25	0.26	0.28	0.30	0.32	0.34	0.34	0.35	0.36	0.38	0.42	0.43	0.45	0.48	0.49	0.49	0.54	0.60	0.64	0.67	0.71	0.74	85	
80	0.25	0.25	0.26	0.28	0.30	0.32	0.34	0.34	0.35	0.36	0.38	0.42	0.44	0.46	0.48	0.50	0.50	0.56	0.62	0.66	0.70	0.74	0.77	80	
70	0.25	0.25	0.26	0.28	0.30	0.32	0.34	0.34	0.35	0.37	0.39	0.43	0.44	0.46	0.50	0.51	0.51	0.58	0.65	0.70	0.74	0.81	0.83	70	IV
60	0.25	0.25	0.26	0.28	0.31	0.33	0.35	0.35	0.36	0.37	0.39	0.43	0.45	0.47	0.51	0.53	0.53	0.61	0.69	0.74	0.79	0.87	0.88	60	
50	0.25	0.25	0.26	0.28	0.31	0.33	0.35	0.35	0.36	0.38	0.40	0.44	0.45	0.47	0.52	0.54	0.55	0.64	0.72	0.78	0.84	0.94	0.94	50	
45	0.25	0.25	0.26	0.28	0.31	0.33	0.35	0.35	0.36	0.38	0.40	0.44	0.46	0.48	0.53	0.55	0.56	0.65	0.74	0.80	0.86	0.97	0.97	45	
40	0.25	0.25	0.26	0.28	0.31	0.33	0.35	0.35	0.36	0.38	0.40	0.44	0.46	0.48	0.54	0.56	0.56	0.66	0.76	0.82	0.88	1.0	1.0	40	
30	0.25	0.25	0.26	0.29	0.31	0.34	0.36	0.36	0.37	0.39	0.41	0.46	0.48	0.50	0.55	0.57	0.58	0.69	0.79	0.86	0.93	1.0	1.0	30	
	<2.0	2.5	3.0	4.0	5.0	6.0	7.0	8.0	10.0	15.0	20.0	30.0	35.0	40.0	45.0	48.0	50.0	65.0	80.0	90.0	100.0	110.0	≥120.0		
场地类别	I	II								III								IV							

附录 C 土层剪切波速的确定

C.1 重要的和大型的工程,应采用实测的土层剪切波速值。

C.2 一般的工程,宜采用实测的土层剪切波速值或按当地的经验公式由岩土性状、土层标准贯入实测值等资料确定土层剪切波速值。

C.3 次要的工程,当缺少当地土层剪切波速的经验公式时,可由岩土性状按下式估计土层剪切波速值:

$$V_{si} = ah_{si}^b \tag{C.3}$$

式中 V_{si}—— 第 i 土层的剪切波速,m/s;

       h_{si}—— 第 i 土层中点处的深度,m;

       a、b—— 土层剪切波速计算系数和计算指数,可按表 C.3 采用。

表 C.3 计算系数

岩土性状	系数名称	土的名称			
		黏性土	粉、细砂	中、粗砂	卵、砾、碎石
固结较差的流塑、软塑黏性土,松散、稍密的砂土	a	70	90	80	
	b	0.300	0.243	0.280	
软塑、可塑黏性土,中密或稍密的砂、砾、卵、碎石土	a	100	120	120	170
	b	0.300	0.243	0.280	0.243
硬塑、坚硬黏性土,密实的砂、卵、碎石土	a	130	150	150	200
	b	0.300	0.243	0.280	0.243
再胶结的砂、砾、卵、碎石、风化岩石	a	300 ~ 500			
	b	0.000			

附录 D　场地反应谱的阻尼修正

当建筑结构的阻尼比不等于 5% 时，场地设计谱值乘上以下的阻尼修正系数进行调整：

$$\eta = 1 + \frac{0.05 - \zeta}{0.08 + 1.6\zeta} \tag{D.1}$$

式中　η——阻尼修正系数，当小于 0.55 时，应取 0.55；

　　　ζ——阻尼比。

附录 E　推荐用于 Ⅰ、Ⅱ、Ⅲ、Ⅳ 类场地的设计地震动

推荐用于 Ⅰ、Ⅱ、Ⅲ、Ⅳ 类场地的设计地震动

场地类型	短周期结构输入 (0.0 ~ 0.5 s)			中周期结构输入 (0.5 ~ 1.5 s)			长周期结构输入 (1.5 ~ 5.5 s)		
	组号	记录名称	分量	组号	记录名称	分量	组号	记录名称	分量
Ⅰ	01	1995,乌苏地震 乌苏	NS EW # VERT	01	1988,澜沧余震 竹塘 B	NS # EW# Vert	01	1988,澜沧余震 竹塘 B	NS # EW# Vert
	02	1976, alaska subduction, kodiak, u. s. naval	260 # 350 Vert	02	1976, alaska subduction, kodiak, u. s. naval	260 # 350# Vert	02	1988,澜沧余震 竹塘 C	NS EW# Vert
	03	1988,澜沧余震 竹塘 A	NS # EW Vert	03	1988,澜沧余震 竹塘 C	NS EW# Vert	03	1976, alaska subduction, kodiak, u. s. naval	260 # 350# Vert
Ⅱ	01	1980, Livermore Valley Antioch	090 # 360 # Vert	01	1981, Westmoreland Parachute Test Site	225 315 # Vert	01	1981, Westmoreland Parachute Test Site	225 # 315 # Vert
	02	1981, Westmoreland Parachute Test Site	225 315 # Vert	02	1980, Livermore Valley Antioch	090 # 360 Vert	02	1988,耿马余震 勐省	NS # EW Vert
	03	1986, LNorth Palm Springs North Palm Springs	0 # 90 Vert	03	1986, North Palm Springs North Palm Springs	0 # 90 Vert	03	1986, North Palm Springs North Palm Springs	0 # 90 Vert

续表

场地类型	短周期结构输入 (0.0～0.5 s)			中周期结构输入 (0.5～1.5 s)			长周期结构输入 (1.5～5.5 s)		
	组号	记录名称	分量	组号	记录名称	分量	组号	记录名称	分量
Ⅲ	01	1986, North Palm Springs Indio C. C	0 # / 90 / Vert	01	1980, Livermore Valley Tracy	093 # / 183 / Vert	01	1986, North Palm Springs Indio C. C	0 # / 90 # / Vert
	02	1980, Livermore Valley San Ramon	146 / 266 # / Vert	02	1986, North Palm Springs Indio C. C	0 # / 90 / Vert	02	1980, Livermore Valley Tracy	093 # / 183 / Vert
	03	1981, Westmoreland Salton Sea Wildlife Refuge	225 / 315 # / Vert	03	1980, Livermore Valley San Ramon	146 / 266 # / Vert	03	1980, Livermore Valley San Ramon	146 / 266 # / Vert
Ⅳ	01	1987, whittier narrows imperial highway, northwalk	90 # / 360 / Vert	01	1981, Westmoreland. CA Westmoreland	90 # / 180 / Vert	01	1981, Westmoreland. CA Westmoreland	90 # / 180 # / Vert
	02	1981, Westmoreland. CA Westmoreland	90 # / 180 / Vert	02	1987, whittier narrows rancho los cerritos	90 # / 360 / Vert	02	1976, 肃南余震 文县一中	S60E # / S30E / Vert
	03	1987, whittier narrows rancho los cerritos	90 # / 360 / Vert	03	1987, whittier narrows imperial highway, northwalk	90 # / 360 / Vert	03	1987, whittier narrows rancho los cerritos	90 # / 360 / Vert

附录 F　Seed 提出的液化判别简化法

F.0.1　按简化法判别液化要求的已知条件如下：

1　土层柱状图；

2　地下水位埋深 d_w，m；

3　各层土的有效重力密度 γ'，kN/m^3；

4　饱和砂土或粉土的标准贯入试验锤击数 N；

5　设计基本地震加速度 A，m/s^2。

F.0.2　判别液化的方法如下：

1　如果符合下列条件，则饱和砂土或粉土被判为会发生液化：

$$\tau_{hv,eq} \geq [\tau_{hv,d}] \qquad (F.0.2-1)$$

式中　$\tau_{hv,eq}$——地震时检验点所受的等价地震水平剪应力，按式（F.0.2-2）计算；

　　　$[\tau_{hv,d}]$——引起液化所要求的地震水平剪应力，按式（F.0.2-6）计算。

2　地震时检验点所受的等价地震水平剪应力按下式计算：

$$\tau_{hv,eq} = 0.65 \gamma_d \frac{A}{g} \sigma_v \qquad (F.0.2-2)$$

式中　g——重力加速度，m/s^2；

　　　γ_d——考虑土为变形体引进的修正系数，按下式计算：

$$\begin{cases} \gamma_d = 1.0 - 0.00765 d_s, d_s \leq 9.15 \text{ m} \\ \gamma_d = 1.174 - 0.0267 d_s, d_s < d_d \leq 23 \text{ m} \end{cases} \qquad (F.0.2-3)$$

　　　σ_v——检验点的上覆总应力（kPa），按下式计算：

$$\sigma_v = \sigma'_v + \gamma_w(d_s - d_w) \qquad (F.0.2-4)$$

$$\sigma'_v = \sum_{i=1}^{n} \gamma'_i h_i \qquad (F.0.2-5)$$

式中　γ_w——水的重力密度，kN/m^3；

　　　σ'_v——检验点的上覆有效应力，kPa；

　　　n——将检验点以上的土层划分的子层层数；

　　　γ'_i、h_i——第 i 个子土层的有效重力密度，kN/m^3；

　　　h_i——第 i 个子层厚度，m。

3　引起检验点饱和砂土或粉土液化所要求的地震水平剪应力按下式确定：

$$[\tau_{hv,d}] = FE \left[\frac{\tau_{hv,d}}{\sigma'_v} \right]_{cr} \sigma'_v \qquad (F.0.2-6)$$

式中　FE——地震特性影响系数，取为 1.32；

　　　$\left[\dfrac{\tau_{hv,d}}{\sigma'_v} \right]_{cr}$——震级为 7.5 级时临界液化应力比，由图（F.0.2）根据修正标准贯入锤

击数 N_1 确定。修正贯入锤击数 N_1 由实测标准贯入锤击数 N 按下式确定：

$$N_1 = \left(\frac{\sigma'_v}{p_a}\right)^{f-1} N \qquad (F.0.2-7)$$

式中 p_a—— 大气压力（kPa）；

f—— 与砂土相对密度 D_γ 有关的参数：

$$D_\gamma \leq 40\%, \quad f = 0.8$$
$$40\% < D_\gamma \leq 60\%, \quad f = 0.7$$
$$60\% < D_\gamma \leq 80\%, \quad f = 0.6$$

对于粉土，还应将由式（F.0.2-7）求得的修正标准贯入锤击数 N_1 按式（F.0.2-8）转化成等价砂土的修正标准贯入锤击数 $N_{1,eq}$，再以 $N_{1,eq}$ 代替 N_1 由图（F.0.2）确定临界液化应力比 $\left[\frac{\tau_{hv,d}}{\sigma'_v}\right]_{cr}$。等价修正标准贯入锤击数 $N_{1,eq}$ 按下式计算：

$$N_{1,eq} = \alpha + \beta N_1 \qquad (F.0.2-8)$$

当 $FC \leq 5$ 时：

$$\alpha = 0, \quad \beta = 1 \qquad (F.0.2-9)$$

当 $5 < FC \leq 35$ 时：

$$\begin{cases} \alpha = \exp\left(1.76 - \dfrac{190}{FC^2}\right) \\ \beta = 0.99 + \dfrac{FC^{1.5}}{1000} \end{cases} \qquad (F.0.2-10)$$

当 $FC \geq 35$：

$$\alpha = 0.5, \beta = 1.2 \qquad (F.0.2-11)$$

式中 FC—— 细粒含量的百分数值，细粒指粒径尺寸小于0.075 mm 的颗粒。

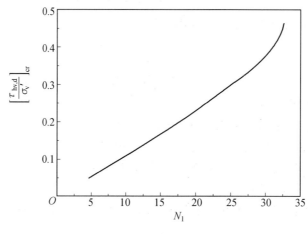

图 F.0.2 $\left[\dfrac{\tau_{hv,d}}{\sigma'_v}\right]_{cr} - N_1$ 关系曲线

F.0.3 采用 Seed 简化法确定临界标准贯入击数 N_{cr} 的方法如下。

    1 按下式确定临界液化剪应力比：

$$\left[\frac{\tau_{hv,d}}{\sigma'_v}\right]_{cr} = 0.65\gamma_d \frac{1}{FE}\frac{A}{g}\frac{\sigma_v}{\sigma'_v} \qquad (F.0.3-1)$$

2　根据临界液化剪应力比由图(F.0.2)确定出相应的修正标准贯入锤击数 N_1。对于饱和砂土, N_1 即为临界液化的修正标准贯入锤击数 $N_{1,cr}$; 对于饱和粉土, N_1 为等价砂土的临界液化的修正标准贯入锤击数 $N_{1,cr,eq}$, 其临界液化的修正标准贯入锤击数 $N_{1,cr}$ 按下式确定:

$$N_{1,cr} = \frac{N_{1,cr,eq} - \alpha}{\beta} \qquad (F.0.3-2)$$

3　临界液化的标准贯入锤击数按下式确定:

$$N_{cr} = \left(\frac{\sigma'_v}{p_a}\right)^{(1-f)} N_{1,cr} \qquad (F.0.3-3)$$

附录 G 单层厂房横向平面排架地震作用效应调整

G.1 基本自振周期的调整

按平面排架计算厂房的横向地震作用时,排架的基本自振周期应考虑纵墙及屋架与柱连接的固结作用,可按下列规定进行调整:

    1 由钢筋混凝土屋架或钢屋架与钢筋混凝土柱组成的排架,有纵墙时取周期计算值的 80% ,无纵墙时取 90% ;

    2 由钢筋混凝土屋架或钢屋架与砖柱组成的排架,取周期计算值的 90% ;

    3 由木屋架、钢木屋架或轻钢屋架与砖柱组成排架,取周期计算值。

G.2 排架柱地震剪力和弯矩的调整系数

G.2.1 钢筋混凝土屋盖的单层钢筋混凝柱厂房,按 G.1.1 确定基本自振周期且按平面排架计算的排架柱地震剪力和弯矩,当符合下列要求时,可考虑空间工作和扭转影响,并按 G.2.3 的规定调整:

    1 抗震设计类别为 A 类、B 类和 C 类;

    2 厂房单元屋盖长度与总跨度之比小于 8 或厂房总跨度大于 12 m;

    3 山墙的厚度不小于 240 mm,开洞所占的水平截面面积不超过总面积 50% ,并与屋盖系统有良好的连接;

    4 柱顶高度不大于 15 m。

    注:1 屋盖长度指山墙到山墙的间距,仅一端有山墙时,应取所考虑排架至山墙的距离;

        2 高低跨相差较大的不等高厂房,总跨度可不包括低跨。

G.2.2 钢筋混凝土屋盖和密铺望板瓦木屋盖的单层砖柱厂房,按 G.1.1 确定基本自振周期且按平面排架计算的排架柱地震剪力和弯矩,当符合下列要求时,可考虑空间工作,并按第 G.2.3 条的规定调整:

    1 抗震设计类别为 A 类、B 类和 C 类;

    2 两端均有承重山墙;

    3 山墙或承重(抗震)横墙的厚度不小于 240 mm,开洞所占的水平截面面积不超过总面积 50% ,并与屋盖系统有良好的连接;

    4 山墙或承重(抗震)横墙的长度不宜小于其高度;

    5 单元屋盖长度与总跨度之比小于 8 或厂房总跨度大于 12 m。

    注:屋盖长度指山墙到山墙或承重(抗震)横墙的间距。

G.2.3　排架柱的剪力和弯矩应分别乘以相应的调整系数,除高低跨度交接处上柱以外的钢筋混凝土柱,其值可按表 G.2.3 – 1 采用,两端均有山墙的砖柱,其值可按表 G.2.3 – 2 采用。

表 G.2.3 – 1　钢筋混凝土柱(除高低跨交接处)考虑空间作用和
扭转影响的效应调整系数

屋盖	山墙		屋盖长度 /m											
			≤ 30	36	42	48	54	60	66	72	78	84	90	96
钢筋混凝土无檩屋盖	两端山墙	等高厂房			0.75	0.75	0.75	0.8	0.8	0.8	0.85	0.85	0.85	0.9
		不等高厂房			0.85	0.85	0.85	0.9	0.9	0.9	0.95	0.95	0.95	1.0
	一端山墙		1.05	1.15	1.2	1.25	1.3	1.3	1.3	1.3	1.35	1.35	1.35	1.35
钢筋混凝土有檩屋盖	两端山墙	等高厂房			0.8	0.85	0.9	0.95	0.95	1.0	1.0	1.05	1.05	1.1
		不等高厂房			0.85	0.9	0.95	1.0	1.0	1.05	1.05	1.1	1.1	1.15
	一端山墙		1.0	1.05	1.1	1.1	1.15	1.15	1.2	1.2	1.2	1.25	1.25	1.25

表 G.2.3 – 2　砖柱考虑空间作用的效应调整系数

屋盖类型	山墙或承重(抗震)横墙距 /m										
	≤ 12	18	24	30	36	42	48	54	60	66	72
钢筋混凝土无檩屋盖	0.60	0.65	0.70	0.75	0.80	0.85	0.85	0.90	0.95	0.95	1.00
钢筋混凝土有檩屋盖或密铺望板瓦木屋盖	0.65	0.70	0.75	0.80	0.90	0.95	0.95	1.00	1.05	1.05	1.10

G.2.4　高低跨交接处的钢筋混凝土柱的支承低跨屋盖牛腿以上各截面,按底部剪力法求得的地震剪力和弯矩应乘以增大系数,其值可按下式采用:

$$\eta = \zeta \left(1 + 1.7 \frac{n_h}{n_0} \cdot \frac{G_{EL}}{G_{Eh}} \right) \qquad (\text{G.2.4})$$

式中　　η——地震剪力和弯矩的增大系数；

ζ——不等高厂房低跨交接处的空间工作影响系数，可按表 G.2.4 采用；

n_h——高跨的跨数；

n_0——计算跨数，仅一侧有低跨时应取总跨数，两侧均有低跨时应取总跨数与高跨跨数之和；

G_{EL}——集中于交接处一侧各低跨屋盖标高处的总重力荷载代表值；

G_{Eh}——集中于高跨柱顶标高处的总重力荷载代表值。

表 G.2.4　高低跨交接处钢筋混凝土上柱空间工作影响系数

屋盖类型	山墙	山墙或承重（抗震）横墙距 /m										
		≤36	42	48	54	60	66	72	78	84	90	96
钢筋混凝土无檩屋盖	两端山墙	—	0.7	0.76	0.82	0.88	0.94	1.0	1.06	1.06	1.06	1.06
	一端山墙	1.25										
钢筋混凝土有檩屋盖	两端山墙	—	0.9	1.0	1.05	1.1	1.1	1.15	1.15	1.15	1.2	1.2
	一端山墙	1.05										

G.3　吊车桥架引起的地震作用效应的增大系数

G.3.1　钢筋混凝土柱单层厂房的吊车梁顶标高处的上柱截面，由吊车桥架引起的地震剪力和弯矩应乘以增大系数，当按底部剪力法等简化计算方法计算时，其值可按表 G.3.1 采用。

表 G.3.1　桥架引起的地震剪力和弯矩增大系数

屋盖类型	山墙	边柱	高低跨柱	其他中柱
钢筋混凝土无檩屋盖	两端山墙	2.0	2.5	3.0
	一端山墙	1.5	2.0	2.5
钢筋混凝土有檩屋盖	两端山墙	1.5	2.0	2.5
	一端山墙	1.5	2.0	2.0

附录 H 单层钢筋混凝土柱厂房纵向抗震验算

H.1 厂房纵向抗震计算的修正刚度法

H.1.1 纵向基本自振周期的计算

按本附录计算单跨或等高多跨的钢筋混凝土柱厂房纵向地震作用时,在柱顶标高不大于 15 m 且平均跨度不大于 30 m 时,纵向基本周期可按下列公式确定:

1 砖围护墙厂房可按下式计算:

$$T_1 = 0.23 + 0.000\,25\psi_1 l\sqrt{H^3} \qquad (\text{H.}1.1-1)$$

式中 ψ_1——屋盖类型系数,大型屋面板钢筋混凝土屋架可采用 1.0,钢屋架采用 0.85;

T_1——厂房跨度(m),多跨厂房可取各跨的平均值;

H——基础顶面至柱顶的高度(m)。

2 敞开、半敞开或墙板与柱子柔性连接的厂房,可按第 1 款式(H.1.1-1)进行计算并乘以下列围护墙影响系数:

$$\psi_2 = 2.6 - 0.002l\sqrt{H^3} \qquad (\text{H.}1.1-2)$$

式中 ψ_2——围护墙影响系数,小于 1.0 时应采用 1.0。

H.1.2 柱列地震作用的计算

1 等高多跨钢筋混凝土屋盖的厂房,各纵向柱列的柱顶标高处的地震作用标准值,可按下列公式确定:

$$F_i = \alpha_1 G_{eq} \frac{K_{ai}}{\sum K_{ai}} \qquad (\text{H.}1.2-1)$$

$$K_{ai} = \psi_3\psi_4 K_i \qquad (\text{H.}1.2-2)$$

式中 F_i——i 柱列柱顶标高处的纵向地震作用标准值;

α_1——相应于厂房纵向基本自振周期的水平地震影响系数,应按《建筑抗震设计规范》(GB 50011)第 5.1.5 条确定;

G_{eq}——厂房单元柱列总等效重力荷载代表值应包括按第 5.1.3 条确定的屋盖重力荷载代表值、70% 纵墙自重、50% 横墙与山墙自重及折算的柱自重(有吊车时采用 10% 柱自重,无吊车时采用 50% 柱自重);

K_i——i 柱列柱顶的总侧移刚度,应包括 i 柱列内柱子和上、下柱间支撑的侧刚度及纵墙的折减侧移刚度的总和,贴砌的砖围护墙侧移刚度的折减系数,可根据柱列侧移值的大小,K_i 采用 0.6;

K_{ai}——i 柱列柱顶的调整侧移刚度;

ψ_3——柱列侧移刚度的围护墙影响系数,可按表 H.1.2-1 采用;有纵向砖围护墙

的四跨或五跨厂房,由边柱列数起的第三柱列,可按表内相应数值的 1.15 倍采用;

ψ_4——柱列侧移刚度的柱间支撑影响系数,纵向为砖围护墙时,边柱列可采用 1.0,中柱列可按表 H.1.2 – 2 采用。

表 H.1.2 – 1　围护墙影响系数

围护墙类别和抗震设计类别		柱列和屋盖类别				
			中柱列			
			无檩屋盖		有檩屋盖	
240 砖墙	370 砖墙	边柱列	边跨无天窗	边跨有天窗	边跨无天窗	边跨有天窗
	B 类	0.85	1.7	1.8	1.8	1.9
B 类		0.85	1.5	1.6	1.6	1.7
无墙、石棉瓦或挂板		0.90	1.1	1.1	1.2	1.2

表 H.1.2 – 2　纵向采用砖围护墙的中柱列柱间支撑影响系数

厂房单元内设置下柱支撑的柱间数	中柱列下柱支撑斜杆的长细比					中柱列无支撑
	≤ 40	41 ~ 80	81 ~ 120	121 ~ 150	> 150	
一柱间	0.9	0.95	1.0	1.1	1.25	1.4
二柱间			0.9	0.95	1.0	

2　等高多跨钢筋混凝土屋盖厂房,柱列各吊车梁顶标高处的纵向地震作用标准边柱列值,可按下式确定:

$$F_{ci} = \alpha_1 G_{ci} \frac{H_{ci}}{\sum H_i} \qquad (H.1.2 – 3)$$

式中　F_{ci}——i 柱列在吊车梁顶标高处的纵向地震作用标准值;

G_{ci}——集中于 i 柱列吊车梁顶标高处的等效重力荷载代表值,应包括按《建筑抗震设计规范》(GB 50011) 第 5.1.3 条确定的吊车梁与悬吊物的重力荷载代表值和 40% 柱子自重;

H_{ci}——i 柱列吊车梁顶高度;

H_i——i 柱列柱顶高度。

H.2　柱间支撑地震作用效应及验算

H.2.1　斜杆长细比不大于 200 的柱间支撑在单位侧力作用下的水平位移,可按下式确定:

$$u = \sum \frac{1}{1 + \varphi_i} u_{ti} \qquad (H.2.1)$$

式中　u——单位侧力作用点的位移;

φ_i——i 节间斜杆轴心受压稳定系数,应按现行国家标准《钢结构设计规范》采用;

u_{ti}——单位侧力作用下 i 节间仅考虑拉杆受力的相对位移。

H.2.2　长细比不大于 200 的斜杆截面可仅按抗拉验算,但应考虑压杆的卸载影响,其拉力可按下式确定:

$$N_\mathrm{t} = \frac{l_i}{(1 + \psi_\mathrm{c}\varphi_i)s_\mathrm{c}}V_{\mathrm{b}i} \qquad (\mathrm{H.\,2.2})$$

式中 N_t——i 节间支撑斜杆抗拉验算时的轴向拉力设计值；

l_i——i 节间斜杆的全长；

ψ_c—— 压杆卸载系数，压杆长细比为 60、100 和 200 时，可分别采用 0.7、0.6 和 0.5；

$V_{\mathrm{b}i}$——i 节间支撑承受的地震剪力设计值；

s_c—— 支撑所在柱间的净距。

H.2.3 无贴砌墙的纵向柱列，上柱支撑与同列下柱支撑宜等强设计。

H.3　柱间支撑端节点预埋件的截面抗震验算

H.3.1 柱间支撑与柱连接节点预埋件的锚件采用锚筋时，其截面抗震承载力宜按下列公式验算：

$$N \leqslant \frac{0.8f_\mathrm{y}A_\mathrm{s}}{\dfrac{\cos\theta}{0.8\zeta_\mathrm{m}\psi} + \dfrac{\sin\theta}{\zeta_\mathrm{r}\zeta_\mathrm{v}}} \qquad (\mathrm{H.3-1})$$

$$\psi = \frac{1}{1 + \dfrac{0.6e_0}{\zeta_\mathrm{r}s}} \qquad (\mathrm{H.3-2})$$

$$\zeta_\mathrm{m} = 0.6 + 0.25t/d \qquad (\mathrm{H.3-3})$$

$$\zeta_\mathrm{v} = (4 - 0.08d)\sqrt{f_\mathrm{c}/f_\mathrm{y}} \qquad (\mathrm{H.3-4})$$

式中 A_s—— 锚筋总截面面积；

N—— 预埋板的斜向拉力，可采用全截面屈服点强度计算的支撑斜杆轴向力的 1.05 倍；

e_0—— 斜向拉力对锚筋合力作用线的偏心距，应小于外排锚筋之间距离的 20%，mm；

θ—— 斜向拉力与其水平投影的夹角；

ψ—— 偏心影响系数；

s—— 外排锚筋之间的距离，mm；

ζ_m—— 预埋板弯曲变形影响系数；

t—— 预埋板厚度，mm；

D—— 锚筋直径，mm；

ζ_r—— 验算方向锚筋排数的影响系数，二、三和四排可分别采用 1.0、0.9 和 0.85；

ζ_v—— 锚筋的受剪影响系数，大于 0.7 时应采用 0.7。

H.3.2 柱间支撑与柱连接节点预埋件的锚件采用角钢加端板时，其截面抗震承载力宜按下列公式验算：

$$N \leqslant \frac{0.7}{\dfrac{\cos\theta}{N_{\mathrm{u}0}\psi} + \dfrac{\sin\theta}{V_{\mathrm{u}0}}} \qquad (\mathrm{H.3-5})$$

$$V_{\mathrm{u}0} = 3n\zeta_\mathrm{r}\sqrt{W_{\min}bf_\mathrm{a}f_\mathrm{c}} \qquad (\mathrm{H.3-6})$$

$$N_{u0} = 0.8nf_aA_s \qquad\qquad (\text{H.3}-7)$$

式中 n—— 角钢根数；

         b—— 角钢肢宽；

         W_{min}—— 与剪力方向垂直的角钢最小截面模量；

         A_s—— 一根角钢的截面面积；

         f_a—— 角钢抗拉强度设计值。

附录 J 单层砖柱厂房纵向抗震计算的修正刚度法

J.0.1 本附录适用于钢筋混凝土无檩或有檩屋盖等高多跨单层砖柱厂房的纵向抗震验算。

J.0.2 单层砖柱厂房的纵向基本自振周期可按下式计算:

$$T_1 = 2\psi_\mathrm{T} \sqrt{\frac{\sum G_\mathrm{s}}{\sum K_\mathrm{s}}} \qquad (\mathrm{J}.0.2)$$

式中 ψ_T —— 周期修正系数,按表 J.0.2 采用;

  G_s —— 第 s 柱列的集中重力荷载,包括柱列左右各半跨的屋盖和山墙重力荷载,及按动能等效原则换算集中到柱顶或墙顶处的墙、柱重力荷载;

  K_s —— 第 s 柱列的侧移刚度。

表 J.0.2 厂房纵向基本自振周期修正系数

屋盖类型	钢筋混凝土无檩屋盖		钢筋混凝土有檩屋盖	
	边跨无天窗	边跨有天窗	边跨无天窗	边跨有天窗
周期修正系数	1.3	1.35	1.4	1.45

J.0.3 单层砖柱厂房纵向总水平地震作用标准值可按下式计算:

$$F_\mathrm{Ek} = \alpha_1 \sum G_\mathrm{s} \qquad (\mathrm{J}.0.3)$$

式中 α_1 —— 相应于单层砖柱厂房纵向基本自振周期 T_1 的地震影响系数;

  G_s —— 按照柱列底部剪力相等原则,第 s 柱列换算集中到墙顶处的重力荷载代表值。

J.0.4 沿厂房纵向第 s 柱列上端的水平地震作用可按下式计算:

$$F_\mathrm{s} = \frac{\psi_\mathrm{s} K_\mathrm{s}}{\sum \psi_\mathrm{s} K_\mathrm{s}} F_\mathrm{Ek} \qquad (\mathrm{J}.0.4)$$

式中 ψ_s —— 反映屋盖水平变形影响的柱列刚度调整系数,根据屋盖类型和各柱列的纵墙设置情况,按表 J.0.4 采用。

表 J.0.4 柱列刚度调整系数

纵墙设置情况		屋盖类型			
		钢筋混凝土无檩屋盖		钢筋混凝土有檩屋盖	
		边柱列	中柱列	边柱列	中柱列
砖柱敞棚		0.95	1.1	0.9	1.6
各柱列均为带壁柱砖墙		0.95	1.1	0.9	1.2
边柱列为带壁柱砖墙	中柱列的纵墙不少于4开间	0.7	1.4	0.75	1.5
	中柱列的纵墙少于4开间	0.6	1.8	0.65	1.9

附录 K 钢筋混凝土烟囱重力二次效应 计算方法

K.0.1 本附录适用于钢筋混凝土烟囱因地震作用、风荷载、日照和基础倾斜引起的重力二次效应的计算。

K.0.2 重力二次效应在烟囱计算截面 i 引起的弯矩可按下式计算：

$$M_{Eai} = \frac{q_i (H - h_i)^2 \pm \gamma_{Ev} F_{Evik}(H - h_i)}{2} \left[\frac{H + 2h_i}{3} \left(\frac{1}{\rho_{Ec}} + \frac{\alpha_c \Delta T}{d} \right) + \tan \theta \right] \quad (K.0.2)$$

式中 M_{Eai}—— 重力二次效应在烟囱任意截面 i 引起的附加弯矩；

   q_i—— 距筒顶 $(H - h_i)/3$ 处的折算重力线荷载，可按 K.0.3 条方法计算；

   H—— 筒身高度，m；

   h_i—— 计算截面 i 的高度，m；

   γ_{Ev}—— 竖向地震作用分项系数；

   F_{Evik}—— 计算截面 i 竖向地震作用标准值；

   $1/\rho_{Ec}$—— 考虑地震作用时，筒身代表截面的变形曲率，可按式（K.0.4）计算；

   α_c—— 混凝土的线膨胀系数；

   ΔT—— 日照产生的筒身阴阳面温度差，应按实测数据采用，无实测数据时可取 20 ℃；

   d—— 高度为 0.4H 处的筒身外直径，m；

   $\tan \theta$—— 基础倾斜值，采用《建筑地基基础设计规范》（GB 50007）的规定值。

K.0.3 烟囱的折算重力线荷载可按下式计算：

$$q_i = \frac{2(H - h_i)}{3H}(q_0 - q_1) + q_1 \quad (K.0.3 - 1)$$

$$q_0 = G_k/H \quad (K.0.3 - 2)$$

$$q_1 = G_{1k}/h_1 \quad (K.0.3 - 3)$$

式中 q_0—— 筒身总平均重力线荷载，kN/m；

   q_1—— 筒身顶部第一节平均重力线荷载，kN/m；

   G_k、G_{1k}—— 筒身和顶部第一节重力荷载标准值。

K.0.4 烟囱筒身代表截面处的变形曲率可按式（K.0.4）计算，计算中可假定附加弯矩初值为 $0.35M_E$，迭代求解。

$$\frac{1}{\rho_{Ec}} = \frac{M_E + \psi_{cWE} M_W + M_{Ea}}{0.25 E_{ct} I} \quad (K.0.4)$$

式中 M_E—— 筒身代表截面处的地震弯矩设计值，kN·m；

   M_{Ea}—— 筒身代表截面处的地震附加弯矩设计值，kN·m；

E_{ct}—— 筒身代表截面处筒壁混凝土考虑温度作用的弹性模量，kN/m^2；

ψ_{cWE}—— 风荷载组合系数，取 0.2；

I—— 筒身代表截面惯性矩。

K.0.5 烟囱筒身代表截面可按下列规定确定：

1 当筒身各段坡度均不超过 3% 时，若筒身无烟道孔、代表截面可取筒底端截面，若筒身有烟道孔、代表截面可取孔口上一节的底部截面；

2 当筒身下部 $H/4$ 范围内含坡度大于 3% 的筒节时，若筒身坡度小于 3% 的区段内无烟道孔、代表截面可取该区段筒底截面，若筒身坡度小于 3% 的区段内有烟道孔、代表截面可取孔口上一节的筒底截面。

K.0.6 当烟囱筒身坡度不符合第 K.0.5 条情况时，筒身附加弯矩可根据各截面的水平位移，考虑包括竖向地震作用在内的竖向荷载，按弯矩定义计算。

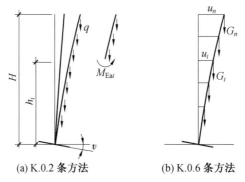

(a) K.0.2 条方法　　(b) K.0.6 条方法

图 K　重力二次效应附加弯矩

附录 L 配筋混凝土小型空心砌块 抗震墙房屋抗震设计要求

L.1 一 般 要 求

L.1.1 配筋混凝土小型空心砌块抗震墙房屋应根据设计地震动参数和建筑使用功能分类,按本规范表 3.1.4 确定其抗震设计类别,并应符合相应的计算和构造措施要求。

L.1.2 本附录适用的配筋混凝土小型空心砌块抗震墙房屋的最大高度应符合表 L.1.2-1 规定,且房屋总高度与总宽度的比值不宜超过表 L.1.2-2 的规定;对横墙较少或建造于四类场地的房屋适用的最大高度应适当降低。

表 L.1.2-1 配筋混凝土小型空心砌块抗震墙房屋适用的最大高度 m

最小墙厚/mm	抗震设计类别		
190	A	B	C
	60	55	40

注:1 房屋高度超过表内高度时,应进行专门研究和论证,并采取有效加强措施

2 某层或几层开间大于 6.0 m 以上的房间建筑面积占相应层建筑面积 40% 以上时,表中数据相应减少 6 m

3 房屋高度指室外地面到主要屋面板板顶的高度(不包括局部突出屋顶部分)

表 L.1.2-2 配筋混凝土小型空心砌块抗震墙房屋的最大高宽比

抗震设计类别	A	B	C
最大高宽比	4.5	4.0	3.0

注:房屋的平面布置和竖向布置不规则时应适当减小最大高宽比

L.1.3 房屋应避免采用本规范 6.1 节规定的不规则建筑结构方案,并应符合下列要求:

1 平面形状宜简单、规则,凹凸不宜过大;竖向布置宜规则、均匀,避免过大的外挑和内收。

2 纵横向抗震墙宜拉通对直;每个独立墙段不宜大于 8 m,也不宜小于墙厚的 5 倍;每个独立墙段的总高度与墙段长度之比不宜小于 2;门洞口宜上下对齐,成列布置。

3 采用现浇钢筋混凝土楼、屋盖时,房屋抗震墙的最大间距,应符合表 L.1.3 的要求。

表 L.1.3 抗震横墙的最大间距 m

抗震设计类别	A	B	C
最大间距	15	13	11

L.1.4 房屋宜选用规则、合理的建筑结构方案,不设防震缝;当需要设防震缝时,其最小宽度应符合下列要求:

1 当房屋高度不超过 24 m 时,可采用 100 mm;

2 当房屋高度超过 24 m 时,抗震设计类别为 A 类、B 类、C 类 相应每增加 6 m、5 m、4 m,宜加宽 20 mm。

L.1.5 配筋混凝土小型空心砌块抗震墙房屋的层高应符合下列要求:

1 底部加强部位的层高,抗震设计类别为 C 类时不宜大于 3.2 m,为 A 类、B 类时不应大于 3.9 m。

2 其他部位的层高,抗震设计类别为 C 类时不应大于3.9 m,为 A 类、B 类时不应大于 4.8 m。

注:底部加强部位指不小于房屋高度的 1/6 且不小于底部二层的高度范围,房屋总高度小于 21 m 时取一层。

L.2 计 算 要 点

L.2.1 配筋混凝土小型空心砌块抗震墙房屋抗震计算时,应按本节规定调整地震作用效应;抗震设计类别为 A 类时可不做抗震验算,但应按本附录的有关要求采取抗震构造措施。配筋混凝土小砌块抗震墙房屋应进行设防地震作用下的抗震变形验算,其楼层内最大的弹性层间位移角,底层不宜超过 1/1 200,其他楼层不宜超过 1/800。

L.2.2 配筋混凝土小型空心砌块抗震墙承载力计算时,底部加强部位截面的组合剪力设计值应按下列规定调整:

$$V = \eta_{vW} V_W \tag{L.2.2}$$

式中 V——抗震墙底部加强部位截面组合的剪力设计值;

V_W——抗震墙底部加强部位截面组合的剪力计算值;

η_{vW}——剪力增大系数,按表 L.2.2 取值。

表 L.2.2 剪力增大系数 η_{vW}

抗震设计类别及房屋高度	η_{vW}
C 类, > 24 m	1.5
C 类, ≤ 24 m;B 类, > 24 m	1.35
B 类, ≤ 24 m;A 类, > 24 m	1.2
A 类, ≤ 24 m	1.0

L.2.3 配筋混凝土小型空心砌块抗震墙截面组合的剪力设计值,应符合下列要求:

1 剪跨比大于2:

$$V \leqslant (0.2 f_{gc} b_w h_w)/\gamma_{RE} \tag{L.2.3-1}$$

2 剪跨比不大于2:

$$V \leqslant (0.15 f_{gc} b_w h_w)/\gamma_{RE} \tag{L.2.3-2}$$

式中 f_{gc}——灌芯小砌块砌体抗压强度设计值;

b_w——抗震墙截面宽度;

h_w——抗震墙截面高度;

γ_{RE}——承载力抗震调整系数,取 0.85。

注:剪跨比应按本规范式(8.2.5-3)计算。

L.2.4 偏心受压配筋混凝土小型空心砌块抗震墙截面受剪承载力,应按下列公式验算:

$$V \leqslant \frac{1}{\lambda - 0.5}(0.48f_{gv}b_wh_w + 0.1N) + 0.72f_{yh}\frac{A_{sb}}{s}h_{w0} \quad (L.2.4-1)$$

$$0.5V \leqslant \left(0.72f_{yh}\frac{A_{sb}}{s}h_{w0}\right)/\gamma_{RE} \quad (L.2.4-2)$$

式中　N——抗震墙轴向压力设计值,取值不大于 $0.2f_{gv}b_wh_w$;

　　　λ——计算截面处的剪跨比,当小于 1.5 时取 1.5,当大于 2.2 时取 2.2;

　　　f_{gv}——灌芯小砌块砌体抗剪强度设计值,可取 $f_{gv} = 0.2f_{gc}^{0.55}$;

　　　A_{sb}——同一截面的水平钢筋截面面积;

　　　s——水平分布筋间距;

　　　f_{yh}——水平分布筋抗拉强度设计值;

　　　h_{w0}——抗震墙截面有效高度;

　　　γ_{RE}——承载力抗震调整系数,取 0.85。

L.2.5　配筋小型空心砌块抗震墙跨高比大于2.5的连梁宜采用钢筋混凝土连梁,其截面组合的剪力设计值和斜截面受剪承载力,应符合现行国家标准《混凝土结构设计规范》(GB 50010)对连梁的有关规定。

L.3　抗震构造措施

L.3.1　配筋小型空心砌块抗震墙房屋的灌芯混凝土,应采用坍落度大、流动性和和易性好,并与砌块结合良好的混凝土,灌芯混凝土的强度等级不应低于C20。

L.3.2　配筋小型空心砌块房屋的墙段底部(高度不小于房屋高度的1/6且不小于二层的高度),应按加强部位配置水平和竖向钢筋。

L.3.3　配筋小型空心砌块抗震墙横向和竖向钢筋的配置,应符合下列要求:

　1　竖向钢筋可采用单排布置,最小直径12 mm;其最大间距600 mm,顶层和底层应适当减小。

　2　水平钢筋宜双排布置,最小直径8 mm;其最大间距600 mm,顶层和底层不应大于400 mm。

　3　竖向、横向的分布钢筋的最小配筋率,应符合表 L.3.3 的要求。

表 L.3.3　竖向、横向的分布钢筋的最小配筋率　　　　　　　　　　　　　　%

抗震设计类别及房屋高度	加强部位	一般部位
C 类,> 24 m	0.13	0.13
C 类,≤ 24 m;B 类,> 24 m	0.13	0.11
其他	0.10	0.10

L.3.4　配筋小型空心砌块抗震墙内竖向和水平分布钢筋的搭接长度不应小于48倍钢筋直径,锚固长度不应小于42倍钢筋直径。

L.3.5　配筋小型空心砌块抗震墙在重力荷载代表值下的轴压比,抗震设计类别为B类和高度大于50%高度限值的A类时不宜大于0.6,抗震设计类别为C时不宜大于0.55。

L.3.6　配筋小型空心砌块抗震墙的压应力大于0.5倍灌芯小砌块砌体抗压强度设计值

（f_{gc}）时,在墙端应设置长度不小于 3 倍墙厚的边缘构件,其最小配筋应符合表 L.3.6 的要求:

表 L.3.6　配筋小型空心砌块抗震墙边缘构件的配筋要求

抗震设计类别及房屋高度	加强部位纵向钢筋最小量	一般部位纵向钢筋最小量	箍筋最小直径	箍筋最大间距/mm
C 类, > 24 m	3ϕ20	3ϕ18	ϕ8	200
C 类, ≤ 24 m;B 类, > 24 m	3ϕ18	3ϕ16	ϕ8	200
B 类, ≤ 24 m;A 类, > 24 m	3ϕ16	3ϕ14	ϕ8	200
A 类, ≤ 24 m	3ϕ14	3ϕ12	ϕ8	200

L.3.7　配筋小型空心砌块抗震墙连梁的抗震构造,应符合下列要求:

1　连梁的纵向钢筋锚入墙内的长度,应符合表 L.3.7 的要求。

表 L.3.7　连梁的纵向钢筋锚入墙内的最小长度

抗震设计类别及房屋高度	锚入墙内的最小长度
C 类;B 类, > 24 m	1.15 倍锚固长度
B 类, ≤ 24 m;A 类, > 24 m	1.05 倍锚固长度
A 类, ≤ 24 m	1.0 倍锚固长度且不应小于 600 mm

2　连梁的箍筋设置,沿梁全长均应符合框架梁端箍筋加密区的构造要求。

3　顶层连梁的纵向钢筋锚固长度范围内,应设置间距不大于 200 mm 的箍筋,直径与该连梁的箍筋直径相同。

4　跨高比不大于 2.5 的连梁,自梁顶面下 200 mm 至梁底面上 200 mm 的范围内应增设水平分布钢筋;其间距不大于 200 mm;每层分布筋的数量,抗震设计类别为 C 类时不少于 2ϕ12,抗震设计类别为 A 类和 B 类时不少于 2ϕ10;水平分布筋深入墙内的长度,不应小于 30 倍钢筋直径和 300 mm。

5　配筋小型空心砌块抗震墙的连梁内不宜开洞,需要开洞时应符合下列要求:

1）在跨中梁高 1/3 处预埋外径不大于 200 mm 的钢套管;

2）洞口上下的有效高度不应小于 1/3 梁高,且不小于 200 mm;

3）洞口处应配置补强钢筋,被洞口削弱的截面应进行受剪承载力验算。

L.3.8　楼盖的构造应符合下列要求:

1　配筋小型空心砌块房屋的楼、屋盖宜采用现浇钢筋混凝土板;抗震设计类别为 A 类且房屋高度不超过 50 m 时,也可采用装配整体式钢筋混凝土楼盖。

2　各楼层均应设置现浇钢筋混凝土圈梁。其混凝土强度等级应为砌块强度等级的 2 倍;现浇楼板的圈梁截面高度不宜小于 200 mm,装配整体式楼板的板底圈梁截面高度不宜小于 120 mm;其纵向钢筋直径不应小于砌体的水平分布钢筋直径,箍筋直径不应小于 8 mm,间距不应大于 200 mm。

本规范用词说明

1 为便于在执行本规范条文时区别对待,对要求严格程度不同的用词说明如下:

1)表示很严格,非这样做不可的用词:

正面词采用"必须",反面词采用"严禁"。

2)表示严格,在正常情况下均应这样做的用词:

正面词采用"应",反面词采用"不应"或"不得"。

3)对表示允许稍有选择,在条件许可时首先这样做的:

正面词 采用"宜",反面词采用"不宜"。

4)表示有选择,在一定条件下可以这样做的,采用"可"。

2 规范中指定应该按其他有关标准执行时,写法为"应符合 …… 的规定"或"应按 …… 执行"。 非必须按所指定标准执行时,写为"可参考 …… 执行"。

引用标准名录

《建筑抗震设计规范》(GB 50011—2010)；
《建筑工程抗震设计通则(试用)》(CECS 160:2004)；
《岩土工程勘察规范》(GB 50021)；
《建筑地基基础设计规范》(GB 50007)；
《建筑桩基技术规范》(JGJ 94)；
《建筑地基基础工程施工质量验收规范》(GB 50202)；
《建筑地基基础设计规范》(DB 231902—2005)；
《钢结构设计规范》(GB 50017)；
《高层民用建筑钢结构技术规程》(JGJ 99)；
《钢结构工程施工质量验收规范》(GB 50205)；
《混凝土结构设计规范》(GB 50010)；
《高层建筑混凝土结构技术规程》(JGJ 3)；
《混凝土结构工程施工质量验收规范》(GB 50204)；
《预应力混凝土结构抗震设计规程》(JGJ 140)；
《型钢混凝土组合结构技术规程》(JGJ 138)；
《钢管混凝土结构设计与施工规程》(CEC S28)；
《矩形钢管混凝土结构技术规程》(CECS 159)；
《砌体结构设计规范》(GB 50003)；
《混凝土小型空心砌块建筑技术规程》(JGJ/T 14)；
《砖砌圆筒仓技术规范》(CECS 08)；
《砌体工程施工质量验收规范》(GB 50203)；
《烟囱设计规范》(GB 50051—2002)；
《室外给水排水和燃气热力工程抗震设计规范》(GB 50032—2003)

黑龙江省地方标准

建筑工程抗震性态设计规范

DB23/T 1502—2013

条 文 说 明

制 定 说 明

《建筑工程抗震性态设计规范》（DB23/T 1502—2013）经黑龙江省住房和城乡建设厅2013 年 2 月 25 日第 149 号公告批准、发布。

为便于广大设计、施工、科研、学校等单位有关人员在使用本规程时能正确理解和执行条文规定，《建筑工程抗震性态设计规范》编制组按章、节、条顺序编制了本规程的条文说明，对条文规定的目的、依据以及执行中需要注意的有关事项进行了说明。但是，本条文说明不具备与规程正文同等的法律效力，仅供使用者作为理解和把握规程规定的参考。

目　　次

1 总 则

1.0.1 抗震设计旨在使所设计的结构在承受地震作用时保持稳定。考虑到地震输入的不确定性,结构设计应具有适当的安全储备。结构物的抗震能力最终取决于工程设计、施工以及质量控制。

本条陈述了编制本规范的目的和指导思想,提出了抗震设防的基本要求,即:当遭受本地区多遇地震、抗震设防地震或罕遇地震(分别相当于 50 年超越概率为 63%、10%、5% 的地震)时,能按设计要求,保证安全,基本上实现其预定的使用功能目标。如以一般建筑结构(使用功能为 Ⅱ 类的)来说,当遭遇多遇地震时,建筑应保持完好无损;遭遇抗震设防地震时,结构的非主要受力构件可能出现非弹性破坏,主要受力构件控制在轻微破坏,即只需经一般修理即可恢复其使用功能;当遭遇罕遇地震时,结构主要受力构件已进入塑性工作阶段,结构的变形较大,但尚未失去承载能力,不至于出现危及生命的严重破坏或倒塌。

为实现这个基本要求,本规范采用二级设计。第一级设计是按建筑场地所在地点给定的超越概率为 10% 的抗震设防地震动进行设计,对大多数建筑结构,可通过抗震验算基本要求和抗震构造措施进行设计,达到预定的目标。第二级设计则是对抗震设计类别较高的建筑,除符合第一级设计要求外,还要按罕遇地震进行弹塑性变形验算,以满足相应的设防要求。

根据我国地震危险性特征的研究成果,以及黑龙江省地震活动性较低这一事实,又考虑到国际上大多数国家现行建筑抗震设计规范均取罕遇地震相当 50 年 5% 的地震,因此,在本规范中,罕遇地震的超越概率,也取 50 年的 5%。

1.0.2 本规范适用于相当我省抗震设防烈度 6 和 7 度或地震动参数区划图中地震动峰值加速度 $0.05g \leqslant A_{10} \leqslant 0.1g$ 地区的建筑工程。

1.0.3 本条规定了对新建、改扩建和用途改变后建筑结构应符合本规范的要求。

第 1 款规定了对新建建筑进行抗震设计的要求。第 2 款规定,在结构上与现有建筑独立的改、扩建部分应视为新建筑,要求按照本规范进行设计。第 3 款规定,当改、扩建部分在结构上不独立于现有建筑时,应同时符合本款规定所列的三个条件,以使改、扩建部分符合本规范对新建建筑的要求,以及现有建筑抗震能力不降低或不低于对新建建筑的抗震要求。

1.0.4 本条阐述本规范与现行国家标准的关系。

本规范是在国家现有的各种规定的基础上,一方面严格按照国家的有关规定,特别是我国国家标准《建筑抗震设计规范》(GB 50011—2010)的内容,同时又结合黑龙江省的地震危险性的特点,充分吸取和反映了近年来国内外建筑结构的先进抗震设计理念、经验和震害教训,以及抗震设计实践的经验制定的适用于本省的抗震设计的最低标准。

3 抗震设计基本要求

3.1 抗 震 设 防

3.1.1 本条给出了建筑结构抗震设防的基本依据和方法,并引入了抗震建筑使用功能分类和抗震设计类别的概念,它们是本规范建筑抗震设计要求的基础。

3.1.2 本条规定给出了建筑物的设计地震动参数的确定原则。它们都是依据我国地震动参数区划图来确定的,地震动参数区划图是以50年超越概率为10%的设防水准,以地震动峰值加速度A_{10}和反应谱特征周期(T_g)为地震动区划参数,考虑震级、震中距和场地条件影响编制的全国范围的地震动分区图;此外,也可采用经批准的抗震设防区划或地震安全性评价提供的设计地震动参数。第4章给出了具体确定设计地震动的方法。

3.1.3 本条是有关建筑使用功能分类的规定,是总结近20年来现代大城市震害和地震损失经验得出的。不少建筑遭遇的震害并不严重,但由于其使用功能遭到破坏,致使运行中断,导致不可接受巨大经济损失。因此,在建筑抗震设计中,不仅要控制破坏,还应考虑在地震时或地震后保持必要的建筑使用功能。本条规定所有建筑应根据其在地震中需要确保的功能并兼顾其重要性,将使用功能分为Ⅰ类、Ⅱ类、Ⅲ类或Ⅳ类四个类别;本条对这四个使用功能类别的建筑又规定了在不同设防地震水准下应达到的最低抗震性态要求,也即最低的抗震性态目标。从本条的表3.1.3中不难看出,使用功能为Ⅳ类的建筑对应的性态要求最高,Ⅰ类的最低,而且可以发现对使用功能为Ⅱ类的建筑的性态要求,就是现行建筑抗震设计规范中规定的"大震不倒、中震可修和小震不坏"。这里的建筑物包括结构构件、非结构构件、室内物件和设施以及对建筑使用功能有影响的场地设施等。在表3.1.3中,为了便于专业人员和非专业人员都能理解和应用,对建筑抗震性态水平的描述既采用了通俗语言的描述,如:"充分运行""运行""基本运行""确保生命安全";又采用了专业术语的描述,如:建筑结构……,非结构构件……,次要的结构构件……,主体结构……等的损伤状态表述。损伤状态包括"完好""基本完好""轻微破坏""严重破坏""倒塌"等。结构的抗震性态既与结构自身性能有关,也与地震动大小和特性有关。

3.1.4 本条给出了根据建筑使用功能类别和预期的地震动水平确定抗震设计类别的方法以确保所设计的建筑物实现相应的性态目标;由于黑龙江省境内的总体地震危险性水平不高,抗震设计类别可分为A类、B类和C类三种。这三种类别中C类为最高类别,对应最高的抗震设计要求。一旦建筑的抗震设计类别确定之后,对建筑的抗震设计及各个方面,如内力调整、细部构造等都将被确定。

3.2 场地影响和地基基础

3.2.1、3.2.2 按场地对建筑抗震的影响,将场地分为对建筑抗震有利、一般、不利和危险四种地段。建筑的震害除地震作用引起结构和地基直接破坏外,还有来自场地的原因,例如砂土液化、软土震陷、滑坡、地裂和发震断裂等。因此选择有利地段和不在危险地段、尽量避开不利地段建设除使用功能Ⅰ类以外的建筑,是经济合理的抗震设计的前提。

3.2.3 地基对于上部结构除了起承载作用外,还起到传递和消散地震能量的作用(将地震动上传和接受结构的反馈作用)。在抗震设计时,不仅要考虑它对结构的承载作用,还要考虑地基土的地震反应特征对上部结构的种种影响。液化土层在液化之前,有一个局部软化到全层软化的过程,以喷冒为标志的液化现象通常发生于地震动停止以后,所以,除了要重点考虑液化造成的地基失效外,还要注意土层软化对结构的影响,并采取适当的措施加强基础的整体性和刚性。

在山区或丘陵等地带,同一建筑或结构有可能位于两种不同的地基上,静力设计要求很容易满足。但在地震动作用下,位于两种不同地基上的同一建筑结构的两个部分的振动形态会有很大差异,可能导致结构严重破坏。所以,本条规定要设置防震缝分开。对于不能设防震缝的建筑结构,就需要在结构设计时考虑地震反应差异对结构的不利影响。

3.3 结 构 体 系

3.3.1 本条的内容是根据国内外大量震害经验和抗震研究成果,对结构体系提出的共性要求。在选取建筑结构体系时,要结合建筑的具体条件,综合考虑有关因素,进行技术经济比较后确定。

3.3.2 保持建筑的规则、对称是有利于抗震的。为此,条文对建筑的外形、平、立面布置及刚度、质量、抗力分布提出具体要求,其目的在于避免过大的偏心距引起过大的地震扭矩和抗侧力结构或构件出现薄弱层(薄弱部位)或塑性变形集中。

3.3.3 保证水平地震作用的合理传递路线可以起到三种作用:① 使地震作用下结构的实际受力状态与计算简图相符;② 避免传力路线中断;③ 使结构的地震反应通过简捷的传力路线向地基反馈,充分发挥地基逸散地震能量对上部结构的减振效果,有利于增强建筑整体的抗震功能。

当整个结构体系是采用几个结构分体系,特别是延性好的分体系组成时,可增加整体结构的超静定次数,而当一个分体系的地震破坏不影响整体结构时就形成了多道防震体系,增加抗震安全度。

3.3.4 本条对各种不同材料的结构构件提出了改善变形能力、加强连接性能、保持整体性的原则和途径。

3.3.5、3.3.6 为了保证地震时结构单元呈整体振动,须保证结构体系的空间整体性。对各构件间相互连接的可靠性、各层的空间整体性以及结构的支撑系统提出了要求。

3.3.7 体型复杂的建筑,在工艺容许且经济合理的前提下,可用防震缝分割成几个独立的规则单元;当工艺上不允许或受建筑场地限制以及当不设防震缝对抗震安全更为经济合理时,也可以不设防震缝。当不设防震缝时,最好对整体结构采用较精细的抗震分析方法,如时程分析法、空间计算模型等以估计复杂体型产生的不利作用,判明薄弱环节,采取针对性措施。

当防震缝宽度不足时,因碰撞可能导致整体结构严重破坏,但是过宽的防震缝会给结构、设备布置以及立面处理带来困难。因此,要根据具体情况选取适当的宽度,才能达到安全、经济的目的。

3.4 非结构构件

3.4.1 ~ 3.4.3 这三条都是涉及非结构构件以及建筑机电设备的地震安全的内容,在地震中这些构件或附属件经常会发生地震破坏从而导致附加灾害,因此,这三条内容强调它们不仅本身要有足够的抗震能力,而且要有可靠的连接。

3.5 材料与施工

3.5.1,3.5.2 建筑结构的施工质量是保证实现预期性态目标的关键,我国现行的各类结构设计和施工规范对施工质量都有明确规定,在使用本规范时必须确保满足这些规定。此外,如果有抗震的特殊要求,必须在设计文档中加以注明。

3.5.3 一般应按规范要求选择材料和施工方法。规范中对材料和施工方法的选用的规定多是基于对以往工程经验的凝练和总结,规范不排斥替代材料和方法,但应提供证据表明所建议的替代材料和方法能达到预期的目的。

3.6 强震观测系统

3.6.1 本条提出了在建筑物设置强震观测系统的要求,其目的在于一方面能有利于震后判定建筑的安全性和为修复提供重要技术资料,另一方面可以促进我国强震观测事业的发展和加速我国强震记录第一手资料的积累,最终有利于提高我国抗震设计规范的科学性。

4 场地类别评定和设计地震动参数

4.1 场地分类

4.1.1 世界各国对于工程场地类别的评定,无论是方法、参数乃至评定的结果都很不统一,差异也较大。在对国内外抗震设计规范中有关方法做了分析研究后,本规范推荐了一个场地评定方法,提出了综合考虑土层软硬(以等效剪切波速为代表)和覆盖层厚度的双因素场地划分定量指标。其主要特点是:

1 本条提出用梯形分类法代替我国传统的矩形分类法,将原来传统的场地分类竖直边界线改为斜线,使得场地分类的边界划分更趋合理。

2 考虑到在同一类场地中,由于覆盖层厚度和剪切波速度变化范围仍然较大,因此改变了传统上对应同一类场地只给定一个固定特征周期的做法,本规范对同一类场地,根据场地的覆盖层厚度和剪切波速度的实际资料,给出了相应的特征周期值。这样既保留场地宏观分类的优点,便于设计人员根据场地分类采取构造措施,同时也能反映同一类场地中存在特征周期多样性的特征,避免了同一类场地采取一个不变的特征周期,特别是在场地分类边界线两侧特征周期跳跃变化的不合理现象。

3 本条直接给出依据场地指标(V_{se}、d_{ov})查表确定设计谱 T_g 值的方法,便于工程设计人员的应用。

4 增加了考虑软弱夹层影响的建议条款。

4.1.2 本条给出了场地的等效剪切波速度的计算公式,用剪切波通过土层时间相同的概念求得等效剪切波速值,使土层平均波速的物理意义更为明确和合理。

场地分类的计算深度定为20 m,是根据我国目前工程勘察的现状和经济条件确定的。

附录 C 规定,土层剪切波速的确定,应根据工程的重要性和规模,采用不同的方法。需要注意,土质岩性相同时,不同地点、不同地质年代、不同覆盖层厚度的场地,其剪切波速沿土层深度变化的规律有所不同。因此,采用附录 C 经验公式时要严格注意其适用范围。当两个地点的土层剖面接近时,其剪切波速值可以参考使用。

4.1.3 本条规定了场地覆盖层厚度的确定方法。

4.1.4 场地分类采用了梯形分类法,梯形分类法如表4.1.4和图4.1.4所示。图和表给出的结果是完全一致、等效的。表中列出的简单公式是图中分界线的解析表示式;它和现行建筑抗震设计规范中的场地分类方法基本相当,只是将原来的场地分类竖直边界线改成斜线。这种改变总体上保持了原来场地分类的特点和结果,但消除了原来方法对同一类场地中,场地参数差别很大时,仍采用同一个特征周期,以及场地参数十分接近的位于场地分类边界两侧的场地却采用明显不同的特征周期的弊病。

4.2 建筑场地地震影响系数

4.2.1 本条给出根据地震动参数确定建筑场地地震影响系数的表达式。

4.2.2 目前,我国抗震设防一般情况下采用地震动参数区划图提供的地震动参数和相应的设防烈度;在一定条件下,也可采用抗震设防区划或地震安全性评价提供的设防烈度和地震动参数。我国的地震动参数区划图给出的是相当于50年超越概率为10%的以Ⅱ类场地为标准场地的地震动峰值加速度 A_{10} 分区图和按地震环境的反应谱特征周期 T_g 分区图。由于在抗震设计中,需要相应于不同超越概率水准下的地震动参数。我国的地震动参数区划图目前还没有给出其他概率水准的地震动参数。为了满足抗震设计的需要,我国建筑抗震设计规范中简单地规定了多遇地震(50年超越概率为63%)与设防地震(50年超越概率为10%,相当于基本烈度)的烈度差为1.55度,罕遇地震(50年超越概率为5%)与设防地震的烈度差约为1.0度。这种规定过于粗糙,在很大程度上抹杀了各地区本身具有的地震危险性特征,与实际资料的统计结果也不甚符合。本规范根据谢礼立院士等人近期对中国地震设防标准和全国6 000多个地点地震危险性特征的研究成果,给出了基于地震动参数区划图 A_{10} (相应于50年超越概率为10%的地震动峰值加速度)分区,考虑地区地震危险性特征和建筑物的重要性,确定不同超越概率设防水准的 $A(g)$ 值的方法。

附录A给出了我省地震危险性特征分区的结果,它基本反映了我省地震危险性特征的地区特点。

4.2.3 抗震设计谱是以地震动加速度反应谱特性为依据,经统计平滑化处理以及经验条件确定的。然而,由于影响地震动反应谱的因素非常多且又十分复杂,因此要针对每一种具体的情况给出适用的设计谱就变得十分困难,这导致世界各国采用的抗震设计谱之间不仅存在明显的差异,而且普遍存在很大的不确定性。目前各国科学家都指望能在一个较长的时期内,取得尽量多的强震观测记录,同时将影响设计谱的各种因素进行更细致的分类,以期在这样的基础上得到较为稳定的能够反映地震动多种因素影响的抗震设计谱。按照这种研究方法,需要大量的强震记录作为数据基础,但目前世界范围内已有的强震记录数量并不足以满足研究的详细分类要求,并且对于一些没有强震记录或仅有少数强震记录的国家和地区只能采用其他地区得到的强震记录来进行研究。

认识到研究不同地震动反应谱的统一性有望取得较好结果的规律,谢礼立院士及其领导的课题组从这一角度出发,对大量地震记录的加速度反应谱进行了双规准化处理,按照场地条件、震级和震中距等反应谱影响因素分类进行统计处理,得出结论:双规准加速度反应谱在短周期、中长周期频段具有非常好的统一性,并且据此提出了统一抗震设计谱。所建议的设计谱与《建筑抗震设计规范》(GB 50011—2001)、《建筑工程抗震性态设计通则》(CECS 160:2004)的比较图如图E4.2.3所示。

由于地震影响系数在长周期段下降较快,对于基本周期大于2.0 s的结构,由此计算所得到的水平地震作用下的结构效应可能太小,而对于长周期结构,地震作用中的地面运动速度和位移可能对结构的破坏具有更大影响,但规范所采用的反应谱法对此无法做出估计,出于安全的考虑,增加了对各楼层水平地震最小值的要求,规定了不同烈度下的剪力系数,结构水平地震作用效应。对于基本周期大于2.0 s的结构,剪力系数取 $0.2\alpha_{max}$。

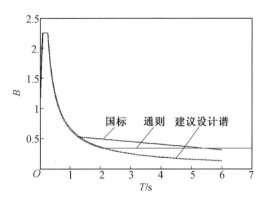

图 E4.2.3　建议的设计谱与《建筑抗震设计规范》(GB 50011—2001)、
《建筑工程抗震性态设计通则》(CECS 160:2004)的比较

在我国的地震动参数区划图里,针对 Ⅱ 类场地给出了反应谱特征周期 T_g 按地震环境影响的分区图,分别取一区为 0.35 s,二区为 0.40 s,三区为 0.45 s。所谓地震环境,是指建筑所在地区及周围可能发生地震的震源机制、震级大小、地震发生的年超越概率、建筑所在地区与震源距离的远近和传播介质以及建筑物所在地区的场地条件等。《建筑抗震设计规范》(GB 50011—2001)在这种分区的基础上略做调整后称为设计地震分组,本规范把这种对特征周期 T_g 的分区称为特征周期分区。其分区结果基本与《建筑抗震设计规范》(GB 50011—2001)的设计地震分组一致。我省主要地区特征周期的分组情况见附录 B。

4.2.4　影响加速度设计谱的因素很多,因此容许对场地设计谱的某些参数做适当的调整。包括以下两点:

1　多次地震灾害的经验和地震震动观测的结果表明,软弱夹层的存在,对造成震害的场地地震震动特性有着明显的影响。由于软弱土层的影响很复杂,它不仅与软弱土层本身的特性有关,而且与场地土层的构成、地震本身的特性以及地震波传播途径、介质等因素有关。因此,目前在各国规范中对软弱夹层影响的考虑尚无具体的规定。软弱夹层的存在不仅可以改变地震震动(加速度、速度、位移)幅值的大小,而且对反应谱的形状及峰值、周期等地面运动参数有明显的影响。其中对地震动幅值的影响尤为复杂,目前尚难掌握其规律。但是反应谱峰点周期向长周期移动的趋势则比较明显,可以通过土层模型的地震反应分析初步掌握其规律。例如,根据大量土层模型的地震反应分析结果,当覆盖层厚度不超过 30 m 且软夹层的剪切波速小于 140 m/s 时,可将 4.2.3 条规定的特征周期乘以周期影响系数 φ:

$$\varphi = 1 + \frac{\lambda}{4H}(\lambda d_s + h_s) \qquad (E4.2.7-1)$$

$$\lambda = \frac{v_{se}}{v'_s} \qquad (E4.2.7-2)$$

式中　φ——周期影响系数;

　　　v_{se}——场地土层影响厚度范围内的等效剪切波速,m/s;

　　　v'_s——软弱夹层土的剪切波速,m/s;

　　　λ——波速比,一般考虑 $\lambda \geqslant 1.5$;

　　　H——场地土层影响厚度,取地面下 30 m,但不应超过场地覆盖层的厚度,m;

d_s——软弱夹层土的厚度,m;

h_s——软弱夹层顶面距地表面的距离,m。

2 第4.2.3条给出了阻尼比为0.05的工程结构的水平向场地设计谱。众所周知,阻尼比减小,场地设计谱值增加;阻尼比增大,场地设计谱值减小。资料分析表明,增加或减小的幅度随周期不同而不同,而且与特征周期有关。根据大量不同阻尼的加速度反应谱统计分析,附录D给出了阻尼比为0.02 ~ 0.10范围内的修正方法。

4.3 地震加速度时程

本节给出了选择设计地震加速度时程的方法。我国现行抗震设计规范,一般规定采用时程分析法时,应按建筑场地和设计地震分组选用不少于两组的实际强震记录和一组人工模拟的加速度时程曲线。目前国内普遍的做法是,无论在设计或研究中均把1940年的El Centro(NS)记录、1952年的Taft记录、我国的迁安记录或天津骨科医院的记录作为首选记录。但是研究表明,选择这些地震记录的根据是不足的,这些记录并不一定就是抗震验算所需要的最不利地震动。

对于工程结构,特别是大型复杂结构的抗震研究和设计来说,其最重要的任务之一是科学合理地选择设计地震动。为了在现行规范规定的前提下选择这样的设计地震动,谢礼立院士等在总结了国内外大量强震记录资料和相关研究的基础上,首先提出了最不利设计地震动的概念。所谓最不利设计地震动是指对于给定的结构和场地条件,最不利设计地震动能使结构的非弹性地震反应处于最不利的状况,即处在最高危险状态下的地震动记录。结构的破坏标准为位移延性和塑性累积损伤的双重破坏准则。另外,在确定最不利设计地震动时,对地震动参数峰值加速度、峰值速度、峰值位移、有效峰值加速度、有效峰值速度、强震持续时间、最大速度增量和最大位移增量限制也进行了考虑。

考虑到黑龙江省的地震活动性较低,因此,在选择最不利设计地震动时,将备选地震动记录限制在震级小于6.0级的地震动记录,根据估计地震动潜在破坏势的综合评定法(可参考《估计和比较地震动潜在破坏势的综合评述》——出自《地震工程与工程振动》,2002年,第5期),可确定对应的最不利设计地震动,即:

1 按目前被认为可能反映地震动潜在破坏势的各种参数(峰值加速度、峰值速度、峰值位移、有效峰值加速度、有效峰值速度、强震持续时间、最大速度增量和最大位移增量)对所有收集到的强震记录进行排队,将所有排名在最前面的记录汇集在一起,组成了最不利的地震动的备选数据库。

2 将收集到的备选强震记录进一步做第二次排队比较。着重考虑和比较这些强震记录的位移延性和滞回耗能,将备选强震记录中的位移延性和滞回耗能最高的记录挑选出来,进一步考虑场地条件、结构周期及规范有关规定等因素的影响,最后得到场地条件及结构周期下的最不利设计地震动。根据这种考虑,将结构按其自振周期分为三个频段:短周期段(0 ~ 0.5 s)、中周期段(0.5 ~ 1.5 s)和长周期段(1.5 ~ 5.5 s),并将地震动按四类场地划分,然后对应不同周期频段、不同场地类型,分别计算在不同地震动作用下结构地震抗力系数及滞回耗能的数值,根据结构在不同地震动作用下所需要的屈服强度系数及滞回耗能的排名情况,然后对应不同震级区段、场地类型和周期频段将排在备选记录库比较前面的三组地震动记录作为相应震级区段、场地类型、周期频段的推荐用设计地震动加速度时程,并且要求这些记录的波形较好、峰值加速度不能太小,若两条记录为同一地震、同一台站的两个分量,则按一条考虑。本规范在附录E中列出了其结果。需要说明的是,表中所列的国内最不利设计地震动只是对国内现有的记录而言,与国外强震记录相比还远不是最不利的。

规范附录E中给出的地震动记录如有需要,可由本规范编制组无偿提供。

5 地 基 基 础

5.1 一 般 规 定

5.1.1 本条规定了本章条款的适用范围。

5.1.2 所列的规范是国内现行的与地基基础勘察和设计(主要是在静荷载作用下)有关的专业规范。在竖向荷载和除地震作用外的侧向荷载作用下,地基基础的勘察和设计应满足这些规范的要求。

5.1.3 在地基基础抗震设计中,应充分考虑地基基础震害与地基土层类别及分布有密切关系,而并非简单地与地震动水平成正比。根据地基基础震害的现场调查结果及现有的研究成果,指出了属于不利抗震的地基种类、相应的土层条件,以及在勘察和设计中应做的工作。但应指出,不利抗震的地基并不一定是不能满足抗震设计要求的地基。在设计时只对不能满足抗震设计要求的抗震不利地基才采取措施。

5.1.4 在地基基础设计中,分别考虑静力设计要求和抗震设计要求是困难的,应统一考虑这两方面的设计要求。由于地基基础是隐蔽性工程,其修复和加固难度大、费用高,要求在设计时采用比较安全的方案。

5.1.5 要求地基土的承载力和土与基础侧向界面的承载力足以承受包括地震作用在内的荷载组合作用。需要指出,在包括地震作用在内的荷载组合作用下,土的承载力应考虑地震作用的短暂性和土的速率效应。

5.1.6 本条规定了基础部件的设计要求。

5.2 天然地基浅基础

5.2.1 根据天然地基浅基础震害的现场调查结果,规定了不需进行地基承载力抗震验算的天然地基基础建筑物的范围。

5.2.2 本条规定了天然地基土的抗震承载力的确定方法。表5.2.2给出的土的抗震承载力调整系数是考虑地震作用的短暂性和土的速率效应,根据现有的研究成果和工程经验给出的,是对5.1.5条款的补充。

5.2.3 本条规定了天然地基地震承载力验算应满足的要求。式(5.2.3-1)中的 p 和式(5.2.3-2)中的 p_{max} 分别是在包括地震作用在内的荷载组合作用下基础底面上的平均压应力和基础边缘的最大压应力,由上部结构抗震计算确定。因此,在确定 p 及 p_{max} 时考虑了性态设计要求。

5.2.4 本条规定了在包括地震作用在内的荷载组合作用下基础尺寸应满足的要求。

5.3 液化和软弱土层地基

5.3.1 本条规定了应进行液化判别和考虑液化可能引起危害的范围,并规定了抗液化的工程措施应按建筑物的抗震设计类别和液化等级采取。由于抗液化的工程措施应按建筑物抗震设计类别采取,故考虑了性态设计的要求。

5.3.2,5.3.3 本条规定了不会发生液化和可不考虑液化对天然地基浅基础产生影响的情况。

5.3.4 本条规定了砂土层和粉土层的液化判别方法。该方法与《建筑抗震设计规范》(GB 50011)规定的方法基本一致。临界液化贯入锤击数基准值按地震特征周期分区和设计地震加速度来确定,见表 5.3.4。 由于黑龙江省地震特征周期分区均为一,因此,式(5.3.4 - 2)中的系数 β 值取 1.05。

5.3.5 规定了当建筑抗震设计类别为 C 类时,还宜采用 Seed 简化法判别液化。如果两种方法判别结果有一个判为液化,则认为液化。这一规定在于体现性态设计要求。

5.3.6 本条给出了地基土层液化指数的计算方法,该法与《建筑抗震设计规范》(GB 50011)相同。当采用 Seed 简化法判别液化时,式(5.3.6)中的 $N_{cr,i}$ 可按附录 F.0.3 确定。

5.3.7 本条给出了以地基土层液化指数为定量指标的地基土层液化等级划分标准,以及按地基土层液化等级和建筑抗震设计类别应采取的避免或减轻液化危害的工程措施的原则和要求。由于所采取的工程措施与建筑抗震设计类别有关,故考虑了性态设计要求。该条款是对 5.3.1 条款的补充。

5.3.8 本条对斜坡和倾斜的地面下土层液化情况所应采取的工程措施做了规定。

5.3.9 本条对地基主要受力层范围内存在软弱黏土层情况所应采用的工程措施做了规定。

5.4 桩 基 础

5.4.1 本条规定了可不进行桩基抗震验算的范围。

5.4.2 本条规定了当建筑抗震设计类别为 B、C 时,其桩基的抗震验算只考虑上部结构惯性作用引起的桩的弯矩和剪力。上部结构的惯性作用由上部结构抗震计算确定,故考虑了性态设计要求。

5.4.3 本条规定了在包括地震在内的水平力作用下低桩承台的验算方法。低桩承台承受的包括地震作用在内的水平力作用由上部结构抗震计算确定,故考虑了性态设计要求。

5.4.4 本条规定了一般桩基抗震承载力的确定方法。该条款是对 5.1.5 条款的补充。

5.4.5 本条规定了当桩周围存在液化土层时桩基承载力验算的两种情况。第一种情况相应于地震时地震动达到最大而地震作用引起的饱和砂土的孔隙水压力尚未达到最大。第二种情况相当于地震动接近结束但地震作用引起的饱和砂土的孔隙水压力达到最大。表 5.4.5 中的折减系数与《建筑抗震设计规范》(GB 50011)相同。

5.4.6 对斜坡或倾斜地面下土层的液化情况,规定了在桩基的抗震计算中应考虑土体顺坡位移引起的侧向推力作用。

5.4.7　本条对液化土中桩的配筋做了规定。

5.4.8　本条对桩承台周围的回填土及密度提出了要求。

5.5　抗 震 措 施

5.5.1　本条给出了几种提高地基抗震能力的措施,并对每种措施的适用性做了评述。

5.5.2　本条规定了地基土体处理的几何范围。

5.5.3　本条对提高液化砂土抗震能力的工程措施提出了要求。

5.5.4　本条给出了为减轻液化影响可采取的基础和上部结构的构造措施,并提出了要求。

5.5.5　本条对不均匀地基应采取的工程措施做了规定,本条款是对5.1.3条中第二种抗震不利地基条款的补充。

6 地震作用和结构抗震验算

6.1 一 般 规 定

6.1.1 可接受的抗震结构设计应包括：

1 选择适合于预期地震动强度的抗竖向荷载和侧向地震作用的体系；

2 布置这些体系，以保证结构在地震反应中作为整体起作用和提供连续、规则和赘余的水平地震作用传递途径；

3 确定各种构件和连接的尺寸，使之有足够的侧向和竖向承载力和刚度，以限制其在设计地震动中的破坏处于可接受的水平；

4 为达到预期的性态目标，设计分析应按条文所规定的相应方法进行；

5 对有扭转效应的结构，应该考虑扭转的影响；

6 对于大尺度结构，应分别单点一致、多点、多向或多向多点输入计算地震作用。

第6.1.1条实质上要求抗震设计是完善和遵循结构力学原理的。地震作用必须从它的起点合理地传递到抗力的最后点。这应是显然的，但常常被无地震工程经验者所忽视。

6.1.2 为便于抗震分析和制定设计规定，将建筑结构按材料划分为不同类别的结构体系。

1 在选择结构体系时，要慎重考虑结构体系的连续性、延性和赘余度的相互关系。

在设防地震作用下，对于大多数使用功能 Ⅱ 类（性态要求为基本运行）的结构，其内力和变形实质上将超过结构构件屈服或屈曲之点，并表现为非弹性性状。但是过去的地震经验表明，只要选择合适的结构体系，并按适当的延性、规则性和连续性对结构进行细部设计，则有可能按折减的地震作用对结构完成弹性设计，仍能获得可接受的性态。因此本规范采取这样的方法确定结构尺寸，使结构在用结构影响系数折减的设计地震加速度可能产生的水平地震作用下，不会变形到超过显著屈服之点，然后，当需要时由位移放大系数放大由折减的地震作用计算的弹性变形，来估计设计地震加速度下的预期变形。

所谓"显著屈服"并非指任何构件首次出现屈服，而是定义为至少引起结构最危险区域完全进入塑性的水平。图 E6.1.1 为非弹性水平地震作用 – 位移曲线。

图 E6.1.1 说明了规范中的结构影响系数 C 和位移放大系数 ζ_d，以及规范未考虑的结构超承载力系数 C_0 的意义。应当说明，表 6.1.2 中规定的 C 和 ζ_d 值，是考虑了合适设计的典型结构的特点而确定的。

结构影响系数 C 代表设计地震加速度下规定的地震作用标准值与弹性地震作用之比（图 E6.1.1），即 $C = F_{Ek}/F_E$，它恒小于1。用结构影响系数对弹性地震作用进行折减，其理由是当结构进入屈服和非弹性变形时，结构的有效周期趋于增长，对许多结构这将导致地震作用减小；而且非弹性作用，亦即滞变阻尼导致大量耗能。它们的组合效应称为延性折减，

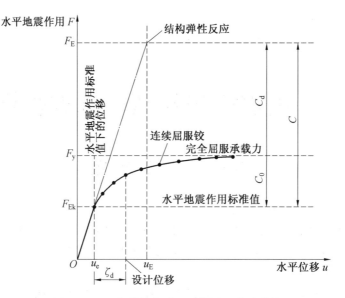

图 E6.1.1　非弹性水平地震作用 – 位移曲线

体系的延性折减系数定义为 $C_d = F_y/F_E$。由图 E6.1.1 显见，$C = C_d + C_0$。

　　单凭承载力不足以获得较高的抗震性态。因此，还需通过对各抗震设计类别的结构，应用列于第 6.1.5 条的设计和细部要求以及表 6.4.3 中的严格层间位移角限值来获得。

　　在罕遇地震作用下，为防止结构倒塌（保证生命安全），对某些延性结构需要计算结构的弹塑性变形，第 6.4.4 条至 6.4.8 条规定了需要进行弹塑性变形验算的结构、弹塑性变形的计算方法和容许的弹塑层间位移角。对脆性结构，则主要通过设置构造柱、芯柱、圈梁和水平钢筋来提高结构的变形能力，以防止倒塌。

　　对较重要的使用功能类别的建筑所要求的较高性态（使用功能 Ⅲ、Ⅳ 类的结构），为确保在抗震设防地震下满足相应的性态要求，则需按第 6.1.4 条规定进行承载力和相应的变形验算。

　　结构影响系数 C 的确定，在很大程度上要基于对各种结构体系在过去地震中的抗震性态的工程判断。例如，对小赘余度结构和脆性材料的小阻尼结构，C 应取较大数值，而对于多赘余度结构和大延性、大滞变阻尼的结构，则应取较小的 C 值。本规范按抗震设防地震进行截面抗震设计，但采用《建筑抗震设计规范》(GB 50011) 的截面抗震验算表达式，该表达式是基于多遇地震烈度建立的，而多遇地震烈度相对于设防地震烈度的地震作用的折减平均为 0.35，它相当于 78 规范的平均结构影响系数（建设部抗震办公室，1990）。因此本规范以 78 规范的结构影响系数为基础，根据各类结构体系在过去地震中的反应性态，来确定它们的结构影响系数，见表 6.1.2。

　　钢 – 混凝土组合体系的结构影响系数值，是与可比较的钢和钢筋混凝土体系的值相当的。钢管混凝土体系的结构影响系数值，则是与可比较的钢筋混凝土体系的值相当的。示于表 6.1.2 中的这些值，仅当遵照第 9 章组合结构的设计和细部规定时，才是容许的。

　　配筋砌块砌体剪力墙体系的结构影响系数值，则是与可比较的钢筋混凝土体系的值相当的。示于表 6.1.2 中的值，仅当遵照第 10 章和附录 L 对砌体结构的设计和细部规定时，才是容许的。

承重墙体系由墙和／或隔墙提供重力荷载的支承和侧向地震作用的抗力。一般说,这种体系通常缺乏支承重力荷载和水平地震作用的赘余度,因而有比其他体系较大的结构影响系数。

框架体系由框架提供重力荷载的支承,侧向地震作用的抗力则主要通过框架构件的弯曲作用来提供。框架应满足第 7 和 8 章所有的设计和细部要求。

支撑框架(抗震板)体系由框架柱支承重力荷载,侧向抗力则由支撑框架提供。

框架－抗震墙或支撑结构体系主要由框架支承重力荷载,侧向抗力主要由抗震墙或支撑结构提供,框架则提供赘余的侧向抗力。框架－抗震墙或支撑结构体系应按框架与抗震墙或支撑结构协同工作原理进行分析。

关于位移放大系数 ζ_d,在 30 多年前 Newmark 就曾指出,结构的最大弹塑性位移可合理地用相同地震加速度下的弹性结构的位移来估计(Miranda 和 Bertro,1996),亦即弹塑性位移 u 可表为 $u = 1.0 u_e / C$,式中 u_e 是按折减的地震作用由弹性分析计算的位移。美国 SEAOC 1996 规范附录 C 建议在上式中以 0.7 代替 1.0,以作为弹塑性位移一个较合理的、覆盖面较广的近似。本规范在 SEAOC 建议的基础上,考虑各结构体系的变形特性,规定了它们的位移放大系数,如表 6.1.2 所示。

2 各抗震设计类别建筑的最大适用高度,应符合第 7 ~ 12 章的规定。

6.1.3,6.1.4 在本规范预期的设计地震加速度作用下,结构的体形可显著影响其性态。体形可划分为两种情况,即平面体形和竖向(或称立面)体形。本规范基本上是对具有规则体形的建筑制定的。过去的地震多次表明,具有不规则体形的建筑比具有规则体形的建筑遭受较大的破坏。有若干原因说明不规则结构的不良性状。在规则结构中,由强震产生的非弹性地震作用是趋于沿结构很好分布的,从而导致能量耗损和破坏的散布。但是在不规则结构中,非弹性性状可集中在不规则区,导致这些区域中结构构件的急剧失效。另外,某些不规则类型在结构中产生非预料的应力,设计者在结构体系的细部设计中常忽视它们。最后,结构设计一般采用的弹性分析方法,常不能很好预测不规则结构中地震作用的分布,导致不规则区域的不恰当设计。由于这些原因,本条首先指出对不规则结构要采取加强措施,对特别不规则的结构要进行专门的研究和评估,规定不能采用严重不规则的结构,规定这些要求是为了鼓励将建筑设计成规则的体形。

6.1.5 第 1 款中表 6.1.5 – 1 说明什么情形的建筑应规定为平面不规则的。建筑可以有对称的几何形状且无凹角或翼,但由于质量或竖向抗震构件的分布不均匀而仍应归类为平面不规则的。地震中的扭转效应,即使当质量中心和抗力中心重合时也有可能发生,例如相对于建筑轴线偏斜作用的地震动可引起扭转、非对称形式的裂缝和屈服也可引起扭转,这些效应可放大由质量中心和抗力中心间的偏心距产生的扭转。由于这个原因,质量中心和抗力中心间的偏心距超过垂直于地震动方向建筑尺寸 10% 的建筑,应归类为不规则的。竖向抗力构件可以布置得使质量中心和抗力中心间的偏心距处在上面给出的限制范围内,但仍属非对称的布置,而导致规定的扭转力不均匀地分配于各构件。扭转不规则还可再分为两类:其中一类为极端扭转不规则,软弱场地上应避免出现这类不规则。还有一种竖向抗力构件的分布虽然不能归类为不规则的,但在地震中的性态不好,抗震体系的竖向构件集中在建筑中心附近的芯墙建筑即属此情况。

规则外形建筑可以是方形、矩形或圆形的。具有小凹角的方形或矩形建筑,仍可认为是规则的,但形成十字形的大凹角要归类为不规则外形。这种建筑的翼的反应一般不同于建筑整体的反应,它将产生比按规范规定对整体建筑所确定的较高的地震作用。因而应该考虑扭转的效应。其他诸如 H 形的几何对称平面外形,其翼的反应也要归类为不规则的。

同一水平的楼、屋盖各部分间的刚度若有显著差异,应归类为不规则的,因为它们可引起地震作用在竖向构件上分布的不均匀,并产生规则建筑所未考虑的扭转作用。平面不规则的例子示于图 E6.1.5 - 1。

在侧向地震作用的传递途径中有不连续的情形,结构不能再认为是规则的。需要考虑的最危险的不连续情形,是抗震体系竖向构件的出平面错位,这种错位强加重力荷载和侧向地震作用效应于水平构件上,它们是难以恰当规定的。

在侧向抗力体系的竖向构件不平行或不对称于正交主轴的情形,本规范的底部剪力法不能像所给出的那样应用,因而结构必须认为是不规则的。

第 1 款中表 6.1.5 - 2 说明什么情况的结构必须认为是竖向不规则的。竖向不规则影响不同质点的反应,并在这些质点产生显著不同于第 6.2 节底部剪力法所给出的地震作用分布。

如果某楼层的层高远高于相邻楼层,且所导致的刚度减小没有补偿或不能补偿,则此结构应归类为竖向不规则的。竖向不规则的例子示于图 E6.1.5 - 2。

只要相邻层的质量和刚度之比存在显著不同,建筑就应归类为不规则的。当一个大的质量,例如游泳池,置于某一楼面时就可出现这种情况。

有一种形式的竖向不规则,由相对于建筑竖向轴线的不对称几何形状构成。建筑有对称于竖轴的几何形状,但由于在一个或一个以上楼层处抗侧力体系的竖向构件的显著阶缩,仍要归类为不规则的。如果较大尺寸与较小尺寸之比大于 130% ,则阶缩应认为是显著的。如果较小尺寸位于较大尺寸的下面,因而造成倒锥效应,应避免出现这类不规则建筑。

规定薄弱层不规则是由于楼层间承载力的突然变化,将引起某楼层抗侧力构件能量耗损的集中,这一问题已见于过去的地震调查中。

柔软层不规则再划分为两类,其中一类为极端柔软层,像薄弱层一样,柔软层可导致失稳和倒塌,软弱场地上禁止采用极端柔软层建筑。

第 2 款说明什么样的结构是特别不规则的,对于多项不规则特点超过规定的参考指标较多时,应确定为严重不规则的结构,它是不能采用的。

6.1.6 本条规定了对平面不规则而竖向规则的建筑、平面规则而竖向不规则的建筑、平面不规则且竖向不规则的建筑进行地震作用计算和内力调整及对薄弱部位采取有效的抗震构造措施的原则和方法。

6.1.7 体型复杂的建筑并不一概提倡设置防震缝。有些建筑结构,因建筑设计的需要或建筑场地的条件限制而不设防震缝,此时应按 6.1.6 条的规定进行抗震分析并采取加强延性的构造措施。防震缝宽度规定,见本规范各章节并便于施工。

6.1.8 第 6.1.1 条说明解释了为实现 II 类使用功能结构在设防地震下满足基本运行的性态要求,可采用结构影响系数 C 进行弹性设计,利用位移放大系数 ζ_d 预估弹塑性位移。由于弹塑性位移角限值给出的依据并不充分,地震经验表明,在抗震设防地震下满足承载力验算及弹性位移角验算的结构,在罕遇地震下可以实现运行的性态目标。因此本规范除 6.4.4 条所规定的结构以外,只进行抗震设防地震下承载力验算及弹性位移验算。而对本

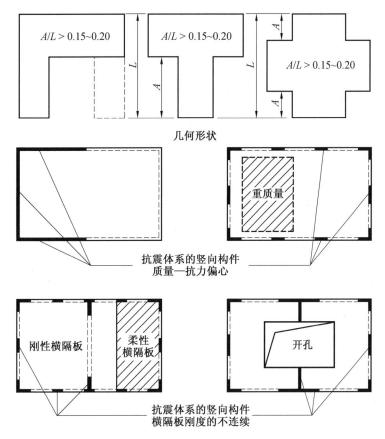

图 E6.1.5 - 1　建筑平面不规则

规范 6.4.4 条所规定的结构,尚需进行罕遇地震下的弹塑性位移验算。

　　传统的抗震设计在做地震作用分析时,对于最低性态要求为运行和充分运行的 Ⅲ、Ⅳ 类结构仍然用结构影响系数 C 进行折减后的弹性设计,仅仅根据抗震设计类别进行构造设计,显然这样并不能保证满足最低的性态要求。

　　为了保证 Ⅳ 类使用功能的结构在抗震设防地震下能充分运行(也即处于弹性工作状态),因此规定对此类结构其结构影响系数 $C = 1$ 进行抗震设防地震下的承载力验算及弹性位移验算。基于与 Ⅱ 类结构相同的原因,本规范规定一般不再需要进行罕遇地震下的弹塑性变形验算。

　　对于使用功能为 Ⅲ 类的结构,其最低性态要求为运行,即建筑结构基本功能可继续保持,一些次要的构件可能轻微破坏,但建筑结构基本完好。为满足此最低性态要求,在抗震设防地震下对结构影响系数进行放大,考虑到 Ⅱ 类使用功能结构结构影响系数为 C,而 Ⅳ 类使用功能结构按弹性设计,也即结构影响系数为 1,在没有深入研究的情况下,对 Ⅲ 类使用功能结构的影响系数取 Ⅱ 类和 Ⅳ 结构的中间值,也即取用结构影响系数为$(1 + C)/2$,进行弹性承载力和相应的位移验算,但指出对于 6.4.4 条所规定的结构,尚需进行罕遇地震弹塑性位移验算。

　　对于使用功能为 Ⅰ 类的次要结构,其破坏不会造成人员伤亡和大的经济损失,因此不进行抗震设防验算是合理的。

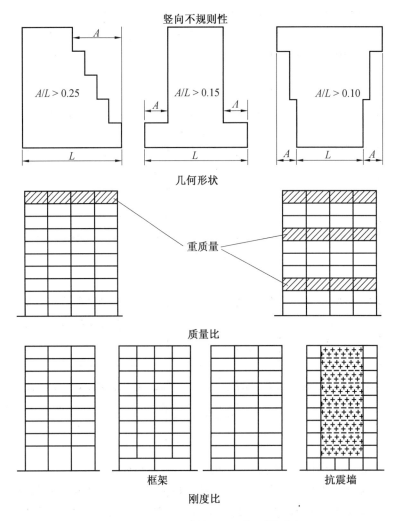

图 E6.1.5 – 2 建筑立面不规则性示意

6.1.9 结构的地震作用和变形的分析,有许多标准方法,包括本规范中规定的两个方法。现按其严密性和预期精度的增加次序排列如下:

1 底部剪力法(6.2 节);

2 振型分解法(6.3 节);

3 非弹性静力分析法,包含逐步增加的侧力图形和结构模型的调整,以考虑荷载作用下的逐步屈服(推覆分析,即 push-over 分析);

4 逐步积分耦联运动方程的非弹性反应时程分析法。

抗震设计类别为 B 类或 C 类、高度不超过 40 m、以剪切变形为主且质量和刚度沿高度分布比较均匀的结构,以及近似于单质点体系的结构,地震作用计算可采用底部剪力法。否则应采用振型分解或静力弹塑性或弹塑性时程分析等更精确的方法。

6.1.10 国家标准《建筑抗震设计规范》(GB 50011)按国家标准《建筑结构可靠度设计统一标准》(GB 50068)的原则规定,将地震发生时的恒荷载与其他重力可能的遇合结果,总称为"抗震设计的重力荷载代表值",即永久荷载标准值与有关可变荷载组合值之和。本规范采用了《建筑抗震设计规范》(GB 50011) 定义的重力荷载代表值及各可变荷载的组合系数。

6.2　水平地震作用计算的底部剪力法

6.2.1　本节讨论结构水平地震作用计算的底部剪力法。

6.2.2　底部剪力法的核心是式(6.2.2 - 1),它给出以结构影响系数 C,水平地震影响系数 α 及其增大系数 η_h 和建筑有效总重力荷载四个因子表示的总水平地震作用标准值 F_{Ek}。本规范采用了国家标准《构筑物抗震设计规范》(GB 50191) 的底部剪力法。该方法的依据见该规范的条文说明和参考文献(Cruz 和 Chopra,1985)。

总水平地震作用公式包含的因子如下面所述求得:

地震影响系数,亦即设计反应谱,第 4 章说明的第 4.2 节已详细讨论谱的动力放大和考虑场地反应效应的谱形状。

本底部剪力法的总水平地震作用是以基本振型的贡献表示的,它仅适用于谱加速度控制区,对于谱速度和谱位移控制区,其谱值应乘以增大系数。增大系数以式(6.2.2 - 4)的形式给出,不同类型结构的增大系数的指数(见表 6.2.2 - 1),是由拟合不同类型结构的振型分解法的结果求得的。

关于剪切型、剪弯型和弯曲型结构的划分标准,可参考下列准则:

1　根据基本振型曲线判断,倒三角形曲线为剪切型,接近二次曲线的为弯曲型,处于两者之间且偏于倒三角形的为剪弯型。

2　对于框架结构,可根据框架标准层的弯剪刚度比 ζ 来判断,$\zeta = 0$,为纯弯型;$\zeta = \infty$,为纯剪型;$\zeta = 0.125$ 附近,为剪弯型。

$$\zeta = \frac{\sum_b EI_b/L_b}{\sum_c EI_c/L_c} \qquad (E6.2.2 - 1)$$

式中　EI_b、EI_c——梁和柱的抗弯刚度;

L_b、L_c——梁长和柱高(Cruy and Chopra,1985)。

3　对于抗震墙结构,可根据墙的弯剪刚度比 R 来判断,$R = 0$,为纯弯型;$R = \infty$,为纯剪型;$R < 0.25$,弯曲为主;$R > 0.25$ 剪切为主。

$$R = \frac{kEI}{l^2 GA} \qquad (E6.2.2 - 2)$$

式中　EI——墙的弯曲刚度;

l——墙高;

GA——墙的剪切刚度;

k——墙的剪切系数,对矩形截面 $k = 6/5$,对圆形截面 $k = 10/9$,对工字形截面 $k = A/A_n$= 全截面面积／腹板部分截面面积,对薄壁环形截面 $k = 2.0$(王光远,1978)。

有效重力荷载,取基本振型的有效重力荷载。基本振型的振型曲线取近似曲线式(6.2.2 - 3),其中的指数,对剪切型,弯剪型和弯曲型结构,分别近似取 1.0、1.5 和 1.75。

结构影响系数列于表 6.1.2 中,但必须考虑第 6.1.4 条对不同使用功能类比的调整,其值确定的基础见第6.1.2条的说明。

需要指出的是,上述底部剪力法与《建筑抗震设计规范》(GB 50011—2008)有所不同,但是由如下算例可见,两者差别不大。

4 算例:四层钢筋混凝土框架结构,建造于基本烈度为6度区,场地为Ⅱ类,设计地震分组为第一组,层高和层重力代表值如图所示。结构的基本周期为0.56 s,试用底部剪力法计算各层地震剪力标准值。

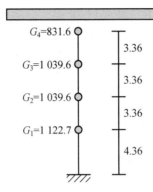

1)按本规范计算如下:

$$T_g = 0.35, T_1 = 0.56$$

$$\beta_{\max} = 2.25$$

$$k = A/g = 0.05$$

$$\alpha_1 = k\beta = k(T_g/T_1)^\theta \beta_{\max} = 0.073\ 7$$

$$\beta > 0.15\beta_{\max}$$

框架结构的结构影响系数由表6.1.2查得:$C = 0.35$。

水平地震影响系数增大系数:由剪切型结构查表得

$$\zeta = 0.05$$

$$T_1 > T_g$$

故 $$\eta_h = (T_g/T_1)^{-\zeta} = (0.35/0.56)^{-0.05} = 1.023\ 8$$

结构基本振型指数:$\delta = 1.0$

故结构基本振型质点 i 的水平相对位移为

$$X_{1i} = (h_i/h)^\delta$$

求得

X_{14}	1
X_{13}	0.767 313
X_{12}	0.534 626
X_{11}	0.301 939

故求得结构基本振型的有效重力荷载:

$$G_{\text{ef1}} = \frac{(\sum_{i=1}^{n} G_i X_{1i})^2}{\sum_{i=1}^{n} G_i X_{1i}^2}$$

$$= \frac{(831.6 + 797.7 + 555.8 + 339)^2}{831.6 + 612.1 + 297.1 + 102.4}$$

$$= 3\ 456.5\ \text{kN}$$

地震总剪力:

$$F_{Ek} = C\eta_h\alpha_1 G_{efl} = 0.35 \times 1.023\ 8 \times 0.05 \times 3\ 456.5 = 91.28\ \text{kN}$$

2）按《建筑结构抗震规范》(GB 50011)计算如下:

$$\alpha = 0.04, \quad T_g = 0.35$$

$$T_g < T_1 < 5T_g$$

$$\alpha_1 = \left(\frac{T_g}{T_1}\right)^\gamma \eta_2\alpha_{max} = \left(\frac{T_g}{T_1}\right)^{0.9} \times 0.04 = 0.026\ 2$$

$$F_{Ek} = \alpha_1 G_{eq} = \alpha_1 \times 0.85 \times \sum G_i$$

$$= 0.026\ 2 \times 0.85 \times (831.6 + 1\ 039.5 \times 2 + 1\ 122.7)$$

$$= 89.83\ \text{kN}$$

6.2.3　建筑结构的基本周期应按完全确认的分析方法计算,式(6.2.3)是基于瑞利方法的结果(Clough 和 Penzien,1975)。

计算周期随结构柔度的增加而增加。如果在计算位移时忽略了非结构构件对结构刚度的贡献,则位移将被夸大,而计算周期加长,将导致地震影响系数和地震作用的减小。计算周期时,忽略非结构构件的影响所产生的误差,是处于非保守的一边,故应对计算结果予以适当折减。当计算周期的经验公式是基于脉动或小振幅振动试验结果时,鉴于结构的非结构构件和建筑物件在小振幅时的刚度影响,而建筑结构遭受设计地震加速度时为大振幅振动,故对小振幅实测周期应予以适当增长。

6.2.4　水平地震作用沿建筑高度的分布通常是十分复杂的,因为这些作用是许多固有振型反应叠加的结果。这些振型地震作用对总水平地震作用的相对贡献取决于一系列因素,包括地震反应谱形状、建筑固有振动周期和振型形状,而后者又取决于质量和刚度沿高度的分布。目前规范关于总水平地震作用沿建筑高度分布的常用方法有两种:一是将部分底部剪力集中作用于结构顶部(如《建筑抗震设计规范》),而其余部分则按倒三角形分布。另一是将总水平地震作用按结构基本振型形状分布,在短周期的规则建筑中,基本振型与直线相近,在较长周期的规则建筑中,基本振型近似位于直线和顶点位于基底的抛物线之间。令振型曲线以$(h_i/h)^k$表示,则对于短周期($T \leqslant 0.5\ \text{s}$)建筑,取$k=1$;对于长周期($T \geqslant 2.5\ \text{s}$)建筑,取$k=2$;对于周期处于$0.5\ \text{s}$和$2.5\ \text{s}$之间的建筑,$k$由1和2间线性插值确定。第一种方法以简单方式考虑高振型的影响,但不适用于计算楼层弯矩;第二种方法考虑了长短周期的不同基本振型曲线特性,但未考虑高振型的影响,本规范选用该方法。这种方法利用振型组合的概念,将总水平地震作用看成是由基本振型和第二振型(以此代表高振型影响)的水平地震作用的组合,在分别求得基本振型和第二振型的水平地震作用沿高度分布后,分别计算它们的地震作用效应,然后按平方和开方法求总地震作用效应。

6.2.5　本条与《建筑抗震设计规范》(GB 50011)一样,介绍了根据楼、屋盖的具体情况将各层地震剪力分配到竖向抗侧力构件的原则。

对不规则结构不进行扭转耦联计算时,规定了简单考虑扭转影响的放大方法,指出对不规则结构宜用有限元分析考虑扭转影响。

6.3 水平地震作用计算的振型分解法

6.3.1,6.3.2 振型分解法(Newmark 和 Rosenblueth, 1971; Clough 和 Penzien, 1975)通常适用于计算复杂的多自由度结构的线性反应。结构的线性反应是各固有振动振型反应的叠加,可用一系列单自由度振子的反应来模拟。对于某些类型的阻尼,这在数学上是精确的,而对于建筑结构,结构地震反应的无数足尺试验和分析已表明,采用振型分解,并以等效黏滞阻尼单自由度振子描述结构振型的反应,对于线性反应分析是一个很好的近似,振型分解的数学模型,有二维模型和三维模型,三维模型还可包括模拟楼、屋盖柔度的附加自由度。

振型分解法在设计中是方便有效的。底部剪力法式(6.2.2 − 1)中的地震影响系数,实质上是加速度设计谱,可以用来确定一个完整结构的每个振型的最大反应。本规范采用了单个振型的振型水平地震作用及其沿结构高度分布的表达方式。这种表达方式突出了它们与底部剪力法的相似性。一旦确定了每个主要振型的水平地震作用和其他反应变量,并组合给出总水平地震作用标准值及其效应,则它们以基本上与 6.2 节给出的总水平地震作用相同的方式使用。

6.3 节的振型分解法的表达式,是在每个楼面仅有一个自由度的二维振型分解的表达式。垂直于所考虑方向的地面运动水平分量和建筑的扭转运动效应,都以相同的简单方式来考虑,地面运动竖向分量则是专门另行考虑,对于三维振型分解,必须外推本节的规定和要求。

6.3.3 本条规定用于分析所需的振型数目。对于许多结构,包括低层建筑和中等高度的结构,每个方向取三个振型,几乎总是足以确定建筑的地震反应量。但是对于高耸结构,为恰当地确定地震作用,可能要求三个以上的振型。本条提供了一个简单的规则,即在两个水平正交方向的每个方向中,分析中包含的所有振型的组合参与质量,应不小于有效总质量的 90%。

计算每个振型的振型地震作用,都需要固有振动周期和振型。因为在这些要求中设想的振型周期,是与中等级级的但实际上仍是线性的结构反应相联系的周期,周期的计算,应仅包含在这种振幅时是有效的那些构件。由于结构的非结构构件和建筑构件在小振幅时的刚度影响,这种周期大于由建筑小振幅试验时求得的或由小地震动反应求得的周期。罕遇地震中测量的建筑反应表明,其周期加长,这说明由那些构件贡献的刚度已经丧失。

有多种多样的计算周期及其相联系的振型形状的方法,但本规范规定,重要的是所用方法都必须基于广泛接受的力学原理。

6.3.4 振型分解的主要特点,是将地震反应看作是结构以其每个主要振型振动时的独立反应的组合。当结构按某特殊振型以其相联系的周期来回振动时,它便经历底部剪力、层间位移、楼面位移、底部(倾覆)力矩等的最大值。在本条中 j 振型的总水平地震作用标准值,规定为振型地震影响系数 α_j、结构影响系数 C、振型有效重力荷载 G_{efj} 的乘积。每个振型的系数 α_j,由相联系的振型周期 T_j 确定。系数 C 已于第 6.1.2 条说明中讨论。

6.3.5 规定与每个主要反应振型相联系的水平地震作用和位移。各质点的振型水平地震作用由式(6.3.5 − 1)和式(6.3.5 − 2)给出,并以楼面的重力荷载代表值、振型形状和振型总水平地震作用标准值表示。式(6.3.5 − 1)的形式稍不同于通常的表达形式,它清楚地表示出振型水平地震作用与振型总水平地震作用之间的关系,并突出了与底部剪力法中式(6.2.4)的相似性。

6.3.6 本条规定结构的总水平地震作用标准值、层间剪力、倾覆力矩和层间位移量以及各质点的位移进行组合的方式。采用振型量的平方和开方的方法是因为它简单而又广泛熟悉。它通常给出满意的结果,但并不总是地震反应的保守预测,因为可出现比这个组合方法所给出的更为不利的振型组合。最通常的非保守例子,出现在两个振型有非常接近相同的固有周期的场合,例如非对称偏心结构。在此情形反应是高度相关的,振型的组合应当采用较保守的组合—— 完全二次型组合方法。

与底部剪力法的结果相比较,本条还限制了振型分解法可获得的总水平地震作用的减小程度。由于振型反应谱法给出较精确的地震反应,出现某些减小应是正确的。但对由计算的较长周期产生的任何这种可能的减小加以限制,也是必要的,因为由于非结构构件刚度的影响,即使在中等量级振幅运动时,真实的振动周期可能不会这么长。限制借助于与底部剪力法结果的比较给出。

6.3.7 本条要求将第6.3.6条计算的层间剪力,如第6.2.5条中规定的那样,分配到抗震体系的竖向构件上。

6.4 建筑结构抗震验算

6.4.1 对结构的抗震验算,本规范考虑了结构构件的截面承载力验算和结构的层间变形验算。各类结构应进行抗震设防地震作用下的承载力验算和变形验算,对第6.4.4条中所列结构,尚应进行预估的罕遇地震作用下的变形验算。

由于地震影响系数在长周期段下降较快,对于基本周期大于3.5 s的结构,由此计算所得的水平地震作用下的结构效应可能太小。而对于长周期结构,地震动态作用中的地面运动速度和位移可能对结构的破坏具有更大影响,但是规范所采用的振型分解反应谱法尚无法对此做出估计。出于结构安全的考虑,提出了对结构总水平地震剪力及各楼层水平地震剪力最小值的要求,规定了不同烈度下的剪力系数,当不满足时,结构总剪力和各楼层的水平地震剪力均需要进行适当的调整或改变结构布置使之满足要求。例如,当结构底部的总地震剪力略小于本条规定而中、上部楼层均满足最小值时,可采用下列方法调整:若总地震剪力不足的部分为地震加速度引起的,则各楼层均需乘以同样大小的增大系数;若不足部分为地震动位移引起的地震作用,则各楼层i均需按底部的剪力系数的差值$\Delta\lambda_0$增加该层的地震剪力—— $\Delta F_{Eki} = \Delta\lambda_0 G_{Ei}$;若不足部分为地震速度引起的地震作用,则增加值应大于$\Delta\lambda_0 G_{Ei}$,顶部增加值可取动位移作用和加速度作用二者的平均值,中间各层的增加值可近似按线性分布。

需要注意:① 当底部总剪力相差较多时,结构的选型和总体布置需重新调整,不能仅采用乘以增大系数的方法处理。② 只要底部总剪力不满足要求,则结构各楼层的剪力均需要调整,不能仅调整不满足的楼层。③ 满足最小地震剪力是结构后续抗震计算的前提,只有调整到符合最小剪力要求才能进行相应的地震倾覆力矩、构件内力、位移等的计算分析;即意味着,当各层的地震剪力需要调整时,原先计算的倾覆力矩、内力和位移均需要相应调整。④ 采用时程分析法时,其计算结果也需符合最小地震剪力的要求。⑤ 本条规定不考虑阻尼比的不同,是最低要求,各类结构,包括钢结构均需一律遵守。

扭转效应明显与否一般可由考虑耦联的振型分解反应谱法分析结果判断,例如前三个振型中,两个水平方向的振型参与系数为同一个量级,即存在明显的扭转效应。对于扭转效应明显或基本周期小于 3.5 s 的结构,剪力系数取 $0.2\alpha_{max}$,保证足够的抗震安全度。对于存在竖向不规则的结构,突变部位的薄弱楼层,尚应按第 6.1.9 条第 4 款的规定,再乘以不小于 1.15 的系数。

6.4.2 按照国家标准《建筑结构可靠度设计统一标准》(GB 50068),结构极限状态设计表达式中的各种分项系数,应根据有关基本变量的概率分布类型和统计参数,以及规定的目标可靠指标,通过计算分析,并考虑工程经验,经优化后确定。由于目标可靠度的确定,各类结构的地震可靠度的分析,以及在此基础上为确定各项分项系数进行的优化过程,是一个工作量极大的复杂工作,特别是当需要考虑多个极限状态的多水平可靠度设计时,问题更为复杂。本规范的制定,尚没有时间来进行这项工作,因此在进行截面抗震验算时,沿用《建筑抗震设计规范》(GB 50011)规定的地震作用效应和其他荷载效应的基本组合式和设计表达式,但考虑到本省低烈度的特点删除了竖向地震作用效应项。关于设计表达式中的地震分项系数,作用组合值系数和抗力分项系数的确定,详见该规范的条文说明。

本规范的承载力抗震调整系数与《建筑抗震设计规范》(GB 50011)一致。

6.4.3 本规范要求考虑两个水准地震,即抗震设防地震和罕遇地震作用下结构的变形验算。鉴于在此两水准地震作用下结构一般均已进入非弹性阶段,结构的非弹性变形计算和变形限值的确定都很复杂,因此本规范的变形验算未采用基于可靠度的方法,而仅根据地震作用下的变形,采用弹性层间位移角限值的方法进行验算。

关于结构在抗震设防地震作用下的抗震变形验算,本条仅提供弹性层间位移角限值。

控制抗震设防地震作用下的层间位移角需考虑的因素有:

1 控制构件非弹性变形,虽然利用层间位移角限值控制应变,是一个不精确的方法,但它与人们对应变限值的认识现状是相当的。

2 承受地震作用的建筑结构需要控制层间位移角,以限制隔墙、电梯和楼梯封闭墙、玻璃和其他易损的非结构构件的破坏,更重要的是使地震安全构件的差异运动减至最小。从生命可能受到过度威胁这个意义上来说,非结构构件的破坏和地震安全构件的非结构破坏,是限制层间位移的依据。

从上述控制因素来看,参考如下资料:

Vision 2000(OES 1995)给出了不同性态水平和结构破坏及层间位移角限值关系,见表 E6.4.6.3 – 1。

表 E6.4.3 – 1 不同性态水平和结构破坏及层间位移角限值关系

性态水平	完全运行	运行	生命安全	接近倒塌	倒塌
建筑总体破坏	可忽略	轻微	中等	严重	倒塌
容许层间位移角	< 0.2%	< 0.5%	< 1.5%	< 2.5%	> 2.5%

FEMA 273 地震修复规范表 2.6 给出了不同性态水平和结构破坏及不同结构体系的层间位移角限值的关系,见表 E6.4.3 – 2。

表 E6.4.3 - 2 不同性态水平和结构破坏及不同结构体系的层间位移角限值的关系

性态水平	立即可居住	生命安全	防止倒塌
结构总体破坏	轻微	中等	严重
容许层间位移角			
钢筋混凝土框架	1.0%	2.0%	4.0%
钢筋混凝土抗震墙	0.5%	1.0%	2.0%
钢框架	0.7%	2.5%	5.0%
钢支撑框架	0.5%	1.5%	2.0%

由于本规范在进行设防烈度下的地震作用计算时,已区别使用功能调整了结构影响系数;对Ⅱ类使用功能结构,大体相当于进行小震作用下的弹性验算;对Ⅲ、Ⅳ类使用功能结构,由于使用了较大的结构系数,旨在比小震更强的地震作用下,使结构大体处于弹性状态,保障更高的使用功能要求。因此,本规范像《建筑抗震设计规范》(GB 50011)一样,对不同的使用功能使用同样的弹性位移角限值。

对配筋混凝土小型空心砌块抗震墙房屋,像结构影响系数C一样,参照钢筋混凝土抗震墙建筑取用层间位移角限值。

6.4.4 本款给出的罕遇地震作用下的弹塑性变形验算,是为了防止结构在预估的罕遇地震中不能实现预期的性态目标,预估的罕遇地震的含义指50年内超越概率约为5%,或1 000年一遇的地震。本条规定了需要进行罕遇地震作用下变形验算的结构,并沿用了《建筑抗震设计规范》(GB 50011)的规定。鉴于罕遇地震作用下抗震变形验算的计算工作量较大,仅要求对在罕遇地震作用下较易倒塌的延性结构和有特殊要求的钢筋混凝土结构进行变形验算。详细的叙述参见《建筑抗震设计规范》(GB 50011)的条文说明。该规范中关于烈度和场地类别的条件,在本规范中已转换成相应的设计地震加速度和抗震设计类别。

6.4.5 ~ 6.4.7 从结构非弹性分析的学术现状来看,目前还没有一种方法可应用于所有类型的结构。鉴于此,本规范将对不同类型的结构采取不同的分析方法。

1 对于不超过12层且刚度无突变的钢筋混凝土框架结构、单层钢筋混凝土柱厂房,可采用《建筑抗震设计规范》(GB 50011)规定的仅计算薄弱层(部位)变形的简化方法。该方法的基础参见《建筑抗震设计规范》(GB 50011)的条文说明。

2 对于其他结构,应采用非线性时程分析法或其他简化的非线性分析。

非线性时程分析可利用有效的计算机程序来完成。但这种分析结果的可靠性对下列因素是敏感的:输入时程的数目和合适性,包括非弹性单元的相互作用效应的数学模型,非线性算法和假定的滞变性状。因此本规范要求:输入时程应至少选用2组同类场地的实际加速度记录和1组拟合场地设计谱的人工模拟加速度曲线,时程分析应采用可靠的经实践检验的方法进行,结构和材料的性质及其模拟应小心评价和确定,输入时程应至少包含15 s强震段,或其强震段至少5倍于结构基本周期两者中的较大者。简化的非线性分析方法可采用静力非线性分析法(Pushover Analysis),或其他方法(张令心等,1998)。

6.4.8 根据第1章中的抗震设防原则,在预估的罕遇地震作用下,控制结构的变形是为了防止结构不能实现预期的性态目标。相应于此目的的层间弹塑性位移角限值的取值,目前尚难以准确确定。本规范参考《建筑抗震设计规范》(GB 50011)的规定,并根据上述Vision

2000 和 FEMA 273 给出的结构破坏程度和层间位移角限值的关系,对 Ⅲ 类建筑偏于安全地取中等至严重破坏之间接近中等破坏的层间位移角限值。为考虑不同使用功能类别建筑的不同程度性态标准,Ⅳ 类和 Ⅱ 类建筑的层间位移角限值,根据 Ⅲ 类建筑的层间位移角限值做适当调整而得,最后确定的弹塑性层间位移角限值见表 6.4.8。

7 多层和高层钢结构

7.1 一般规定

7.1.1,7.1.2 本章的规定原则上适用于各种承受地震作用的多层和高层钢结构及其构件和连接的设计。

7.1.4 本条对钢结构材料的选用做了如下规定:

1 根据国家标准《钢结构设计规范》(GB 50017)第3.3.4条的条文说明,对于重要的受拉和受弯的焊接结构的钢材,应具有常温冲击韧性的合格保证。地震区的抗侧力结构应属于重要的结构,故应采用 B 级以上的 Q235 和 Q345 钢材。强度等级更高的 Q390 和 Q420 钢材延性较低,暂不推荐在承受地震作用的钢结构中采用。当采用其他钢材时,其性能必须同时符合强度、延性、韧性和焊接性的要求。

2 因厚钢板的热轧变形量较小,很难焊合夹杂在钢中的硫化物在轧扁后形成的层状分离间隙,此时,当沿厚度方向受拉时很容易出现层状撕裂破坏。钢板的抗层状撕裂性能,采用沿厚度方向的标准试件在拉力试验破坏后的断面收缩率来评定。Z15 级厚度方向性能钢材是指含硫量不大于0.01%,沿厚度方向拉断时的断面收缩率不小于15%的钢材。本款的规定是为了防止厚板施焊时因局部构造原因产生沿厚度方向的高约束焊接残余拉应力,或结构受力时在该处产生拉应力而发生层状撕裂破坏。

3 本款引自美国钢结构学会给出的钢结构抗震规定(见 Seismic Provisions for Structural Steel Buildings, American Institute of Steel Construction, 1997, Part Ⅰ.)(以下简称美国规定)。通过工厂的质量鉴定试验,来控制坡口全熔透焊缝的质量,尽量避免非延性断裂。美国规定不区分抗震设计类别,过于保守。本款只对 C 类提出要求。

7.1.5 本条给出的结构体系是我国钢结构设计中常用的,对不同抗震设计类别的最大适用高度和高宽比限值,是参照行业标准《高层民用建筑钢结构技术规程》(JGJ 99)对不同抗震设防烈度的规定值经适当调整给出的。

7.2 计 算 要 点

7.2.2 一般场地设计谱值系根据阻尼比0.05给出,用于阻尼比较低的钢结构时,必须进行调整。

7.2.4 强柱弱梁是抗震设计的基本要求,本条强柱系数 η 是为了提高柱的承载力。

由于钢结构塑性设计时(GBJ 17—88 第9.2.3条),压弯构件本身含有1.15的增强系数,因此,若系数 η 取得过大,将使柱的钢材用量增加过多,故本规范规定抗震设计类别为 A 类 Ⅳ 类场地和抗震设计类别为 B 类时可取 1.0,抗震设计类别为 C 类时可取 1.05。

为了确保强柱弱梁机制的出现,可采用在节点附近局部削弱梁截面(RBS - Reduced Beam Section)的措施。在公式(7.2.4)右侧的 W_{pb} 中考虑了这种情况。同时对于端部翼缘变截面的梁还考虑了梁上塑性铰处的剪力对节点域中心产生的附加弯矩的影响,即 $V_{pb}s$ 项。

7.2.5 本条给出了中心支撑框架和框架 - 中心支撑结构的抗震设计规定。

1 用于抗震的中心支撑框架的支撑布置形式如图 E7.2.5 - 1 所示。在罕遇地震作用时,要靠支撑屈曲后的循环塑性耗能。当采用以受拉屈服形式耗能的单斜支撑体系时,应同时设不同倾斜方向的两组斜杆,如图 E7.2.5 - 1(b) 所示,以防因一侧单斜支撑受压失稳使结构向一侧倾倒。

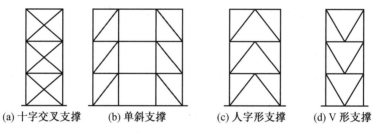

(a) 十字交叉支撑　　(b) 单斜支撑　　(c) 人字形支撑　　(d) V 形支撑

图 E7.2.5 - 1　中心支撑布置形式

2 在罕遇地震作用下,V 形或人字形支撑中的受压斜杆会发生反复的整体屈曲使承载力降低到初始承载力的 30% 左右,而此时受拉的斜杆则可承受直至屈服强度的拉力,在横梁跨中产生不平衡的竖向力的作用,因此不能考虑支撑在梁跨中的支承作用,且横梁必须保持连续。本款的最后一项是为了防止横梁在与支撑相交处发生侧向失稳,当梁上为组合楼盖时,梁的上翼缘可不必验算。

3 本款规定是为了防止组合压杆的单肢失稳和垫板焊缝的失效,条文中的"组合支撑杆件控制长细比"是指组合支撑杆件在框架平面内和平面外的最大长细比。试验表明当支撑杆件发生出平面失稳时,将带动两端节点板的出平面弯曲,为了不在单壁节点板内发生节点板的出平面失稳,又能使节点板产生非约束的出平面塑性转动,可在支撑端部与假定的节点板约束线之间留有2倍节点板厚的间隙,如图 E7.2.5 - 2 所示。

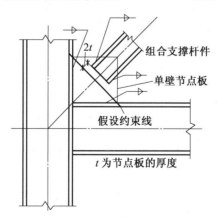

图 E7.2.5 - 2　组合支撑杆件端部与单壁节点板的连接

7.2.6 本条给出了偏心支撑框架和框架 - 偏心支撑结构的抗震设计规定。

1　用于抗震的偏心支撑框架的支撑布置如图 E7.2.6 所示。

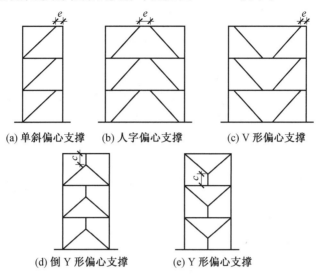

(a) 单斜偏心支撑　　　(b) 人字偏心支撑　　　(c) V 形偏心支撑

(d) 倒 Y 形偏心支撑　　　(e) Y 形偏心支撑

图 E7.2.6　偏心支撑布置形式

2　试验研究证明,符合该款要求的消能梁段为剪切屈服型连梁。剪切屈服型连梁的耗能能力和滞回性能均优于弯曲屈服型。

3　试验和理论研究证明,耗能连梁的轴压比不大于 0.13 时,轴力对其全塑性抗弯(进而对抗剪)承载力的影响可以略去。当轴压比大于 0.13 时,应考虑其不利影响。公式(7.2.6 – 6)是由米赛斯屈服条件,假设弯矩完全由连梁的翼缘承受推导出来的,用其考虑耗能连梁中轴力对腹板抗剪承载力的影响。公式(7.2.6 – 7)是考虑连梁两端均出现全塑性弯矩时,轴力对抗剪承载力的影响。

4　偏心支撑框架耗能机制实现的先决条件是确保支撑不失去整体稳定。本款规定的偏心支撑斜杆的内力增大系数与现行抗震规范接近,另外还考虑了弯矩的影响。偏心支撑应根据增大的内力设计值,按国家标准《钢结构设计规范》(GB 50017)中的压弯构件进行设计。

5　本款规定也是确保耗能机制只发生在耗能连梁处。

7.2.7　对支撑与框架连接处和支撑拼接处的承载力做了规定。

7.2.8　本条给出了梁柱刚性节点的设计规定。

1　式(7.2.8 – 1)和(7.2.8 – 2)是本着在强震作用下,即使构件发生充分的塑性变形节点也不致破坏的原则建立的。

2　试验表明,节点板域的实际抗剪屈服强度因边缘板件的存在而有较大提高,同时板域屈服后的应变硬化效应也很明显。因此根据日本的研究结果,将板域的抗剪强度提高到4/3。国家标准《钢结构设计规范》(GB 50017)也列有相应的设计规定。本款中的 5/3 是将4/3 除以抗震调整系数 0.8 后得到的。

在罕遇地震作用下,若节点板域厚度太大,将无法进入剪切屈服而耗散地震能量。公式(7.2.8 – 3)中的 α 就是针对不同抗震设计类别,采取适当降低梁的全塑性屈服弯矩的办法,使节点板域在罕遇地震作用时能进入剪切屈服。

3　为了防止节点板域的受剪局部屈曲,经试验和理论分析提出公式(7.2.8 – 4)的限制条件。美国规定提出公式中的系数 β 取 90。

7.3 抗震构造措施

7.3.1 本条给出了梁和柱的构造要求。

1 梁翼缘的突然改变,会引起应力集中,在罕遇地震作用下很难充分发展塑性和延性。但最近国外的试验研究证明,当圆滑地改变梁翼缘的宽度(所谓狗骨形翼缘)时,能保证在削弱截面处充分发展塑性和延性,有利于抗震耗能。

2 保证罕遇地震作用下的框架梁不发生侧向失稳。

3 本条引自国家行业标准《高层民用建筑钢结构技术规程》(JGJ 99),只是将设防烈度大体换算为抗震设计类别。

4 限制板件的宽厚比,可保证构件在达到所要求的受力状态下,不失去局部稳定。抗震结构的梁柱均希望能在弹塑性状态下工作,并有较大的延性,因此对其板件的宽厚比较非抗震结构有更加严格的限制。表中数值是根据国内外的相关研究确定的。

7.3.2 本条给出了支撑构件和耗能连梁的构造要求。

1 支撑杆件的长细比过大,会严重恶化其滞回性能。长细比过小,又可能引来过大的地震作用。中心支撑杆件的长细比限值引自美国规定有关特殊中心支撑框架的规定。

2 在罕遇地震作用下,支撑杆件要经受较大的弹塑性拉压变形,为了防止过早地在塑性状态下发生板件的局部屈曲,引起低周疲劳破坏,参照国内外的有关研究,制定了本款。

3 本款也是为了保证耗能连梁在板件不发生局部失稳的条件下能充分实现剪切屈服耗能机制。

7.3.3 本条给出了连接和节点的构造要求。

1～3款引自美国规定和国家标准《钢结构工程施工质量验收规范》(GB 50205)的有关规定。

4 震害表明,梁柱刚性节点构造不当,常在强烈地震中发生破损,降低结构的抗震能力。为保证框架有足够的延性,应尽量做到:① 尽量减少在坡口全熔透焊缝处的应力集中和变形约束条件;② 利用框架节点板域的适度剪切变形,提高框架的变形能力;③ 防止梁端与柱翼缘连接焊缝发生脆性断裂;④ 避免地震时框架梁端下翼缘焊缝断裂的常见震害。

7.3.4 本条给出了各种抗震剪力墙板的构造要求。由低屈服强度钢板制成的钢板抗震剪力墙,有利于形成剪切屈服耗能机制。有条件时可采用 LYP100 钢板,其机械性能为 $f_y \leqslant 100 \text{ N/mm}^2$,强屈比 > 3,伸长率 $\delta_5 \geqslant 50\%$。

8 多层和高层混凝土结构

8.1 一般规定

8.1.1 本章只适用于现浇钢筋混凝土结构和装配式框架结构的抗震设计;装配式大板结构未列入本章,可参阅专门的规程。

8.1.2 本条列出了与本章有关的国家现行设计和施工标准。抗震设防区的钢筋混凝土结构除应符合本章的抗震要求外,还应符合这些标准的要求。

8.1.3 给出了钢筋混凝土结构房屋抗震设计类别划分依据、裙房抗震设计类别的选取方法,指出主楼与裙房顶层同高度的楼层及相邻的上下层,应适当加强抗震构造措施。

8.1.4 钢筋混凝土结构材料选择合理与否直接影响工程的质量、功能和造价。对普通钢筋的选择体现了普通纵向受力钢筋以不低于 HRB400 级的热轧钢筋为主导钢筋,同时兼顾 HRB335 热轧钢筋的原则。对预应力钢筋的选择体现了以高强钢丝钢绞线为主导预应力钢材,同时兼顾了精轧螺纹钢筋的原则。对混凝土强度等级的选择体现了结构混凝土强度等级适当提高,同时又能确保浇筑质量的原则。

8.1.5 建筑的抗震设计类别是根据设计地震动参数和建筑使用功能类别确定的,结构高度的限制与抗震设计类别有关,不同设计类别和不同结构体系的抗震性能不同,它们的最大适用高度也不同。本章规定的最大适用高度是根据抗震措施、地震危险性、经济效果和地震宏观的经验提出的。如有可靠的论据可以超出此限制。

8.1.6 震害经验表明,形状不规则的建筑地震时更容易引起结构破坏,这主要是形状复杂的结构容易引起应力集中,而且进行地震反应分析时这些细部在分析模型中往往难以反映,而规则的建筑受力简单明确,容易分析;建筑物的平立面是否规则,在本规范表 6.1.3 中对平面和竖向的不规则性给出了它们的定义和相应的处理办法。

8.1.7 设置防震缝是减轻不规则建筑局部破坏的主要措施,最小宽度限制是防止地震时相互碰撞而引起严重震害。

8.1.8 多层和高层建筑相邻楼层沿高度的受剪承载力如相差较大,会产生弹塑性变形集中现象,使这些楼层产生严重破坏,理论分析已经证明,日本 1995 年阪神地震中也有很多这种震害例子。本条对相邻楼层的屈服剪力系数相差值的限制是根据数千个算例给出的。

8.1.9 地震的作用方向在事前是无法估计的,所以框架与抗震墙必须在两个主轴方向设置。

8.1.10 "5·12"四川汶川大地震震害表明,地震扭转效应所引起的震害是主要震害类型之一。本条款要求在工程中按照"均匀、对称、分散、周边"的原则布置抗震墙,以形成足够的抗扭刚度,避免过于严重的受损破坏。

8.1.11 如第 8.1.7 条说明的那样,结构相邻楼层的强度和刚度如果相差较大就会出现变形集中现象。抗震墙全高必须贯通房屋全高,否则会造成楼层之间刚度的显著差异。大的开洞也会影响抗震墙的刚度,在设计时这些情况都必须避免。

8.1.12 要求框支层的楼层侧向刚度不应小于相邻非框支层楼层侧向刚度的 50%,是为了避免地震时在框支层产生弹塑性变形集中现象,避免在框支层产生严重破坏。

8.1.13 进行剪力墙结构、框架 – 剪力墙结构、板柱 – 剪力墙结构和筒体结构等的剪力墙抗震设计时,为保证出现塑性铰后剪力墙具有足够的延性,该范围内应当加强构造措施,提高其抗剪切破坏的能力。由于剪力墙底部塑性铰出现有一定范围,因此对其做了规定。一般情况下单个塑性铰发展高度为墙底截面以上墙肢截面高度 h_w 的范围,为安全起见,本条规定的加强部位范围适当扩大。

部分框支抗震墙结构,由于转换层位置的增高,结构传力路径复杂、内力变化较大,规定剪力墙底部加强范围亦增大,可取框支层加框支层以上两层的高度及落地抗震墙总高度的 1/8 二者的较大者,这里的剪力墙包括落地剪力墙和转换构件上部的剪力墙。

8.1.14 试算结果表明,绝大部分抗震设计类别为 A 类的结构,若满足本规范 8.1.4 条高度限值和 8.4 节抗震构造要求,可顺利通过地震作用验算。本规范有具体规定时,应进行地震作用验算。

8.1.15 对软弱黏性土层、液化土层和严重不均匀的土层以及重力荷载相差较大具有单独基础的框架柱基,在两个主轴方向设置基础连系梁可以控制柱的下沉量,避免引起结构破坏。

8.1.16 "5.12"四川汶川地震震害表明,单跨框架抗震性能不好,震损普遍严重。建议抗震设计的框架结构尽量不采用单跨框架。

8.2　钢筋混凝土结构的承载力

8.2.3 本条的规定主要是为增强构件的延性。增强构件延性应限制和避免下列几种破坏:一是对角线剪切破坏,这种破坏一般发生在剪跨比小于 1 的构件中,所以对剪跨比规定了一个下限;二是剪压破坏、剪拉破坏和黏结破坏都会降低构件的延性。轴向应力(σ_0)大时,如发生弯曲破坏,由于延伸率小而容易产生剪压破坏。根据试验,σ_0/f_c 在 0.4 左右延性最好。节点是保持结构整体性和梁柱连接的重要部位,即使梁柱已屈服,节点还必须保持一定的潜力,以保证结构的整体性。

8.2.4 试验研究表明,梁的延性通常大于柱子,梁的屈服可使整个框架有较大的内力重分布和能量耗损,同时能减轻柱子的破坏,提高整体结构的安全,此即强柱弱梁的设计概念,符合公式(8.2.4 – 1)的设计即能体现强柱弱梁的要求。柱端弯矩增大系数,是参考《建筑抗震设计规范》(GB 50011—2001)的规定的经验数值。

第 2 款考虑到框架结构的底层柱过早出现塑性屈服,将影响整个结构的变形能力。底层柱下端乘以弯矩增大系数是为了避免框架结构柱脚过早屈服。对框架 – 抗震墙结构的框架,其主要抗侧力构件为抗震墙,对其框架部分的底层柱底可不做要求。

第 3、4、6 款是防止构件剪切破坏先于弯曲破坏的措施,是为了提高构件的延性。其中第 3 款防止梁端在弯曲破坏前发生剪切破坏,这一措施意味着梁受剪承载力大于梁屈服时实际达到的剪力,这样就可以符合弯曲破坏先于剪切破坏的要求,可以提高构件的延性;第

4 款是对柱采取的同第 3 款对梁的措施一样的办法。由于对使用功能的要求和所在地区的地震危险性不同,因此对不同抗震设计类别的建筑,剪力调整系数略有差别。第 6 款考虑到抗震墙底部是受到剪力最大的部位,所以必须防止抗震墙底部的剪切破坏早于弯曲破坏而降低结构的延性,应对它的剪力设计值适当提高。

第 5 款考虑到角柱是地震中最易受到破坏而且是结构受到扭矩最大的柱子,所以它们的内力增大系数应再适当加大一些。

8.2.5 本条给出的限制条件,目的是规定框架梁、柱、抗震墙和连梁截面尺寸的最小值,或者说限制了结构构件截面的最大名义剪应力值。结构构件的名义剪应力值过高,会在早期出现斜裂缝,抗剪钢筋难以充分发挥作用。

8.2.6 节点是维持结构整体性的重要部位。一方面要处理好不同方向梁的纵筋在节点内分排垂直叠放问题,另一方面也要处理好不同方向梁纵筋在节点的可靠锚固问题。解决好这两个方面问题是保证节点设计合理的前提。

8.2.7 对于框架 - 抗震墙结构,如果按刚度分配,框架部分可能分担的地震作用很小,为防止抗震墙破坏后把部分地震作用转嫁给框架,造成框架的破坏,有必要预先多分配给框架一部分地震作用。

对于板柱 - 抗震墙结构,考虑到板柱部分抗侧刚度相对过小,要求板柱结构中的抗震墙承担全部地震作用。为防止抗震墙破坏后把部分地震作用转嫁给板柱,造成板柱部分的破坏,要求板柱部分能承担不小于该层相应方向地震剪力的 20%。

8.2.8 在转换层以下,一般落地剪力墙的刚度远远大于框支柱的刚度,落地剪力墙几乎承受全部地震剪力,框支柱的剪力非常小。考虑到实际工程中转换层楼面会有一定的面内变形,从而使框支柱的剪力显著增加。同时考虑到落地剪力墙出现裂缝后刚度下降,也导致框支柱剪力增加。所以对框支柱剪力给予调整增大。

8.2.9,8.2.10 地震震害分析表明,对未按抗震要求进行设计的抗震设计类别为 A 类和 B 类框架的节点,在相应罕遇地震作用下破坏较少,而抗震设计类别为 C 类的框架的节点在相应罕遇地震作用下发生不同程度的破坏。综合考虑地震震害分析结果和抗震性态设计的要求,对抗震设计类别为 A 类和 B 类的框架,可不进行节点核心区抗震承载力验算,抗震设计类别为 C 类的框架,应进行梁柱节点核心区抗震受剪承载力验算。

为体现"强节点,弱构件"的要求,节点核心区剪力设计值取荷载效应设计值的 1.10 ~ 1.35 倍。

对于纵横向框架共同交汇的节点,可以按各自方向分别进行节点计算。

8.2.11 ~ 8.2.14 规定节点截面限制条件,是为了防止节点截面太小,核心区混凝土承受过大的斜压应力,致使节点混凝土首先被压碎而破坏。

框架节点的抗震受剪承载力由混凝土斜压杆和水平箍筋两部分受剪承载力组成。

依据试验,节点核心区内的混凝土斜压杆截面面积虽然随柱端轴力的增加而稍有增加,使得在节点剪力较小时,柱轴压力的增大对节点抗震性能起一定有利作用;但当节点剪力较大时,因核心区混凝土斜向压应力已经较高,轴压力的增大反而会对节点抗震性能产生不利影响。综合考虑上述因素后,适度降低了轴压力的有利作用。

节点在两个正交方向有梁时,增加了对核心区混凝土的约束,因而提高了节点的受剪承载力。但若两个方向的梁截面较小,则其约束影响就不明显。因此,规定在两个正交方向有梁,梁的宽度、高度都能满足一定要求且有现浇板时,才可考虑梁与现浇板对节点的约束影响,并对节点的抗震受剪能力乘以大于1.0的约束系数。对于梁截面较小或只有一个方向有直交梁的中间节点以及边节点、角节点均不考虑梁对节点的约束影响。

根据国外资料,对圆柱截面框架节点提出了抗震受剪承载力计算方法。

对于采用预应力混凝土框架梁与矩形柱所形成的节点,考虑了水平有效预加力对节点抗震受剪承载力的贡献。

8.3 钢筋混凝土结构的抗震构造

8.3.1 规定梁截面宽度不宜小于200 mm,是为了在绑扎钢筋骨架并支模后易于保证混凝土的浇筑质量。要求截面高宽比不宜大于4,是为了保证易于实现梁的剪切破坏迟于弯曲破坏。要求梁净跨与截面高度之比不宜小于4,是为了避免梁呈现深受弯构件趋势。

8.3.2 梁的变形能力主要取决于梁端的塑性转动量,而梁的塑性转动量与截面混凝土受压区相对高度有关。当相对受压区高度不大于0.35时,梁的位移延性系数可达到3～4。适当控制受拉钢筋配筋率是出于节省钢筋和易于保证施工质量来考虑的。

控制梁端截面的底面和顶面配筋量的比值,有利于满足梁端塑性铰区的延性要求,同时也考虑到在地震反复荷载作用下,底部钢筋可能承受较大的拉力。

8.3.3 框架梁是框架结构的主要承重构件,应保证其必要的承载力和延性。同时,试验表明,在预应力混凝土框架梁中采用配置一定数量非预应力钢筋的混合配筋方式,对改善裂缝分布,提高承载力和延性的作用是明显的。为此规定地震区的框架梁,宜采用后张有黏结预应力,且应配置一定数量的非预应力钢筋。

预应力强度比对框架梁的抗震性能有重要影响,对其选择要结合工程具体条件,应全面考虑使用阶段和抗震性能两方面要求。从使用阶段看,该比值大一些好;从抗震角度,其值不宜过大。综合考虑,对抗震设计类别为C类、B类和建筑高度大于50%高度限值的A类结构,其后张有黏结预应力混凝土框架梁梁端配筋强度比宜不大于0.75。

梁端箍筋加密区内,梁端下部纵向非预应力钢筋和上部非预应力钢筋的截面面积应符合一定的比例,其理由同非预应力抗震框架。规范对预应力混凝土框架梁端下部非预应力钢筋和上部非预应力钢筋的面积比限值的规定,是参考了已有的试验研究和本规范有关钢筋混凝土框架梁的规定,经综合分析后确定的。

8.3.4 普通框架梁和预应力混凝土框架梁顶面和底面纵向配筋的直径和根数的下限值是综合考虑形成钢筋骨架的需要、抗震性态要求及已有工程经验确定的。

要求梁内贯通中柱的每根纵向钢筋直径,对抗震设计类别为C类的结构不宜大于柱在该方向截面尺寸的1/20,是基于纵筋在节点内有可靠锚固提出的。

8.3.5 根据试验和震害经验,梁端破坏主要集中在1.5倍梁高长度范围内,当箍筋间距不大于$8d$(d为纵筋直径)时,混凝土压溃前受压钢筋一般不致屈服,延性较好。因此,规定了箍筋加密范围,限制了箍筋最大肢距;当梁端纵向受拉钢筋配筋率大于2%时,表8.3.5中最小箍筋配筋直径数值应增大2 mm。

8.3.6 柱的轴压比是指柱的组合轴向压力设计值与柱的全截面面积与混凝土抗压强度设计值乘积之比值。限制框架柱的轴压比主要为了保证框架结构的延性要求。抗震设计时,除了预计不可能进入屈服的柱外,通常希望柱子处于大偏心受压的弯曲破坏状态。以柱子处于大小偏心临界破坏状态可推得轴压比最高上限值,按照建筑抗震性态设计的要求,本着区别对待的原则给出了不同抗震设计类别框架柱轴压比上限值。

8.3.7 表8.3.7中规定的柱纵向钢筋最小配筋率,是为保证在相应罕遇地震下结构不发生倒塌而提出的。

8.3.8 柱最小截面尺寸是根据经验给出的,考虑了梁最小截面宽度的要求。要求柱净高与截面高度之比不宜小于4,是为了避免在工程中出现短柱及短柱趋势。

考虑地震反复作用的特点,同时为了实现柱端附近裂缝分布有利于延性改善,提出了第3款和第4款柱纵筋的配置要求。考虑到经济性要求,规定柱总配筋率不应大于5%。

8.3.9 长柱与短柱破坏机制不同,短柱易发生剪切破坏,因此它们的加密箍筋的范围也不同。不同抗震设计类别的建筑在不同设防水平要求的使用功能不同,在箍筋设置上应有不同。

8.3.10 ~ 8.3.13 箍筋的间距和直径限制是考虑了箍筋的约束作用,同时也考虑便于施工和国内的经济条件,参照了我国抗震规范的规定。考虑柱子在其层高内剪力不变及可能的扭转影响,为避免非加密区抗剪能力突然降低很多而造成柱子中段破坏,对非加密区的最大箍筋间距也做了规定。为保证框架节点的延性性能和抗震受剪承载力,对节点箍筋配置做了规定。

8.3.14,8.3.15 为保证在地震作用下墙体出平面的稳定性,对墙的最小厚度做了规定。考虑到温度的影响和对剪切引起的裂缝宽度的控制,对墙板最小配筋率做了规定。为了保证抗震墙有必要的延性,对抗震墙底部加强部位在重力荷载代表值作用下墙肢轴压比限值做了规定。

8.3.16 对于一般抗震墙结构、部分框支抗震墙结构等的开洞抗震墙,以及核心筒和内筒中开洞的抗震墙,地震作用下连梁首先屈服破坏,然后墙肢的底部钢筋屈服、混凝土压碎。因此,规定了抗震设计类别为C类结构的抗震墙底部加强部位的轴压比超过一定值时,墙的两端及洞口两侧应设置约束边缘构件,使底部加强部位有良好的延性和耗能能力;考虑到底部加强部位以上相邻层的抗震墙,其轴压比可能仍较大,为此,将约束边缘构件向上延伸一层。其他情况,墙的两端及洞口两侧可仅设构造边缘构件。

8.3.17,8.3.18 为保证抗震墙达到预定的功能,对约束边缘构件、构造边缘构件的范围及箍筋特征值做了具体规定。这些规定是依据试验结果、震害分析和工程经验给出的。

8.3.19 试验结果表明,配置斜向交叉钢筋的连梁具有更好的抗剪性能。跨高比小于2的连梁,难以满足强剪弱弯的要求。配置斜向交叉钢筋作为改善连梁抗震性能的构造措施,不计入受剪承载力。

8.3.20 采用有托板或柱帽的板柱节点,并对托板和柱帽尺寸做出具体规定,是为了保证节点的抗弯刚度和板柱的抗侧刚度。

8.3.21,8.3.22 对框架－核心筒、筒中筒结构的内筒及跨高比不大于2的连梁的抗震构造进行了规定,其重要依据来源《建筑抗震设计规范》(GB 50011—2001)。

8.3.23 构件内的主筋接头位置及接头方式对构件的受力性能有影响,本条对此做了规定,这些规定是惯用的和经验的。

8.4 装配式钢筋混凝土结构

8.4.1 ~ 8.4.3 装配式框架结构整体工作过程中保持地震力传递过程的连续性。这些条款是对装配式框架保证整体性的一般要求。

8.4.4 接头设计是装配式框架是否能达到整体结构设计要求的关键部位，第 1 款 ~ 第 3 款是对接头设计的具体要求。接头最好设计成强接头，即这种接头在结构受力过程中是不屈服的，发生屈服的位置应选择在能使框架结构在地震作用下形成强柱弱梁的机制，本条款给出了不同接头位置、非线性区选择的位置和接头应符合的强度要求。

8.4.5 当接头的设计不能符合强接头的要求时，应使节点区能达到或超过现浇混凝土结构的性能。这时必须符合第 1 款、第 2 款的要求。

8.4.6 装配式钢筋混凝土框架结构除了接头部分的有关规定外，尚应符合现浇钢筋混凝土结构的所有规定，使其达到对整体结构抗震能力的要求。

9 钢－钢筋混凝土组合结构

9.1 一般规定

9.1.1 本条说明了本章抗震设计的适用对象。

由于目前对这类结构的设计经验还不多,尚无专门的抗震设计规定,本章在一些问题上的规定偏于保守。如果有试验和分析的充分依据,说明所设计的结构对预定的用途有足够的承载力和抵御地震的能力,则可不受本章的限制。

9.1.2 本条列出相关的现行标准。

9.1.3 本条对组合结构使用的材料强度等级和性能提出了最低要求。

9.1.6 本条规定的适用高度是根据抗震措施、地震危险性、经济效果和地震宏观经验提出的,不是绝对的;在有充分论据时可不受本条规定的高度的限制。

9.1.7 ~ 9.1.9 震害经验表明,形状不规则的建筑地震时容易引起结构破坏,这主要是形状复杂的不规则结构容易由于扭转引起应力集中;合理的平立面布置对结构的抗震是有利的。建筑物平立面是否规则,在本规范表6.1.3－1和6.1.3－2中给出了规定,对不规则的建筑应在措施和分析上按不规则建筑处理。

9.2 型钢混凝土结构构件

9.2.1,9.2.2 型钢混凝土结构是型钢与混凝土的组合结构,在很多地方应符合钢筋混凝土结构和钢结构的抗震规定。

9.2.3 应保证在组合抗弯框架梁中,混凝土应变达到0.003而压碎前,钢的最外层纤维的应变至少为拉伸屈服应变的5倍。这一延性限值是为了在梁或楼板具有极端比例的情况下能控制梁的几何形状。同时在塑性铰区有50 mm以上厚度的混凝土时,其箍筋应符合对混凝土梁的有关要求。

9.2.4 本条规定了型钢混凝土柱的设计要求。

1 本条规定了型钢在组合柱中应占的面积比,并按面积比确定应符合的设计要求。

2 外包混凝土的组合柱,其剪切破坏比钢筋混凝土柱的性状要好得多,当钢和混凝土之间的黏结遭到破坏时,柱中的钢构件与钢筋混凝土构件各自抵抗剪力。其抗剪强度是两者的叠加。

$$V_0 = V_{rc0} + V_{s0}$$

式中　　V_{s0}——钢构件的屈服剪力;

　　　　V_{rc0}——钢筋混凝土极限抗剪承载力。

计算V_{s0}时,取钢构件腹板的屈服强度和按钢构件两端均达到屈服弯矩的假定计算出来的剪力两者中较小者。这是一种保守的规定,不考虑型钢与混凝土之间黏结力的影响。在计算 V_{rc0} 时,除了普通的剪切破坏之外,还必须把平行于构件纵轴层的撕裂破坏考虑进去,这是钢构件翼缘外表面与混凝土之间黏结破坏的结果。

3 型钢混凝土组合柱设置抗剪切栓钉是保证它们之间能相互传递剪力,根据国外经验是加强组合柱抗力的一种有效措施。

4 组合柱的箍筋与钢筋混凝土柱的箍筋有相同的作用,不过最大间距比钢筋混凝土柱的要求略大一点。

第 5 款、第 6 款是对柱的纵向及柱端箍筋加密区的要求,与钢混凝土结构类似。

9.3   钢管混凝土结构构件

9.3.1 ~ 9.3.3   钢管混凝土结构的抗震设计经验目前还不太多,因此有些规定偏于保守。填充的混凝土强度等级不宜太低,钢管壁的横断面积不应小于组合柱横断面积的 4% ;只有符合了这些条件才能保证与已掌握的钢管混凝土的力学性质相适应。

9.4   组 合 接 头

9.4.1 ~ 9.4.4   由于组合结构本身比较复杂,目前还没有组合结构的接头构造细节标准。从抗震角度考虑,与钢结构相比组合接头构造较少用加劲件和焊接;与钢筋混凝土相比,梁中主要钢筋锚固和延伸方面遇到的困难不少。目前还没有这方面的标准,在大多数组合结构中,接头都是利用基本的力学原理、平衡条件、钢和混凝土结构的现行标准和已有的研究成果进行设计的。本条的目的是为建立满足节点区内力平衡条件的抗震设计模型提供基本性能的假设。

当根据被连接构件的承载力计算接头所需要的承载力时,应按实际截面和实际材料设置及材料强度标准值计算被连接构件的承载力。例如,在梁中由混凝土楼板有效宽度内钢筋所提供的附加能力就是这种例子:在钢梁正弯矩受弯承载力的计算中可以忽略上述钢筋,但在计算像接头区那样关键截面的负弯矩受弯承载力时不能忽略。又如,填充了混凝土的管支撑,当在管支撑中确定所需要的接头承载力时,应考虑因混凝土部分而增加的支撑的抗拉和抗压贡献。

关于结构中钢与混凝土之间力的传递,一般说来,结构中钢与混凝土之间的力是由结合力、摩擦力和直接支承组合传递的,在进行承载力计算时,结合力的传递作用不能考虑,这是因为:① 在非弹性反复荷载条件下,这种机制在传递荷载方面不是很有效;② 它们的传力效率随钢的表面状态和混凝土的收缩与固化强烈变化。

节点区内和节点区周围的钢筋,起着承受内部计算拉力和对混凝土提供约束的双重作用。内部拉力可以采用已建立的满足平衡条件的工程模型(如梁、柱理论,桁架模拟法等)来计算。对用于约束的箍筋的要求,通常是根据试验资料和经验确定的。

接头区中的楼板钢筋,在某些类型的接头中需要精心构造混凝土板与钢柱之间的传力途径。

9.5　组合结构

9.5.1　混合框架结构是由钢柱、钢筋混凝土柱或组合柱与钢梁或组合梁组成的框架,其中钢柱和钢梁应符合钢结构的有关规定;钢筋混凝土柱应符合钢筋混凝土结构的有关规定;组合柱和组合梁应符合组合构件的有关要求。

9.5.2　对组合中心支撑框架这类组合体系,其设计规定是要得到可与同类钢结构相当的性能。对采用组合支撑的情况,混凝土具有加强型钢刚度和防止支撑屈曲的潜力,同时增大了耗能能力。对外包混凝土的钢支撑,混凝土必须用钢筋充分加强和约束,以防止型钢发生屈曲。除非试验数据证实组合支撑有较高的强度,否则受拉状态下的组合支撑应按只有型钢的情况进行设计。

9.5.3　全钢的偏心支撑框架在美国已广泛应用,且被确认为对地震作用能提供出色的抗力和耗能效果。目前组合偏心支撑框架的应用经验还很少,关键的是钢耗能连梁的性能应与组合偏心支撑框架基本相同;组合柱或钢筋混凝土柱的非弹性变形与其他类型的结构相比应该是最小。因此,对组合偏心支撑框架规定的结构系数与钢结构的偏心支撑框架应该相同。精心设计和构造支撑－柱和连梁－柱对整个结构的设计是很重要的。

对组合偏心支撑框架的基本要求应与钢结构偏心支撑框架相同。由于柱子的非弹性变形较小,对钢筋混凝土柱和外包组合柱基本构造的要求一般是基于抗震设计类别 B 类、C 类。

组合偏心支撑框架设计得好坏,取决于支撑和柱子是否具有足够的承载力,使得在耗能连梁非弹性变形所产生的力作用下基本上保持弹性,这需要对连梁受剪承载力做精确的计算。不要将耗能连梁浇筑在混凝土中,这是很重要的。因为连梁区段外侧较大的强度不会降低体系的有效性,所以耗能连梁区段以外的梁可以浇筑在混凝土中。

10 砌 体 结 构

10.1 一 般 规 定

10.1.1 本章包括烧结普通黏土砖、烧结多孔砖和混凝土小砌块砌体构件和结构,底层或底部两层框架 – 抗震墙砌体房屋的抗震设计要求。石砌体结构的抗震研究和使用均比较少,本章未包括这种砌体结构。至于配筋混凝土砌块砌体结构的规定单列于附录 L 中。

10.1.2 本条列出了与本章有关的国家现行设计和施工标准。抗震设防区的砌体结构除应符合本章的抗震要求外,还应符合这些标准的要求。

10.1.3 本条列出了有关砌体原材料的现行标准,抗震设计时,材料性能应符合这些标准的要求。

10.1.5 震害调查发现,砌体结构的层数越多,结构破坏越严重,因此应规定砌体结构总高度的限值。国外在地震区对砖结构房屋的高度限制较严,不少国家在 7 度及以上抗震设防区不允许用无筋砖结构,苏联等国家对砌体结构总高度的限值做过一些规定。根据震害经验,考虑到目前砌体材料强度不高,结合我国具体情况,规定了我国砌体结构总高度的限值。这些限值是在当前条件下做出的,随着砌体材料强度的提高,突破这些限值不是不可能的。如果突破这些限值,应加强砌体结构的构造措施。

砌体结构的抗震性能,除与墙体的间距、砖(或砌块)和砂浆的强度等级、结构的整体性、材料和施工的质量等因素有关外,还与结构的总高度有关。因而,砌体结构总高度的限值随着抗震设计类别的提高而降低。

砌块砌体结构,特别是小砌块砌体结构(无筋的),近年来发展较快。砌块砌体结构的震害经验比砖砌体结构的少,这种结构的抗震研究也比较少。一般地说,这种结构在抗震性能方面不如砖砌体结构。因而,对砌块砌体结构总高度的限制比砖砌体结构严一些。

对于横墙较少的房屋,其总高度的限值应降低 3 m。当横墙间距大于 4.2 m 的房间面积超过总面积的 40% 时,应认为横墙较少;横墙很少是指同一楼层内开间不大于 4.2 m 的房间占该层总面积不到 20% 且开间大于 4.8 m 的房间占该层总面积的 50% 以上(房间面积中不含楼梯间、走廊面积)。

10.1.6 本条规定了砌体结构层高的限值。层高越大,墙体出平面的稳定性越差。为了保证墙体出平面的稳定,将层高限值定为 3.6 m。对于一般的住宅楼、办公楼等,均能符合这个要求。当使用功能确有需要(如教学楼等),采用约束砌体等加强措施,层高限值定为 3.9 m。约束砌体是指由间距接近层高的构造柱与圈梁组成的砌体,同时拉结网片符合相应构造要求。

10.1.7 本条规定了砌体结构总高度与总宽度的比值。如果砌体结构符合这个要求,可以不进行整体抗弯验算;否则,应进行整体抗弯验算。当计算结构高宽比时,对于矩形平面,应取短边作为宽度,对于复杂平面(如:L形或工字形平面),应取独立抗震单元中的最短边作为宽度。

10.1.8　多层砌体房屋的横向地震力主要由横墙承担,不仅横墙须具有足够的承载力,而且楼盖须具有传递地震力给横墙的水平刚度,本条规定是为了满足楼盖对传递水平地震力所需的刚度要求。对砌块房屋则参照多层砖房给出,且不宜采用木楼屋盖。

纵墙承重的房屋,横墙间距同样应满足本条规定。

10.1.9　砌体房屋局部尺寸的限制,在于防止因这些部位的失效而造成整栋结构的破坏甚至倒塌,本条系根据地震区的宏观调查资料分析规定的,如采用另增设构造柱等措施,可适当放宽。

震害调查表明:较窄承重窗间墙的破坏往往容易造成上部构件塌落,从而危及整个房屋;较宽承重窗间墙虽然在罕遇地震作用下也可能遭受破坏,有时裂缝宽度甚至可达数厘米,但裂后仍有一定的承载能力。因而,本条对承重窗间墙的宽度做了规定,以避免其破坏造成上部构件塌落。

女儿墙在地震作用下容易遭受破坏,特别是无锚固的较高女儿墙因鞭击效应更是如此。因而,对无锚固女儿墙的高度做了限制。为了防止出入口上面的女儿墙在地震时落下,造成人员伤亡,出入口上面的女儿墙应予锚固。

10.1.10　本条列出了砌体结构布置的基本原则。

根据地震震害的调查统计,纵墙承重的结构布置方案,因横向支承较少,纵墙易受弯曲破坏而导致倒塌,为此,要优先采用横墙承重的结构布置方案。

纵横墙均匀对称布置,可使各墙垛受力基本相同,避免薄弱部位的破坏。

震害调查表明,不设防震缝造成的房屋破坏,一般多只是局部的,一些平面较复杂的一、二层房屋,其震害与平面规则的同类房屋相比,并无明显的差别,同时,考虑到设置防震缝所耗的投资较多,所以规范对设置防震缝的要求比过去有所放宽。

楼梯间墙体缺少各层楼板的侧向支承,有时还因为楼梯踏步削弱楼梯间的墙体,尤其是楼梯间顶层,墙体有一层半楼层的高度,震害加重。因此,在建筑布置时尽量不设在尽端,或对尽端开间采取特殊措施。

在墙体内设烟道、风道、垃圾道等洞口,大多因留洞而减薄了墙体的厚度,往往仅剩120 mm,由于墙体刚度变化和应力集中,一旦遇到地震则首先破坏,为此要求这些部位的墙体不应削弱,或采取在砌体中加配筋、预制管道构件等加强措施。

教学楼、医院等横墙较少、跨度较大的房屋,宜采用现浇钢筋混凝土楼、屋盖,以加强楼、屋盖的整体性。

10.1.11　本规范允许底部框架－抗震墙砌体房屋的总高度与普通的多层砌体房屋相当。相应的要求是:严格控制相邻层侧移刚度,合理布置上下楼层的墙体,加强托墙梁、过渡楼层的墙体和底部框架。对底部的抗震墙,一般要求采用钢筋混凝土墙。

10.1.12　底部框架－抗震墙砌体房屋的钢筋混凝土结构部分,其抗震要求原则上均应符合第8章的要求。

10.1.13　砌体结构墙体的强度较低,因此构造柱(或芯柱)和圈梁的混凝土强度等级无须过高,一般采用不低于C20即可。

在地震作用下构造柱(或芯柱)和圈梁对墙体主要起约束作用,以提高砌体结构的抗震性能,因此构造柱(或芯柱)和圈梁中钢筋的应力并不很高。因而,构造柱(或芯柱)和圈梁中的钢筋宜采用 HRB335 和 HPB235 钢筋。

10.2　计 算 要 点

10.2.1　砌体房屋层数不多,刚度沿高度分布一般比较均匀,并以剪切变形为主,因此可采用底部剪力法计算。

自承重墙体(如横墙承重方案中的纵墙等),如按常规方法做抗侧力验算,往往比承重墙还要厚,但抗震安全性的要求可以考虑降低,为此,利用承载力抗震调整系数 γ_{RE} 适当调整。

底部框架 - 抗震墙砌体房屋属于上刚下柔结构,层数不多,仍可采用底部剪力法简化计算,但应考虑一系列的地震作用效应调整,使之较符合实际。

10.2.2　根据一般的经验,抗震设计时,只需对纵、横向的不利墙段进行截面验算,不利墙段为:承担地震作用较大的墙段;竖向压应力较小的墙段;局部截面较小的墙段。

10.2.3　在楼层各墙段间进行地震剪力的分配和截面验算时,根据层间墙段的不同高宽比(一般墙段和门窗洞边的小墙段,高宽比按本条"注"的方法分别计算),分别按剪切或弯剪变形同时考虑,较符合实际情况。砌体的墙段按门窗洞口划分。

10.2.4,10.2.5　底部框架 - 抗震墙砌体房屋是我国现阶段经济条件下特有的一种结构。大地震的震害表明,底层框架砖房在地震时,底层将发生变形集中,出现过大的侧移而严重破坏,甚至坍塌。近十多年来,各地进行了许多试验研究和分析计算,对这类结构有了进一步的认识,当采取相应措施后底部框架可有两层,但总体上仍需持谨慎的态度。其抗震计算上需注意以下两点:

1　对底层框架 - 抗震墙砌体房屋地震作用效应要进行调整。按第二层与底层侧移刚度的比例相应地增大底层的地震剪力,比例越大,增加越多,以减少底层的薄弱程度;底层框架砖房,二层以上全部为砖墙承重结构,仅底层为框架 - 抗震墙结构,水平地震剪力要根据对应的单层的框架 - 抗震墙结构中各构件的侧移刚度比例,并考虑塑性内力重分布来分配;作用于房屋二层以上的各楼层水平地震力对底层引起的倾覆力矩,将使底层抗震墙产生附加弯矩,并使底层框架柱产生附加轴力。倾覆力矩引起构件变形的性质与水平剪力不同,考虑实际运算的可操作性,近似地将倾覆力矩在底层框架和抗震墙之间按它们的侧移刚度比例分配。

2　考虑到大震时墙体严重开裂,托墙梁与非抗震的墙梁受力状态有所差异,当按静力的方法考虑有框架柱落地的托梁与上部墙体组合作用时,若计算系数不变会导致不安全,应调整计算参数。作为简化计算,偏于安全,在托墙梁上部各层墙体不开洞和跨中1/3范围内开一个洞口的情况,也可采用折减荷载的方法。

托墙梁弯矩计算时,由重力荷载代表值产生的弯矩,四层以下全部计入组合,四层以上可有所折减,取不小于四层的数值计入组合;对托墙梁剪力计算时,由重力荷载产生的剪力不折减。

10.2.6　地震作用下砌体材料的强度指标,因不同于静力,宜单独给出。其中砖砌体强度是按震害调查资料综合估算并参照部分试验给出的,砌块砌体强度则依据试验。为了方便,当前仍继续沿用静力指标。但是,强度设计值和标准值的关系则是针对抗震设计的特点按《建筑结构可靠度设计统一标准》(GB 50068)可靠度分析得到的,并采用调整静强度设计值的形式。

当前砌体结构抗剪承载力的计算,有两种半理论半经验的方法:主拉和剪摩。在砂浆等级 $> M2.5$ 且在 $1 < \sigma_0/f_v \leqslant 4$ 时,两种方法结果相近。本规范采用正应力影响系数的统一表达形式。

对砖砌体,采用在震害统计基础上的主拉公式得到:

$$\zeta_N = \frac{1}{1.2}\sqrt{1 + 0.45\sigma_0/f_v} \qquad (E10.2.6-1)$$

对于混凝土小砌块砌体,其 f_v 较低,σ_0/f_v 相对较大,两种方法差异也大,震害经验又较少,根据试验资料,正应力影响系数由剪摩公式得到:

$$\zeta_N = \begin{cases} 1 + 0.25\sigma_0/f_v & (\sigma_0/f_v \leqslant 5) \\ 2.25 + 0.17(\sigma_0/f_v - 5) & (\sigma_0/f_v > 5) \end{cases} \qquad (E10.2.6-2)$$

10.2.7 一般情况下,构造柱仍不以显式计入受剪承载力计算中。当构造柱的截面和配筋满足一定要求后,必要时可采用显式计入墙段中部位置处构造柱对抗震承载力的提高作用。现行构造柱规程、地方规程和有关的资料,对计入构造柱承载力的计算法有三种:其一,换算截面法,根据混凝土和砌体的弹性模量比折算,刚度和承载力均按同一比例换算,并忽略钢筋的作用;其二,并联叠加法,构造柱和砌体分别计算刚度和承载力,再将二者相加,构造柱的受剪承载力分别考虑了混凝土和钢筋的承载力,砌体的受剪承载力还考虑了小间距构造柱的约束提高作用;其三,混合法,构造柱混凝土的承载力以换算截面并入砌体截面计算受剪承载力,钢筋的作用单独计算后再叠加。在三种方法中,对承载力抗震调整系数 γ_{RE} 的取值各有不同。由于不同的方法均根据试验成果引入不同的经验修正系数,使计算结果彼此相差不大,但计算基本假定和概念在理论上不够理想。

本规范采用了简化计算公式,特点是:

1 墙段两端的构造柱对承载力的影响仅采用承载力抗震调整系数 γ_{RE} 反映其约束作用,忽略构造柱对墙段刚度的影响,仍按门窗洞口划分墙段,使之与现行国家标准的方法有延续性。

2 引入中部构造柱参与工作及构造柱间距不大于2.8 m的墙体约束修正系数。

3 构造柱的承载力分别考虑了混凝土和钢筋的抗剪作用,但不能随意加大混凝土的截面和钢筋的用量,对混凝土的受剪承载力改用抗拉强度表示。

4 该公式是简化方法,计算的结果与试验结果相比偏于保守,在必要时才可利用。横墙较少房屋及外纵墙的墙段计入其中部构造柱参与工作,抗震验算问题有所改善。

横向配筋砖砌体截面抗震受剪承载力验算公式是根据试验资料得到的。钢筋的效应系数随墙段高宽比在0.07 ~ 0.15之间变化,并明确水平配筋的适用范围为0.07% ~0.17%。

10.2.8 混凝土小砌块墙体截面抗震受剪承载力验算公式系根据小砌块设计施工规程的基础资料,无芯柱时取 $\gamma_{RE} = 1.0$ 和 $\zeta_c = 0.0$,有芯柱时取 $\gamma_{RE} = 0.9$,按《建筑结构可靠度设计统一标准》(GB 50068)的原则要求分析得到的。芯柱受剪承载力的表达式中,将混凝土抗压强度设计值改为混凝土抗拉强度设计值,系数的取值,由0.03 相应换算为0.3。

10.2.9 底层框架 – 抗震墙砌体房屋中采用砖砌体作为抗震墙时,砖墙和框架成为组合的抗侧力构件,由砖抗震墙 – 周边框架所承担的地震作用,将通过周边框架向下传递,故底层砖抗震墙周边的框架柱还需考虑砖墙的附加轴向力和附加剪力。

10.3 多层砖房屋抗震构造措施

10.3.1,10.3.2 钢筋混凝土构造柱在多层砖砌体结构中的应用,根据历次大地震的经验和大量试验研究,得到了比较一致的结论,即:① 构造柱能够提高砌体的受剪承载力10% ~ 30% 左右,提高幅度与墙体高宽比、竖向压力和开洞情况有关;② 构造柱主要是对砌体起约束作用,使之有较高的变形能力;③ 构造柱应当设置在震害较重、连接构造比较薄弱和易于应力集中的部位。

构造柱设置的数量应随着砌体结构抗震设计类别的增高而增多。对于 A 类砌体结构,构造柱设置的数量最少;对于 C 类砌体结构,构造柱设置的数量最多。

小砌块砌体结构的震害经验比砖砌体结构少,这些结构的抗震研究也比较少。一般地说,这些结构在抗震性能方面不如砖砌体结构。因而,这些结构芯柱的设置原则比砖砌体结构构造柱严一些。

根据房屋的用途、结构部位、承担地震作用的大小来设置构造柱。对较长的纵、横墙需有构造柱来加强墙体的约束和抗倒塌能力。

由于钢筋混凝土构造柱的作用主要在于对墙体的约束,构造上截面不必很大,但需与各层纵横墙的圈梁或现浇楼板连接,才能发挥约束作用。

为保证钢筋混凝土构造柱的施工质量,构造柱须有外露面。一般利用马牙槎外露即可。

为加强下部楼层墙体的抗震性能,将下部楼层构造柱间的拉结筋贯通,拉结筋与$\phi4$钢筋在平面内点焊组成拉结网片,提高抗倒塌能力。

10.3.3,10.3.4 震害经验表明,圈梁能增强砌体结构的整体性,从而提高砌体结构的抗震性能。因而,在砌体结构中设置圈梁是十分必要的。

对于现浇钢筋混凝土楼板允许不设圈梁,但应在现浇板边沿墙长方向另加板边钢筋,以代替圈梁配筋,其数量可少于单独圈梁的钢筋数量,伸入构造柱内并满足锚固要求。

圈梁设置的数量随着砌体结构抗震设计类别的增高而增多。对于 A 类砌体结构,圈梁设置的数量最少;对于 C 类砌体结构,圈梁设置的数量最多。

小砌块砌体结构的震害经验比砖砌体结构的少,这种结构的抗震研究也比较少。一般地说,这种结构在抗震性能方面不如砖砌体结构。因而,这种结构圈梁的设置原则比砖砌体结构圈梁严一些。

10.3.5,10.3.6 砌体房屋楼、屋盖的抗震构造要求,包括楼板搁置长度,楼板与圈梁、墙体的拉结,屋架(梁)与墙、柱的锚固、拉结等等,是保证楼、屋盖与墙体整体性的重要措施。

依据砌体结构规范对大跨度梁支座的规定,给出了大跨混凝土梁支承构件的构造和承载力要求,不允许采用一般的砖柱或砖墙。

10.3.7 由于砌体材料的特性,较大的房间在地震中会加重破坏程度,需要局部加强墙体的连接构造要求。

10.3.8 历次地震震害表明,楼梯间常常破坏严重,必须采取一系列有效措施。同时,楼梯间作为地震疏散通道,而且地震时受力比较复杂,故提高了砌体结构楼梯间的构造要求。

突出屋顶的楼、电梯间,地震中受到较大的地震作用,因此在构造措施上也应当特别加强。

10.3.9 坡屋顶与平屋顶相比,震害有明显差别。硬山搁檩的做法不利于抗震。屋架的支撑应保证屋架的纵向稳定。出入口处要加强屋盖构件的连接和锚固,以防脱落伤人。

10.3.10 砌体结构中的过梁应采用钢筋混凝土过梁。砖过梁的抗震性能较差,因此无论哪种抗震设计类别,砌体结构均不应采用砖过梁,不论是配筋还是无筋。

10.3.11 预制的悬挑构件,特别是较大跨度时,需要加强与现浇构件的连接,以增强稳定性。

10.3.12 如果后砌的非承重隔墙与承重墙或柱、楼(屋)面板或梁的结合不好,地震时隔墙可能倾倒。为了避免隔墙的倾倒,本条做了有关规定。

10.3.13 房屋的同一独立单元中,基础底面最好处于同一标高,否则易因地面运动传递到基础不同标高处而造成震害。如有困难时,则应设基础圈梁并放坡逐步过渡,不宜有高差上的过大突变。

对于软弱地基上的房屋,按第 3 章的原则,应在外墙及所有承重墙下设置基础圈梁,以增强抵抗不均匀沉陷和加强房屋基础部分的整体性。

10.3.14 对于横墙间距大于 4.2 m 的房间超过楼层总面积 40% 且房屋总高度接近本章表 10.1.5 规定限值的砌体房屋,其抗震设计方法大致包括以下几方面:

1 墙体的布置和开洞大小不妨碍纵横墙的整体连接的要求;

2 楼、屋盖结构采用现浇钢筋混凝土板等加强整体性的构造要求;

3 增设满足截面和配筋要求的钢筋混凝土构造柱并控制其间距,在房屋底层和顶层沿楼层半高处设置现浇钢筋混凝土带,并增大配筋数量,以形成约束砌体墙段的要求;

4 按第 10.2.7 条 3 款计入墙段中部钢筋混凝土构造柱的承载力。

10.4 多层砌块房屋抗震构造措施

10.4.1,10.4.2 为了增加混凝土小型空心砌块砌体房屋的整体性和延性,提高其抗震能力,结合空心砌块的特点,规定了在墙体的适当部位设置钢筋混凝土芯柱的构造措施。这些芯柱设置要求均比砖房构造柱设置严格,且芯柱与墙体的连接要采用钢筋网片。

芯柱伸入室外地面下 500 mm,地下部分为砖砌体时,可采用类似于构造柱的方法。

在外墙转角、内外墙交接处等部位,可采用钢筋混凝土构造柱替代芯柱。

10.4.3 本条规定了替代芯柱的构造柱的基本要求,与砖房的构造柱规定大致相同。小砌块墙体在马牙槎部位浇灌混凝土后,需形成无插筋的芯柱。

试验表明,在墙体交接处用构造柱代替芯柱,可较大程度地提高对砌块砌体的约束能力,也为施工带来方便。

10.4.4 小砌块房屋的圈梁设置位置的要求同砖砌体房屋的圈梁设置要求。

10.4.5 根据振动台模拟试验的结果,作为砌块房屋的层数和高度达到与普通砖房屋相同的加强措施之一,在房屋的底层和顶层,沿楼层半高处增设一道通长的现浇钢筋混凝土带,以增强结构抗震的整体性。

10.4.6 与多层砖砌体横墙较少的房屋一样,当房屋高度和层数接近或达到表10.1.5的规定限值,使用功能为 Ⅱ 类建筑中横墙较少的多层小砌块房屋应满足第10.3.14条的相关要求。本条对墙体中部替代增设构造柱的芯柱给出了具体规定。

10.4.7 砌块砌体房屋楼盖、屋盖、楼梯间、门窗过梁和基础等的抗震构造要求,基本上与多层砖房相同。

10.5　底部框架－抗震墙砌体房屋抗震构造措施

10.5.1 总体上看,底部框架－抗震墙砌体房屋比多层砌体房屋抗震性能稍弱。因此,构造柱的设置要求更严格。上部小砌块墙体内代替芯柱的构造柱,考虑到模数的原因,构造柱截面不再加大。

10.5.2 过渡层即与底部框架－抗震墙相邻的上一砌体楼层,其在地震时破坏较重。因此,将关于过渡层的要求集中在一条内叙述并予以特别加强。

10.5.3 底部框架－抗震墙砌体房屋中的钢筋混凝土抗震墙,是底部的主要抗侧力构件,而且往往为低矮抗震墙。对其构造上提出了更为严格的要求,以加强抗震能力。

　　由于底部框架－抗震墙中的混凝土抗震墙为带边框的抗震墙且总高度不超过两层,其边缘构件只需要满足构造边缘构件的要求。

10.5.4,10.5.5 对约束砖、小砌块砌体抗震墙提出具体构造要求,以确实加强砖抗震墙的抗震能力。同时应注意在使用中不致随意拆除更换。

10.5.6 规定底部框架－抗震墙砌体房屋的框架柱不同于一般框架－抗震墙结构中的框架柱的要求,大体上接近框支柱的有关要求。

10.5.7 底部框架－抗震墙砌体房屋的底部与上部各层的抗侧力结构体系不同,为使楼盖具有传递水平地震力的刚度,要求过渡层的底板为现浇钢筋混凝土板。

　　底部框架－抗震墙砌体房屋上部各层对楼盖的要求,同多层砖房。

10.5.8 底部框架的托墙梁是其重要的受力构件,根据有关试验资料和工程经验,对其构造做了较多的规定。

10.5.9 针对底部框架房屋在结构上的特殊性,提出了有别于一般多层房屋的材料强度等级要求。

11　单层工业厂房

11.1　单层钢筋混凝土柱厂房

I　一般规定

11.1.3　根据震害经验,厂房结构布置应注意的问题是:

1　历次地震的震害表明,不等高多跨厂房有高振型反应,不等长多跨厂房有扭转效应,破坏较重,均对抗震不利,故多跨厂房宜采用等高和等长。

2　唐山地震的震害表明,单层厂房的毗邻建筑任意布置是不利的,在厂房纵墙与山墙交汇的角部是不允许布置的。在地震作用下,防震缝处排架柱的侧移量大,当有毗邻建筑时,相互碰撞或变位受约束的情况严重;唐山地震中有不少倒塌、严重破坏等加重震害的震例,因此,在防震缝附近不宜布置毗邻建筑。

3　大柱网厂房和其他不设柱间支撑的厂房,在地震作用下侧移量较设置柱间支撑的厂房大,防震缝的宽度需适当加大。

4　地震作用下,相邻两个独立的主厂房的振动变形可能不同步协调,与之相连接的过渡跨的屋盖常发生倒塌破坏;为此过渡跨至少应有一侧采用防震缝与主厂房脱开。

5　上吊车的铁梯,晚间停放吊车时,增大该处排架侧移刚度,加大地震反应,特别是多跨厂房各跨上吊车的铁梯集中在同一横向轴线时,会导致震害破坏,应避免。

6　工作平台或刚性内隔墙与厂房主体结构连接时,改变了主体结构的工作性状,加大地震反应,导致应力集中,可能造成短柱效应,不仅影响排架柱,还可能涉及柱顶的连接和相邻的屋盖结构,计算和加强措施均较困难,故以脱开为佳。

7　不同形式的结构,振动特性不同,材料强度不同,侧移刚度不同。在地震作用下,往往由于荷载、位移、强度的不均衡,而造成结构破坏。山墙承重和中间有横墙承重的单层钢筋混凝土柱厂房和端砖壁承重的天窗架,在唐山地震中均有较重破坏,为此,厂房的一个结构单元内,不宜采用不同的结构形式。

8　两侧为嵌砌墙,中柱列设柱间支撑;一侧为外贴墙或嵌砌墙,另一侧为开敞;一侧为嵌砌墙,另一侧为外贴墙等各柱列纵向刚度严重不均匀的厂房,由于各柱列的地震作用分配不均匀,变形不协调,常导致柱列和屋盖的纵向破坏,在设计中应予以避免。

11.1.4　根据震害经验,天窗架的设置应注意下列问题:

1　突出屋面的天窗架对厂房的抗震带来很不利的影响,因此,宜采用突出屋面较小的避风型天窗。采用下沉式天窗的屋盖有良好的抗震性能,唐山地震中经受了地震的考验,有条件时可采用。

2　第二开间起开设天窗,将使端开间每块屋面板与屋架无法焊接或焊连的可靠性大大降低而导致地震时掉落,同时也大大降低屋面纵向水平刚度。所以,如果山墙能够开窗,或者采光要求不太高时,天窗从第三开间起设置。

天窗架从厂房单元端第三柱间开始设置,虽增强屋面纵向水平刚度,但对建筑通风、采光不利,故对抗震设计类别为 A 类和 B 类的厂房不做此要求。

3 历次地震经验表明,不仅是天窗屋盖和端壁板,就是天窗侧板也宜采用轻型板材。

11.1.5 根据震害经验,厂房屋盖结构的设置应注意下列问题:

1 轻型大型屋面板无檩屋盖和钢筋混凝土有檩屋盖的抗震性能较好,经过强烈地震考验,有条件时可采用。

2 唐山地震震害统计分析表明,屋盖的震害破坏程度与屋盖承重结构的形式密切相关,根据震害调查统计发现:梯形屋架屋盖共调查 91 跨,全部或大部倒塌 41 跨,部分或局部倒塌 11 跨,共计 52 跨,占 56.7%。拱形屋架屋盖共调查 151 跨:全部或大部倒塌 13 跨,部分或局部倒塌 16 跨,共计 29 跨,占 19.2%。屋面梁屋盖共调查 168 跨:全部或大部倒塌 11 跨,部分或局部倒塌 17 跨,共计 28 跨,占 16.7%。

另外,采用下沉式屋架的屋盖,经强烈地震的考验,没有破坏的震例。为此,提出厂房宜采用低重心的屋盖承重结构。

3 拼块式的预应力混凝土和钢筋混凝土屋架(屋面梁)的结构整体性差,在唐山地震中其破坏率和破坏程度均较整榀式重得多。因此,在地震区不宜采用。

4 预应力混凝土和钢筋混凝土空腹桁架的腹杆及其上弦节点均较薄弱,在天窗两侧竖向支撑的附加地震作用下,容易产生节点破坏、腹杆折断的严重破坏,因此,不宜采用有突出屋面天窗架的空腹桁架屋盖。

11.1.6 不开孔的薄壁工字形柱、腹板开孔的普通工字形柱以及管柱,均存在抗震薄弱环节,故规定不宜采用。

Ⅱ 计 算 要 点

11.1.9,11.1.10 对厂房的纵横向抗震分析,当符合附录 G 的条件时可采用平面排架简化方法,但计算所得的排架地震内力应考虑各种效应调整。当不符合本规范附录 G 的条件时,可采用经论证可行的分析方法或用有限元结构分析软件计算。附录 G 的调整系数有以下特点:

1 适用于抗震设计类别为 A 类、B 类和 C 类、柱顶标高不超过 15 m 且砖(山)墙刚度较大等情况的厂房。

2 计算地震作用时,采用经过调整的排架计算周期。

3 调整系数采用了考虑屋盖平面内剪切刚度、扭转和砖墙开裂后刚度下降影响的空间模型,用振型分解法进行分析,取不同屋盖类型、各种山墙间距、各种厂房跨度、高度和单元长度,得出了统计规律,给出了较为合理的调整系数。因排架计算周期偏长,地震作用偏小,当山墙间距较大或仅一端有山墙时,按排架分析的地震内力需要增大而不是减小。对一端山墙的厂房,所考虑的排架一般指无山墙端的第二榀,而不是端榀。

4 研究发现,对不等高厂房高低跨交接处支承低跨屋盖牛腿以上的中柱截面,其地震作用效应的调整系数随高、低跨屋盖重力的比值线性下降,要由公式计算。公式中的空间工作影响系数与其他各截面(包括上述中柱的下柱截面)的作用效应调整系数含义不同,分别列于不同的表格,要避免混淆。

5 唐山地震中,吊车桥架造成了厂房局部的严重破坏。为此,把吊车桥架作为移动质点,进行了大量的多质点空间结构分析,并与平面排架简化分析比较,得出其放大系数。使用时,只乘以吊车桥架重力荷载在吊车梁顶标高处产生的地震作用,而不乘以截面的总地震作用。

历次地震,特别是海城、唐山地震,厂房沿纵向发生破坏的例子很多,而且中柱列的破坏普遍比边柱列严重得多。在计算分析和震害总结的基础上,规范提出了厂房纵向抗震计算原则和简化方法。

钢筋混凝土屋盖厂房的纵向抗震计算,要考虑围护墙有效刚度、强度和屋盖的变形,采用经论证可行的分析方法或用有限元结构分析软件计算。附录 H 的实用计算方法,仅适用于柱顶标高不超过 15 m 且有纵向砖围护墙的等高厂房,是选取多种简化方法与空间分析计算结果比较而得到的。其中,要用经验公式计算基本周期。考虑到随着烈度的提高,厂房纵向侧移加大,围护墙开裂加重,刚度降低明显,故一般情况,围护墙的有效刚度折减系数,可近似取 0.6。不等高和纵向不对称厂房,还需考虑厂房扭转的影响,现阶段尚无合适的简化方法。

11.1.11,11.1.12 地震震害表明,没有考虑抗震设防的一般钢筋混凝土天窗架,其横向受损并不明显,而纵向破坏却相当普遍。计算分析表明,常用的钢筋混凝土带斜腹杆的天窗架,横向刚度很大,基本上随屋盖平移,可以直接采用底部剪力法的计算结果,但纵向则要按跨数和位置调整。

有斜撑杆的三铰拱式钢天窗架的横向刚度也较厂房屋盖的横向刚度大很多,也是基本上随屋盖平移,故其横向抗震计算方法可与混凝土天窗架一样采用底部剪力法。由于钢天窗架的强度和延性优于混凝土天窗架,且可靠度高,故当跨度大于 9 m 时,钢天窗架的地震作用效应不必乘以增大系数 1.5。

这里应明确关于突出屋面天窗架简化计算的适用范围为有斜杆的三铰拱式天窗架,避免与其他桁架式天窗架混淆。

11.1.13 关于大柱网厂房的双向水平地震作用,规定取一个主轴方向 100% 加上相应垂直方向 30% 的不利组合,相当于两个方向的地震作用效应完全相同时按第 6 章规定计算的结果,因此是一种略偏安全的简化方法。为避免与第 6 章的规定不协调,不再专门列出。

11.1.14 不等高厂房支承低跨屋盖的柱牛腿在地震作用下开裂较多,甚至牛腿面预埋板向外位移破坏。在重力荷载和水平地震作用下的柱牛腿纵向水平受拉钢筋的计算公式,第一项为承受重力荷载纵向钢筋的计算,第二项为承受水平拉力纵向钢筋的计算。

11.1.15 震害和试验研究表明:交叉支撑杆件的最大长细比小于 200 时,斜拉杆和斜压杆在支撑桁架中是共同工作的。支撑中的最大作用相当于单压杆的临界状态值。据此,在规范的附录 H 中规定了柱间支撑的设计原则和简化方法:

1 支撑侧移的计算:按剪切构件考虑,支撑任一点的侧移等于该点以下各节间相对侧移值的叠加。它可用以确定厂房纵向柱列的侧移刚度及上、下支撑地震作用的分配。

2 支撑斜杆抗震验算:试验结果发现,支撑的水平承载力,相当于拉杆承载力与压杆承载力乘以折减系数之和的水平分量。此折减系数即条文中的"压杆卸载系数",可以线性内插,亦可直接用下列公式确定斜拉杆的净截面 A_n:

$$A_n \geqslant \gamma_{RE} l_i V_{bi} / [(1 + \phi_c \varphi_i) s_c f_{at}]$$

3 唐山地震中,单层钢筋混凝土柱厂房的柱间支撑虽有一定数量的破坏,但这些厂房大多数未考虑抗震设防。据计算分析,抗震验算的柱间支撑斜杆内力大于非抗震设计时的内力几倍。

4 柱间支撑与柱的连接节点在地震反复荷载作用下承受拉弯剪和压弯剪,试验表明其承载力比单调荷载作用下有所降低;在抗震安全性综合分析的基础上,提出了确定预埋板钢筋截面面积的计算公式,适用于符合第 11.1.27 条 5 款构造规定的情况。

5 补充了柱间支撑节点预埋件采用角钢时的验算方法。

11.1.16 唐山地震震害表明:不少抗风柱的上柱和下柱根部开裂、折断,导致山尖墙倒塌,严重的抗风柱连同山墙全部向外倾倒。抗风柱虽非单层厂房的主要承重构件,但它却是厂房纵向抗震中的重要构件,对保证厂房的纵向抗震安全,具有不可忽视的作用。

11.1.17 当抗风柱与屋架上弦相连接时,虽然此类厂房均在厂房两端第一开间设置下弦横向支撑,但当厂房遭到地震作用时,高大山墙引起的纵向水平地震作用具有较大的数值,由于阶形抗风柱的下柱刚度远大于上柱刚度,大部分水平地震作用将通过下柱的上端连接传至屋架下弦,但屋架下弦支撑的强度和刚度往往不能满足要求,从而导致屋架下弦支撑杆件压曲。1966 年邢台地震、1975 年海城地震均出现过这种震害。故要求进行相应的抗震验算。

11.1.18 当工作平台、刚性内隔墙与厂房主体结构相连时,将提高排架的侧移刚度,改变其动力特性,加大地震作用,还可能造成应力和变形集中,加重厂房的震害。唐山地震中由此造成排架柱折断或屋盖倒塌,其严重程度因具体条件而异,很难做出统一规定。因此,抗震计算时,需采用符合实际的结构计算简图,并采取相应的措施。

Ⅲ 抗震构造措施

11.1.19 本节所指有檩屋盖,主要是波形瓦(包括石棉瓦及槽瓦)屋盖。这类屋盖主要设置保证整体刚度的支撑体系,屋面瓦与檩条间以及檩条与屋架间有牢固的拉结,一般均具有一定的抗震能力,甚至在唐山地震时也基本完好地保存下来。但是,如果屋面瓦与檩条或檩条与屋架拉结不牢,在地震区也会出现严重震害,海城地震和唐山地震中均有这种例子。

11.1.20 无檩屋盖指的是各类不用檩条的钢筋混凝土屋面板与屋架(梁)组成的屋盖。屋盖的各构件相互间联成整体是厂房抗震的重要保证,这是根据唐山、海城震害经验提出的总要求。鉴于我国目前仍大量采用钢筋混凝土大型屋面板,故重点对大型屋面板与屋架(梁)焊连的屋盖体系做了具体规定。

这些规定中,屋面板和屋架(梁)可靠焊连是第一道防线,为保证焊连强度,要求屋面板端头底面预埋板和屋架端部顶面预埋件均应加强锚固;相邻屋面板吊钩或四角顶面预埋铁件间的焊连是第二道防线;当制作非标准屋面板时,也应采取相应的措施。

设置屋盖支撑是保证屋盖整体性的重要抗震措施,参照了《建筑抗震设计规范》(GB 50011—2001)的规定。

11.1.21 在进一步总结唐山地震经验的基础上,对屋盖支撑做了具体规定。

11.1.22 唐山地震震害表明,天窗架两侧墙板与天窗立柱采用刚性焊连构造时,天窗立柱普遍在下档和侧板连接处出现开裂和破坏,甚至倒塌,刚性连接仅在支撑很强的情况下才是可行的措施,故规定一般单层厂房宜用螺栓连接。

11.1.23 屋架端竖杆和第一节间上弦杆,静力分析中常作为非受力杆件而采用构造配筋,截面受弯、受剪承载力不足,需适当加强。对折线型屋架为调整屋面坡度而在端节间上弦顶面设置的小立柱,也要适当增大配筋和加密箍筋。以提高其拉弯剪能力。为此,本条对混凝土屋架的截面和配筋做了具体规定。

11.1.24 根据震害经验,本条对厂房柱子的箍筋的抗震构造做了具体规定。

1 柱子在变位受约束的部位容易出现剪切破坏,要增加箍筋。变位受约束的部位包括:设有柱间支撑的部位、嵌砌内隔墙、侧边贴建坡屋、靠山墙的角柱、平台连接处等。

2 唐山地震震害表明:当排架柱的变位受平台、刚性横隔墙等约束,其影响的严重程度和部位因约束条件而异,有的仅在约束部位的柱身出现裂缝;有的造成屋架上弦折断、屋盖坍落(如天津拖拉机厂冲压车间);有的导致柱头和连接破坏屋盖倒塌(如天津第一机床厂铸工车间配砂间)。必须区别情况从设计计算和构造上采取相应的有效措施,不能统一采用局部加强排架柱的箍筋,如高低跨柱的上柱的剪跨比较小时就应全高加密箍筋,并加强柱头与屋架的连接。

3 为了保证排架柱箍筋加密区的延性和抗剪强度,除箍筋的最小直径和最大间距外,增加对箍筋最大肢距的要求。

4 在地震作用下,排架柱的柱头由于构造上的原因,不是完全的铰接,而是处于压弯剪的复杂受力状态,地震越强,这种情况越为严重。唐山地震中震中区的排架柱头破坏较重,加密区的箍筋直径需适当加大。

5 厂房角柱的柱头处于双向地震作用,侧向变形受约束和压弯剪的复杂受力状态,其抗震承载力和延性较中间排架柱头弱得多,唐山地震中,既有角柱顶开裂的破坏,又有严重的柱头折断、端屋架塌落,为此,厂房角柱的柱头加密箍筋宜提高一度配置。

11.1.25 对抗风柱,除了提出验算要求外,还提出纵筋和箍筋的构造规定。

唐山地震中,抗风柱的柱头和上、下柱的根部都有产生裂缝、甚至折断的震害,另外,柱肩产生劈裂的情况也不少。为此,柱头和上、下柱根部需加强箍筋的配置,并在柱肩处设置纵向受拉钢筋,以提高其抗震能力。

11.1.26 大柱网厂房的抗震性能是唐山地震中发现的新问题,其震害特征是:① 柱根出现对角破坏,混凝土酥碎剥落,纵筋压曲,说明主要是纵、横两个方向或斜向地震作用的影响,柱根的强度和延性不足;② 中柱的破坏率和破坏程度均大于边柱,说明与柱的轴压比有关。

本规范对轴压比和相应的箍筋构造要求。其中的轴压比限值,考虑到柱子承受双向压弯剪和 $P-\Delta$ 效应的影响,受力复杂,参照了钢筋混凝土框支柱的要求,以保证延性;大柱网厂房柱仅承受屋盖(包括屋面、屋架、托架、悬挂吊车)和柱的自重,尚不致因控制轴压比而给设计带来困难。

11.1.27 本条对厂房柱间支撑的设置和构造提出了具体要求。

柱间支撑的抗震构造,有如下特点:

① 支撑杆件的长细比限值随厂房抗震设计类别而变化;② 进一步明确了支撑柱子连接节点的位置和相应的构造;③ 增加了关于交叉支撑节点板及其连接的构造要求。

柱间支撑是单层钢筋混凝土柱厂房的纵向主要抗侧力构件,当厂房单元较长时,纵向地震作用效应较大,设置一道下柱支撑不能满足要求时,可设置两道下柱支撑,但应注意:两道下柱支撑宜设置在厂房单元中间三分之一区段内,不宜设置在厂房单元的两端,以避免温度应力过大;在满足工艺条件的前提下,两者靠近设置时,温度应力小;在厂房单元中部三分之一区段内,适当拉开设置则有利于缩短地震作用的传递路线,设计中可根据具体情况确定。

交叉式柱间支撑的侧移刚度大,对保证单层钢筋混凝土柱厂房在纵向地震作用下的稳定性有良好的效果,但在与下柱连接的节点处理时,会遇到一些困难。

11.1.29 本条规定了厂房各构件连接节点的要求,具体贯彻了3.3节的规定,包括屋架与柱的连接,柱顶锚件;抗风柱、牛腿(柱肩)、柱与柱间支撑连接处的预埋件。

11.2 单层钢结构厂房

Ⅰ 一 般 规 定

11.2.1 国内外的多次地震经验表明,钢结构的抗震性能一般比其他结构的要好。总体上说,单层钢结构厂房在地震中破坏较轻,但也有损坏或坍塌的。因此,单层钢结构厂房进行抗震设防是必要的。

11.2.3 从单层钢结构厂房的震害实例分析,在地震作用下,其主要震害是柱间支撑的失稳变形和连接节点的断裂或拉脱,柱脚锚栓剪断和拉断,以及锚栓锚固过短所至的拔出破坏。亦有少量厂房的屋盖支撑杆件失稳变形或连接节点板开裂破坏。

11.2.4 原则上,单层钢结构厂房的平面、竖向布置的抗震设计要求,是使结构的质量和刚度分布均匀,厂房受力合理、变形协调。

钢结构厂房的侧向刚度小于混凝土柱厂房,其防震缝缝宽要大于混凝土柱厂房。当抗震设计类别较高或厂房较高时,或当厂房坐落在较软弱场地土或有明显扭转效应时,尚需适当增加。

Ⅱ 抗 震 验 算

11.2.6 通常设计时,单层钢结构厂房的阻尼比与混凝土柱厂房相同。考虑到轻型围护的单层钢结构厂房,在弹性状态工作的阻尼比较小,根据单层、多层到高层钢结构房屋的阻尼比由大到小变化的规律,建议阻尼比按屋盖和围护墙的类型区别对待。

11.2.7 单层钢结构厂房的围护墙类型较多。围护墙的自重和刚度主要由其类型、与厂房柱的连接所决定。因此,为使厂房的抗震计算更符合实际情况、更合理,其自重和刚度取值应结合所采用的围护墙类型、与厂房柱的连接方式来决定。对于与柱贴砌的普通砖墙围护厂房,除需考虑墙体的侧移刚度外,尚应考虑墙体开裂而对其侧移刚度退化的影响。当为外贴式砖砌纵墙,折算系数,抗震设计类别为A类、B类时可取0.6,为C类时可取0.4。

11.2.8,11.2.9 单层钢结构厂房的地震作用计算,应根据厂房的竖向布置(等高或不等高)、起重机设置、屋盖类别等情况,采用能反映出厂房地震反应特点的单质点、两质点和多质点的计算模型。总体上,单层钢结构厂房地震作用计算的单元划分、质量集中等,可参照钢筋混凝土柱厂房的执行。但对于不等高单层钢结构厂房,不能采用底部剪力法计算,而应采用多质点模型振型分解反应谱法计算。

轻型墙板通过墙架构件与厂房框架柱连接,预制混凝土大型墙板可与厂房框架柱柔性连接。这些围护墙类型和连接方式对框架柱纵向侧移的影响较小。亦即,当各柱列的刚度基本相同时,其纵向柱列的变位亦基本相同。因此,等高单跨或多跨厂房的纵向抗震计算时,对无檩屋盖可按柱列刚度分配;对有檩屋盖可按柱列所承受的重力荷载代表值比例分配和按单柱列计算,并取两者之较大值。而当采用与柱贴砌的砖围护墙时,其纵向抗震计算与混凝土柱厂房基本相同。

按底部剪力法计算纵向柱列的水平地震作用时,所得的中间柱列纵向基本周期偏长,可利用周期折减系数予以修正。

单层钢结构厂房纵向主要由柱间支撑抵抗水平地震作用,是震害多发部位。在地震作用下,柱间支撑可能屈曲,也可能不屈曲。柱间支撑处于屈曲状态或者不屈曲状态,对与支撑相连的框架柱的受力差异较大,因此需针对支撑杆件是否屈曲的两种状态,分别验算设置支撑的纵向柱列的受力。当然,目前采用轻型围护结构的单层钢结构厂房,在风荷载较大时,抗震设计类别为 B 类、C 类的柱间支撑杆件也可以处于不屈曲状态。这种情况可不进行支撑屈曲后状态的验算。

11.2.10 屋盖的竖向支承桁架可包括支承天窗架的竖向桁架、竖向支撑桁架等。屋盖竖向支承桁架承受的作用力包括屋盖自重产生的地震力,尚需将其传递给主框架,故其杆件截面需由计算确定。

屋盖水平支撑交叉斜杆,在地震作用下,考虑受压斜杆失稳而需按拉杆设计,故其连接的承载力不应小于支撑杆的全塑性承载力。

11.2.11 单层钢结构厂房的柱间支撑一般采用中心支撑。X 形柱间支撑用料省,抗震性能好,应首先考虑采用。但单层钢结构厂房的柱距,往往比单层混凝土柱厂房的基本柱距(6 m)要大几倍,V 或 Λ 形也是常用的几种柱间支撑形式,下柱柱间支撑也有用单斜杆的。

支撑杆件屈曲后状态支撑框架按第 7 章的规定进行抗震验算。本条卸载系数主要依据日本、美国的资料导出,与附录 H.2 对我国混凝土柱厂房柱间支撑规定的卸载系数有所不同。但同样适用于支撑杆件长细比大于 $60\sqrt{235/f_y}$ 的情况,长细比大于 200 时不考虑压杆卸载影响。

与 V 或 Λ 形支撑相连的横梁,通常需要计入支撑屈曲后的不平衡力的影响。

11.2.12 设计经验表明,跨度不很大的轻型屋盖钢结构厂房,如仅从新建的一次投资比较,采用实腹屋面梁的造价略比采用屋架的高些。但实腹屋面梁制作简便,厂房施工期和使用期的涂装、维护量小而方便,且质量好、进度快。如按厂房全寿命的支出比较,这些跨度不很大的厂房采用实腹屋面梁比采用屋架要合理一些。实腹屋面梁一般与柱刚性连接。这种刚架结构应用日益广泛。

1 受运输条件限制,较高厂房柱有时需在上柱拼接接长。条文给出的拼接承载力要求是最小要求,有条件时可采用等强度拼接接长。

2 梁柱刚性连接、拼接的极限承载力验算及相应的构造措施(如潜在塑性铰位置的侧向支承),应针对单层刚架厂房的受力特征和遭遇罕遇地震时可能形成的极限机构进行。一般情况下,单跨横向刚架的最大应力区在梁底上柱截面,多跨横向刚架在中间柱列处也可出现在梁端截面。这是钢结构单层刚架厂房的特征。柱顶和柱底出现塑性铰是单层刚架厂房的极限承载力状态之一,故可放弃"强柱弱梁"的抗震概念。

条文中的刚架梁端的最大应力区,可按距梁端1/10梁净跨和1.5倍梁高中的较大值确定。实际工程中,受构件运输条件限制,梁的现场拼接往往在梁端附近,即最大应力区,此时,其极限承载力验算应与梁柱刚性连接的相同。

Ⅲ 抗震构造措施

11.2.13 屋盖支撑系统(包括系杆)的布置和构造应满足的主要功能是:保证屋盖的整体性(主要指屋盖各构件之间不错位),屋盖横梁平面外的稳定性,保证屋盖和山墙水平地震作用传递路线的合理、简捷,且不中断。屋盖支撑布置的一般要求是:

1 一般情况下,屋盖横向支撑应对应于上柱柱间支撑布置,故其间距取决于柱间支撑间距。表11.2.13屋盖横向支撑间距限值可按本节11.2.16条的柱间支撑间距限值执行。

2 无檩屋盖(重型屋盖)是指通用的1.5 m×6.0 m预制大型屋面板。大型屋面板与屋架的连接需保证三个角点牢固焊接,才能起到上弦水平支撑的作用。

屋架的主要横向支撑应设置在传递厂房框架支座反力的平面内。即:当屋架为端斜杆上承式时,应以上弦横向支撑为主;当屋架为端斜杆下承式时,以下弦横向支撑为主。当主要横向支撑设置在屋架的下弦平面区间内时,宜对应地设置上弦横向支撑;当采用以上弦横向支撑为主的屋架区间内时,一般可不设置对应的下弦横向支撑。

3 有檩屋盖(轻型屋盖)主要是指彩色涂层压型钢板、硬质金属面夹芯板等轻型板材和高频焊接薄壁型钢檩条组成的屋盖。在轻型屋盖中,高频焊接薄壁型钢等型钢檩条一般都可兼作上弦系杆,故在表11.2.13中未列入。

对于有檩屋盖,宜将主要横向支撑设置在上弦平面,水平地震作用通过上弦平面传递,相应地,屋架亦应采用端斜杆上承式。在设置横向支撑开间的柱顶刚性系杆或竖向支撑、屋面檩条应加强,使屋盖横向支撑能通过屋面檩条、柱顶刚性系杆或竖向支撑等构件可靠地传递水平地震作用。但当采用下沉式横向天窗时,应在屋架下弦平面设置封闭的屋盖水平支撑系统。

4 抗震设计类别为C类时,屋盖支撑体系(上、下弦横向支撑)与柱间支撑应布置在同一开间,以便加强结构单元的整体性。

5 支撑设置还需注意:当厂房跨度不很大时,压型钢板轻型屋盖比较适合于采用与柱刚接的屋面梁。压型钢板屋面的坡度较平缓,跨变效应可略去不计。

1)轻型有檩屋盖,亦可采用屋架端斜杆为上承式的铰接框架,柱顶水平力通过屋架上弦平面传递。屋盖支撑布置也可参照实腹屋面梁的,隔撑间距宜按屋架下弦的平面外长细比小于240确定,但横向支撑开间的屋架两端应设置竖向支撑。

檩条隔撑系统布置时,需考虑合理的传力路径,檩条及其两端连接应足以承受隔撑传至的作用力。

2)屋盖纵向水平支撑的布置比较灵活。设计时,应据具体情况综合分析,以达到合理布置的目的。

11.2.14 单层钢结构厂房的最大柱顶位移限值、吊车梁顶面标高处的位移限值,一般已可控制出现长细比过大的柔韧厂房。

条文参考美国、欧洲、日本钢结构规范和抗震规范,结合我国现行钢结构设计规范的规定和设计习惯,对厂房框架柱的长细比做出规定。

11.2.15 板件的宽厚比,是保证厂房框架延性的关键指标,也是影响单位面积耗钢量的关键指标。重屋盖厂房,板件宽厚比限值可按第7.3.1条的规定采用。轻屋盖厂房,塑性耗能区板件宽厚比限值可根据其承载力的高低按性能目标确定。塑性耗能区外的板件宽厚比限值,可采用现行《钢结构设计规范》(GB 50017)弹性设计阶段的板件宽厚比限值。

11.2.16 柱间支撑对整个厂房的纵向刚度、自振特性、塑性铰产生部位都有影响。柱间支撑的布置应合理确定其间距,合理选择和配置其刚度以减小厂房整体扭转。

1 柱间支撑长细比限值,大于细柔长细比下限值130(考虑$0.5f_y$的残余应力)时,不需做钢号修正。

2 采用焊接型钢时,应采用整根型钢制作支撑杆件;但当采用热轧型钢时,采用拼接板加强才能达到等强接长。

3 对于大型屋面板无檩屋盖,柱顶的集中质量往往要大于各层吊车梁处的集中质量,其地震作用对各层柱间支撑大体相同,因此,上层柱间支撑的刚度、强度宜接近下层柱间支撑的刚度和强度。

4 压型钢板等轻型墙屋面围护,其波形垂直厂房纵向,对结构的约束较小,故可放宽厂房柱间支撑的间距。对轻型围护厂房的柱间支撑间距做出规定。

11.2.17 震害表明,外露式柱脚破坏的特征是锚栓剪断、拉断或拔出。由于柱脚锚栓破坏,使钢结构倾斜,严重者导致厂房坍塌。外包式柱脚表现为顶部箍筋不足的破坏。

1 埋入式柱脚,在钢柱根部截面容易满足塑性铰的要求。当埋入深度达到钢柱截面高度2倍的深度,可认为其柱脚部位的恢复力特性基本呈纺锤形。插入式柱脚引用冶金部门的有关规定。埋入式、插入式柱脚应确保钢柱的埋入深度和钢柱埋入部分的周边混凝土厚度。

2 外包式柱脚的力学性能主要取决于外包钢筋混凝土的力学性能。所以,外包短柱的钢筋应加强,特别是顶部箍筋,并确保外包混凝土的厚度。

3 一般的外露式柱脚,从力学的角度看,作为半刚性考虑更加合适。与钢柱根部截面的全截面屈服承载力相比,柱脚在多数情况下由锚栓屈服所决定的塑性弯矩较小。这种柱脚受弯时的力学性能,主要由锚栓的性能决定。如锚栓受拉屈服后能充分发展塑性,则承受反复荷载作用时,外露式柱脚的恢复力特性呈典型的滑移型滞回特性。但实际的柱脚,往往在锚栓截面未削弱部分屈服前,螺纹部分就发生断裂,难以有充分的塑性发展。并且,当钢柱截面大到一定程度时,设计大于柱截面抗弯承载力的外露式柱脚往往是困难的。因此,当柱脚承受的地震作用大时,采用外露式不经济,也不合适。采用外露式柱脚时,与柱间支撑连接的柱脚,不论计算是否需要,都必须设置剪力键,以可靠抵抗水平地震作用。

11.3 单层砖柱厂房

I 一般规定

11.3.1 本节适用范围为烧结普通黏土砖柱承重的厂房。

明确指出了 Ⅳ 类使用功能的厂房或仓库不得使用砖柱厂房。因此,我省没有抗震设计类别为 C 类的单层砖柱厂房。

在历次大地震中,变截面砖柱的上柱震害严重又不易修复,故规定砖柱厂房的适用范围为等高的中小型工业厂房。超出此范围的砖柱厂房,要采取比本节规定更有效的措施。

11.3.3 针对中小型工业厂房的特点,厂房两端均设有承重山墙。对钢筋混凝土无檩屋盖的砖柱厂房,要求设置防震缝。对钢、木等有檩屋盖的砖柱厂房,则明确可不设防震缝。

防震缝处需设置双柱或双墙,以保证结构的整体稳定性和刚性。

规定屋盖设置天窗时,天窗不应通到端开间,以免过多削弱屋盖的整体性。天窗采用端砖壁时,地震中出现较多严重破坏,甚至倒塌,不应采用。

11.3.4 厂房的结构选型应注意:

1 历次大地震中,均有相当数量不配筋的无阶形柱的单层砖柱厂房,经受 8 度地震仍基本完好或轻微损坏,考虑到黑龙江的抗震设防烈度最高为 7 度,因此可采用无筋砖柱。

2 震害表明,单层砖柱厂房的纵向也要有足够的强度和刚度,单靠独立砖柱是不够的,像钢筋混凝土柱厂房那样设置交叉支撑也不妥,因为支撑吸引来的地震剪力很大,将会剪断砖柱。比较经济有效的办法是,在柱间砌筑与柱整体连接的纵向砖墙并设置砖墙基础,以代替柱间支撑加强厂房的纵向抗震能力。

当采用钢筋混凝土屋盖时,由于纵向水平地震作用较大,不能单靠屋盖中的一般纵向构件传递,所以要求在无上述抗震墙的砖柱顶部处设压杆(或用满足压杆构造的圈梁、天沟或檩条等代替)。

3 强调隔墙与抗震墙合并设置,目的在于充分利用墙体的功能,并避免非承重墙对柱及屋架与柱连接点的不利影响。当不能合并设置时,隔墙要采用轻质材料。

单层砖柱厂房的纵向隔墙与横向内隔墙一样,也宜做成抗震墙,否则会导致主体结构的破坏,独立的纵向、横向内隔墙,受震后容易倒塌,需采取保证其平面外稳定性的措施。

Ⅱ 计 算 要 点

11.3.5 给出可不进行抗震验算的条件。

11.3.6,11.3.7 在适用范围内的砖柱厂房,纵、横向抗震计算原则与钢筋混凝土柱厂房基本相同,故可参照 11.1 节所提供的方法进行计算。其中,纵向简化计算应按附录 J 进行,而屋盖为钢筋混凝土或密铺望板的瓦木屋盖时,横向平面排架计算同样按附录 H 考虑厂房的空间作用影响。

根据现行国家标准《砌体结构设计规范》(GB 50003)的规定:密铺望板瓦木屋盖与钢筋混凝土有檩屋盖属于同一种屋盖类型,静力计算中,符合刚弹性方案的条件时(20 ~ 48 m)均可考虑空间工作。

1 历次地震,特别是辽南地震和唐山地震中,不少密铺望板瓦木屋盖单层砖柱厂房反映了明显的空间工作特性。

2 根据王光远教授《建筑结构的振动》的分析结论,不仅仅钢筋混凝土无檩屋盖和有檩屋盖(大波瓦、槽瓦)厂房,就是石棉瓦和黏土瓦屋盖厂房在地震作用下,也有明显的空间工作。

3 从具有木望板的瓦木屋盖单层砖柱厂房的实测可以看出:实测厂房的基本周期均比按排架计算周期为短,同时其横向振型与钢筋混凝土屋盖的振型基本一致。

4 山墙间距小于 24 m 时,其空间工作更明显,且排架柱的剪力和弯矩的折减有更大的趋势,而单层砖柱厂房山墙间距小于 24 m 的情况,在工程建设中也是常见的。

5　根据以上分析,对单层砖柱厂房的空间工作问题做如下规定:

1)符合砌体结构刚弹性方案(20 ～ 48 m)的密铺望板瓦木屋盖单层砖柱厂房与钢筋混凝土有檩屋盖单层砖柱厂房一样,也可考虑地震作用下的空间工作。

2)附录 H“砖柱考虑空间工作的调整系数”中的“两端山墙间距”改为“山墙、承重(抗震)横墙的间距”;并将 < 24 m 分为24 m、18 m、12 m。

3)单层砖柱厂房考虑空间工作的条件与单层钢筋混凝土柱厂房不同,在附录 H 中加以区别和修正。

11.3.8　砖柱的抗震验算,在现行国家标准《砌体结构设计规范》(GB 50003)的基础上,按可靠度分析,同样引入承载力调整系数后进行验算。

Ⅲ　抗震构造措施

11.3.10　本条规定了木屋盖的支撑布置。砖柱厂房一般多采用瓦木屋盖,木屋盖的支撑布置中,如端开间下弦水平系杆与山墙连接,地震后容易将山墙顶坏,故不宜采用。木天窗架需加强与屋架的连接,防止受震后倾倒。

11.3.11　檩条与山墙连接不好,地震时将使支承处的砌体错动,甚至造成山尖墙倒塌,檩条伸出山墙的出山屋面有利于加强檩条与山墙的连接,对抗震有利,可以采用。

11.3.13　震害调查发现,预制圈梁的抗震性能较差,故规定在屋架底部标高处设置现浇钢筋混凝土圈梁。为加强圈梁的功能,规定圈梁的截面高度不应小于 180 mm;对内墙而言,圈梁截面宽度习惯上与砖墙同宽;对外墙而言,圈梁截面宽度的取值应避免“冷桥”形成。

11.3.14　震害还表明,山墙是砖柱厂房抗震的薄弱部位之一,外倾、局部倒塌较多;甚至有全部倒塌的。为此,要求采用卧梁并加强锚拉的措施。

11.3.15　屋架(屋面梁)与柱顶或墙顶的圈梁锚固的规定如下:

1　震害表明,屋架(屋面梁)和柱子可用螺栓连接,也可采用焊接连接。

2　对垫块的厚度和配筋做了具体规定。垫块厚度太薄或配筋太少时,本身可能局部承压破坏,且埋件锚固不足。

11.3.16　根据设计需要,规定了砖柱的抗震要求。

11.3.17　钢筋混凝土屋盖单层砖柱厂房,在横向水平地震作用下,由于空间工作的因素,山墙、横墙将负担较大的水平地震剪力,为了减轻山墙、横墙的剪切破坏,保证房屋的空间工作,对山墙、横墙的开洞面积加以限制。

11.3.18　采用钢筋混凝土无檩屋盖等刚性屋盖的单层砖柱厂房,地震时砖墙往往在屋盖处圈梁底面下一至四皮砖范围内出现周围水平裂缝。为此,对于抗震设计类别较高的刚性屋盖的单层砖柱厂房,应埋设钢筋,以防止柱周围水平裂缝,甚至墙体错动破坏的产生。

12 土、木结构房屋

12.1 一般规定

12.1.1 形状比较简单、规则的房屋,在地震作用下受力明确、简捷,同时便于进行结构分析,在设计上易于处理。震害经验也充分表明,简单、规整的房屋在遭遇地震时破坏也相对较轻。

墙体均匀、对称布置,在平面内对齐、竖向连续是传递地震作用的要求,这样沿主轴方向的地震作用能够均匀对称地分配到各个抗侧力墙段,避免出现应力集中或因扭转造成部分墙段受力过大而破坏、倒塌。我国不少地区的二、三层房屋,外纵墙在一、二层上下不连续,即二层外纵墙外挑,地震影响下二层墙体开裂严重。

板式单边悬挑楼梯在墙体开裂后会因嵌固端破坏而失去承载能力,容易造成人员跌落伤亡。

震害调查发现,有的房屋纵横墙采用不同材料砌筑,如纵墙用砖砌筑、横墙和山墙用土坯砌筑,这类房屋由于两种材料砌块的规格不同,砖与土坯之间不能咬槎砌筑,不同材料墙体之间为通缝,导致房屋整体性差,在地震中破坏严重;又如有些地区采用的外砖里坯(亦称里生外熟)承重墙,地震中墙体倒塌现象较为普遍。这里所说的不同墙体混合承重,是指左右相邻不同材料的墙体,对于下部采用砖(石)墙,上部采用土坯墙,或下部采用石墙,上部采用砖或土坯墙的做法则不受此限制,但这类房屋的抗震承载力应按上部相对较弱的墙体考虑。

调查发现,一些村镇房屋设有较宽的外挑檐,在屋檐外挑梁的上面砌筑用于搁置檩条的小段墙体,甚至砌成花格状,没有任何拉接措施,地震时中容易破坏掉落伤人,因此明确规定不得采用。该位置可采用三角形小屋架或设瓜柱解决外挑部位檩条的支承问题。

12.1.3 木楼、屋盖房屋刚性较弱,加强木楼、屋盖的整体性可以有效地提高房屋的抗震性能,各构件之间的拉接是加强整体性的重要措施。试验研究表明,木屋盖加设竖向剪刀撑可增强木屋架纵向稳定性。

纵向通长水平系杆主要用于竖向剪刀撑、横墙、山墙的拉结,采用墙揽将山墙与屋盖构件拉结牢固,可防止山墙外闪破坏;内隔墙稳定性差,墙顶与梁或屋架下弦拉接是防止其平面外失稳倒塌的有效措施。

12.1.4 本条规定了木楼、屋盖构件在屋架和墙上的最小支撑长度和对应的连接方式。

12.1.5 本条规定了门窗洞口过梁的支承长度。

12.1.6 地震中坡屋面溜瓦是瓦屋面常见的破坏现象,冷摊瓦屋面的底瓦浮搁在椽条上时更容易发生溜瓦,掉落伤人。因此,本条要求冷摊瓦屋面的底瓦与椽条应有锚固措施。根据地震现场调查情况,建议在底瓦的弧边两角设置钉孔,采用铁钉与椽条钉牢。盖瓦可用石灰或水泥砂浆压垄等做法与底瓦黏结牢固。该项措施还可以防止暴风对冷摊瓦屋面造成的破坏。四川汶川地震灾区恢复重建中已有平瓦预留了锚固钉孔。

12.1.7　本条对突出屋面的烟囱、女儿墙等易倒塌构件的出屋面高度提出了限值。

12.1.8　本条对土木石房屋的结构材料提出了基本要求。

12.1.9　本条对土木石房屋施工中钢筋端头弯钩和外露铁件防锈处理提出要求。

12.2　生 土 房 屋

12.2.1,12.1.2　生土房屋的层数,因其抗震能力有限,仅以一、二层为宜。随着社会的发展,结合我省的泥草房改造,生土房屋不宜用于人居。

12.2.3　各类生土房屋,由于材料强度较低,在平立面布置上更要求简单,一般每开间均要有抗震横墙,不采用外廊为砖柱、石柱承重,或四角用砖柱、石柱承重的做法,也不要将大梁搁置在土墙上。房屋立面要避免错层、突变,同一栋房屋的高度和层数必须相同。这些措施都是为了避免在房屋各部分出现应力集中。

12.2.4　生土房屋的屋面采用轻质材料,可减轻地震作用;提倡用双坡和弧形屋面,可降低山墙高度,增加其稳定性;单坡屋面山墙过高,平屋面防水有问题,不宜采用。

　　由于是土墙,一切支承点均应有垫板或圈梁。檩条要满搭在墙上或椽子上,端檩要出檐,以使外墙受荷均匀,增加接触面积。

12.2.5~12.2.7　对生土房屋中的墙体砌筑的要求,大致同砌体结构,即内外墙交接处采取简易又有效的拉结措施,土坯要卧砌。

　　土坯的土质和成型方法,决定了土坯的好坏并最终决定土墙的强度,应予以重视。

　　生土房屋的地基要求夯实,并设置防潮层以防止生土墙体酥落。

12.2.8　为加强灰土墙房屋的整体性,要求设置圈梁。圈梁可用配筋砖带或木圈梁。

12.3　木结构房屋

12.3.1　本节所规定的木结构房屋,不适用于木柱与屋架(梁)铰接的房屋。因其柱子上、下端均为铰接,是不稳定的结构体系。

12.3.3　木柱房屋限高二层,是为了避免木柱有接头。震害表明,木柱无接头的旧房损坏较轻,而新建的有接头的房屋却发生倒塌。

12.3.4　四柱三跨木排架指的是中间有一个较大的主跨,两侧各有一个较小边跨的结构,是大跨空旷木柱房屋较为经济合理的方案。

　　震害表明,15~18 m宽的木柱房屋,若仅用单跨,破坏严重,甚至倒塌;而采用四柱三跨的结构形式,甚至出现地裂缝,主跨也安然无恙。

12.3.5　木结构房屋无承重山墙,故11.3节规定的房屋两端第二开间设置屋盖支撑的要求需向外移到端开间。

12.3.6~12.3.10　木柱与屋架(梁)设置斜撑,目的是控制横向侧移和加强整体性,穿斗木构架房屋整体性较好,有相当的抗倒能力和抗变形能力,故可不必采用斜撑来限制侧移,但平面外的稳定性还需采用纵向支撑来加强。

震害表明,木柱与木屋架的斜撑若用夹板形式,通过螺栓与屋架下弦节点和上弦处紧密连接,则基本完好,而斜撑连接于下弦任意部位时,往往倒塌或严重破坏。

为保证排架的稳定性,加强柱脚和基础的锚固是十分必要的,可采用拉结铁件和螺栓连结的方式。

12.3.11 本条提出了关于木构件截面尺寸、开榫、接头等的构造要求。

12.3.12 砌体围护墙不应把木柱完全包裹,目的是消除下列不利因素:

1 木柱不通风,极易腐蚀,且难于检查木柱的变质;

2 地震时木柱变形大,不能共同工作,反而把砌体推坏,造成砌体倒塌伤人。

13 建筑构件和建筑附属设备

13.1 一般规定

13.1.1 采用混凝土、砌体、金属或其他材料的建筑构件及其与主体结构的连接件,应按本章要求进行抗震设计。建筑附属设备本身一般为定型产品,其抗震能力不由本规范规定,但设备与建筑主体结构的连接应满足本章要求。若干大型、专用设备的抗震要求已由相关技术标准规定,不属本章内容范畴;这些技术标准包括:《核电厂抗震设计规范》(GB 50267—97)、《电力设施抗震设计规范》(GB 50260—96)、《室外给水排水和燃气热力工程抗震设计规范》(GB 50032—2003)、《石油化工电气设备抗震设计规范》(SH/T 3131—2002)、《石油化工钢制设备抗震设计规范》(SH 3048—1999)、《通信设备安装抗震设计规范》(YD 5059—98)和《石油浮放设备隔震技术标准》(SY/T 0318—98)等。

13.1.2 包括建筑构件与建筑附属设备在内的建筑非结构构件,其性态与建筑整体的使用功能密切相关,故其抗震设计类别应与所在建筑相同。非结构构件种类繁多、功能各异,对其中直接涉及人身安全、建筑使用功能保障和破坏后可能引发次生灾害者,划归重要非结构构件并规定采用更较严格的抗震要求。非结构构件的抗震计算分析较为复杂、计算方法尚不成熟,故抗震要求以采用适当的构造措施为主,仅重要非结构构件和抗震设计类别为 C 类的非结构构件宜辅以计算设计。

非结构构件仅进行设防地震动作用下的构件截面抗震承载力验算。

13.2 计 算 要 点

13.2.1 在采用等效侧力法计算非结构构件水平地震作用的算式中,引入了若干经验系数,但不使用结构系数 C。构件放大系数 α_p 表述非结构构件在振动过程中的动力放大效应,非结构构件的自振周期与结构主体自振周期相近者动力放大效应较强。构件反应修正系数 λ_p 表述非结构构件自身及其连接件的耗能能力,耗能能力较高者可对振动反应做适当折减。式中 $k(1+2z/h)$ 表示主体结构的水平地震作用呈梯形分布,从底部的 k 线性增加为顶部的 $3k$,这一加速度作用于非结构构件。上述经验系数的取值和采用的假定均参考了美国 NEHRP 规范的规定。

在采用楼层反应谱法计算附属设备地震作用的算式中,楼层设计反应谱 $\beta_s(\omega)$ 系由楼层加速度反应时程计算得出的不同周期单自由度体系的动力放大系数谱。直接由计算得出的放大系数谱可能包含若干尖峰,而实际工程中对非结构构件自振频率的估计往往是不准确的,某个自振频率的可能范围将对应谱值的很大差异;考虑这一不确定性,可将直接计算得出的楼层反应谱做适当调整,将谱峰加宽并使谱线平滑化,将调整后的反应谱用作楼层设计反应谱;楼层反应谱的拓宽与平滑如图 E12.2.1 − 1 所示。

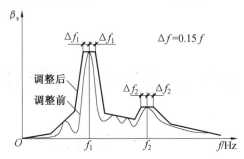

图 E12.2.1 − 1　楼层反应谱的拓宽与平滑

一些技术标准给出了标准楼层设计反应谱的具体表述,可供参考使用。如《通信设备安装抗震设计规范》(YD 5059—98) 规定的设计楼层反应谱(图 E12.2.1 − 2)和《石油化工电气设备抗震设计规范》(SH/T 3131—2002) 规定的设计楼层反应谱(图 E12.2.1 − 3)。

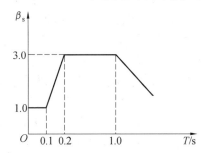

图 E12.2.1 − 2　楼层反应谱(一)

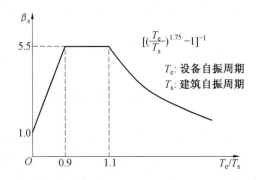

图 E12.2.1 − 3　楼层反应谱(二)

图 E12.2.1 − 2 中楼层反应谱的横坐标 T 为设备自振周期,单位为秒;纵坐标为加速度放大系数。图 E12.2.1 − 3 中楼层反应谱的横坐标为设备自振周期 T_e 与所在建筑自振周期 T_s 的比值,纵坐标为加速度放大系数。

13.2.2　由支承点位移差引起的非结构构件的作用效应,可采用结构静力学方法计算。

13.2.3　摩擦力的大小与接触面的正压力有关,地震作用下,结构和非结构构件均呈振动状态,构件接触面的正压力可能变化,不能保持预期设计值;若接触面脱离接触状态,则摩擦机制的抗力则将完全丧失。

13.2.4　悬吊构件一般自振周期较长,水平地震作用较小,在不与其他结构碰撞的条件下,可不进行水平地震作用分析;但应将其重力荷载增大至 3 倍以考虑竖向地震作用效应。

13.2.5   原则上连接件的抗力不能低于所传递的非结构构件的作用效应,锚固件的抗力不能低于连接件传递的作用效应。膨胀螺栓和浅埋锚固件并非可靠的固定方式,故相关非结构构件的地震作用应乘以放大系数 1.5,膨胀螺栓和浅埋锚固件应能承受放大后地震作用效应。

13.3   建筑构件的抗震措施

13.3.1   非承重砌体墙在地震作用下易发生破坏,防止和减轻非承重和自承重墙破坏的根本措施是采用轻型墙板。吸取汶川地震的震害经验,非承重砌体墙的设置也宜均匀对称,旨在不影响结构体系的规则性。

13.3.2   非承重外墙地震破坏十分普遍,应加强其与主体结构的连接;本条区别外挂式墙板和埋入式墙体分别规定了连接构造要求。

13.3.3   为防止砌体结构中后砌非承重隔墙的地震破坏,仿照承重墙规定了连接构造措施。

13.3.4   钢筋混凝土结构中的砌体填充墙是抗震薄弱环节,在汶川地震中大量开裂、移位和碎裂垮塌。总结震害经验,填充墙应有适当的强度,且应与框架构件可靠连接,较高、较长的砌体墙应采用加强的抗倒塌措施,如增设构造柱和水平系梁等。考虑墙顶与框架梁不易拉结,提出了利用细石膨胀混凝土加强黏结的要求。

13.3.5   单层厂房的砌体围护墙和隔墙是抗震薄弱环节;在采用砌体墙时,必须严格满足本章规定的抗震构造措施要求,加强墙体与主体结构的连接、提高墙体的抗倒塌能力。

13.3.6 ~ 13.3.12   关于顶棚、雨篷、货架、活动地板、玻璃幕墙和广告牌等建筑构件的抗震措施经验尚不丰富,各条参照国内外相关规范内容提出了原则性要求。

14 烟囱和水塔

14.1 一般规定

14.1.1,14.1.2 本条规定了本章条款的适用范围,列出了与本章有关的国家现行技术标准。

14.1.3 烟囱和水塔功能单一,一般可划归使用功能 Ⅱ 类;大容量电厂的烟囱及高大烟囱的使用功能相对重要,可划归使用功能 Ⅲ 类。

14.1.5 根据设计经验,烟囱和水塔在进行设防地震动作用下的抗震计算时,应采用表14.1.5 规定的结构影响系数。

14.2 烟囱设计要点

14.2.1 震害经验表明,钢烟囱和钢筋混凝土烟囱的抗震能力明显高于砖烟囱,无筋砖烟囱在地震作用下易发生损坏,钢烟囱造价高且耐腐蚀性差,故高大烟囱宜采用钢筋混凝土结构,其他烟囱宜采用配筋砌体结构。

14.2.2 烟囱的结构简单规整,在低烈度区其抗震性能一般可由构造措施保证;基本风压值较高的地区,烟囱设计由风荷载控制,故仅有本条规定外的少数烟囱应进行抗震计算分析。

14.2.3 普通独立烟囱的质量和刚度沿高度均匀连续变化,无须采用复杂的分析模型;简化分析方法用于高度不超过 100 m 的烟囱时,计算结果偏于安全;高度达 100 ~ 150 m 的烟囱可建立串联多质点模型采用振型叠加反应谱方法计算地震作用,考虑3 ~ 5 个振型;更高的烟囱宜考虑更多振型。

14.2.5 烟囱为高耸结构,与同等高度的房屋建筑相比,平面尺寸甚小、自振周期偏长,故高大烟囱宜考虑重力二次效应。

14.2.6 烟囱在较高温度下运行,温度对混凝土强度、混凝土弹性模量和钢筋强度有不可忽视的影响。烟囱设计中温度取值应符合《烟囱设计规范》(GB 50051)的规定要求。

14.2.7 烟囱的抗震验算为抗震设防地震动作用下的截面承载力验算。

14.2.8 采用普通砖砌筑烟囱筒壁,将导致竖向砌缝不均匀,影响砌筑质量,故砖烟囱筒壁宜优先选用异型砖砌筑。

筒壁过薄的钢筋混凝土烟囱难以保障施工浇注质量,尤其在采用滑模施工时,若筒壁过薄、混凝土重量小,易将混凝土筒壁拉断,故采用滑模施工的较小直径的烟囱,应提高最小壁厚的限值。

钢筋混凝土烟囱筒壁开洞将削弱筒身,影响整体受力性能,故应加以限制。

14.3　水塔设计要点

14.3.1　震害经验表明,无筋砌体结构支承的水塔在地震中易损坏,钢筋混凝土结构支承的水塔抗震能力较强,故地震区的水塔不应采用砖柱或无筋砌体结构支承,宜采用配筋砌体结构或钢筋混凝土结构支承。

14.3.2　地震中尚未见水塔的钢筋混凝土水柜自身因地震惯性作用发生破坏;在设防烈度6、7度地区,水塔支承结构只要采用延性较高的结构类型,其抗震能力一般可由构造措施保证,仅水柜容积较大、塔身较高的水塔和 Ⅲ、Ⅳ 类场地上的水塔,应辅以计算设计。

14.3.4　地震作用下,水柜中的贮水将发生脉冲振荡和对流振荡两种运动形态,前者振动与水柜同步,后者振动周期与水柜尺寸和贮水深度有关,两者对水塔地震反应的影响不同;水塔地震作用计算的简化方法,在考虑贮水振荡作用时,忽略了贮水对流振荡与水塔结构振动的耦联和水振荡阻尼,并规定动水压力与结构等效重力荷载同时作用于水柜重心。

14.3.5　水塔的抗震验算为构件截面的承载力验算。

14.3.6　地震中水塔砖支承筒的开裂与折断处多位于中下部,故宜加强砖筒中下部配筋。

附录 F　Seed 提出的液化判别简化法

F.0.1　本条列出了按简化法判别液化所要求的已知条件。

F.0.2　给出了简化法判别液化的具体步骤及公式。在式(F.0.2 – 6)中,地震特性影响系数 FE 取为 1.32。该数值是考虑黑龙江省的地震的最大震级大约为 6 级,6 级地震的震动次数大约为6 次,而7.5 级地震的振动次数大约为15 次。根据液化试验 结果,6 次循环作用引起液化所要求的地震水平剪应力大约为 15 次循环作用引起液化所要求的地震水平剪应力的 1.32 倍。Idriss最近的研究认为,取1.32 可能明显地低估了地震特性影响系数。但是,从偏于安全考虑仍取 FE 等于 1.32。

F.0.3　给出了采用简化法确定临界标准贯入锤击数 N_{cr} 的方法及公式。该条款是对 5.3.6 条款的补充。

附录 L 配筋混凝土小型空心砌块抗震墙房屋抗震设计要求

L.1 一 般 要 求

L.1.2 配筋混凝土小砌块抗震墙的分布钢筋仅需混凝土抗震墙的一半就有一定的延性，但其地震力大于框架结构且变形能力不如框架结构。从安全、经济诸方面综合考虑，本规范的规定仅适用于房屋高度不超过表 L.1.2－1 的配筋混凝土小砌块房屋。当经过专门研究，有可靠技术依据，采取必要的加强措施后，房屋高度可适当增加。

配筋混凝土小砌块房屋高宽比限制在一定范围内时，有利于房屋的稳定性，减少房屋发生整体弯曲破坏的可能性，一般可不做整体弯曲验算。

L.1.2 参照钢筋混凝土房屋的抗震设计要求，也根据设计地震动参数和建筑使用功能分类，按表 3.1.4 确定其不同的抗震设计类别。

L.1.3 根据 6.1 节的规则性要求，提出配筋混凝土小砌块房屋平面和竖向布置简单、规则、抗震墙拉通对直的要求。为提高变形能力，要求墙段不宜过长。

L.1.4 选用合理的结构布置，采用有效的结构措施，保证结构整体性，避免扭转等不利因素，可以不设置防震缝。当房屋各部分高差较大，建筑结构不规则等需要设置防震缝时，为减少强烈地震下相邻结构局部碰撞造成破坏，防震缝必须保证一定的宽度。此时，缝宽可按两侧较低房屋的高度计算。

L.2 计 算 要 点

L.2.1 ~ L.2.4 配筋混凝土小砌块房屋的抗震计算分析，包括整体分析、内力调整和截面验算方法，大多参照钢筋混凝土结构的规定，并针对砌体结构的特点做了修正。其中：

配筋混凝土小砌块墙体截面剪应力控制和受剪承载力，基本形式与混凝土墙体相同，仅需把混凝土抗压、抗拉强度设计值改为"灌芯小砌块砌体"的抗压、抗剪强度。

配筋混凝土小砌块墙体截面受剪承载力由砌体、竖向力和水平分布筋三者共同承担，为使水平分布钢筋不致过小，要求水平分布筋应承担一半以上的水平剪力。

L.2.5 配筋混凝土小砌块抗震墙的连梁，宜采用钢筋混凝土连梁。